우주시스템 입문

-로켓과 인공위성의 운동-

도미타 노부유키 지음

안재명 · 이기주 옮김

KM 경문사

"우주시스템 입문"은 발사체와 인공위성으로 대표되는 우주시스템의 기본 원리를 엔지니어의 관점에서 알기 쉽고 실용적으로 서술하고 있습니다. 비슷한 주제를 다루고 있는 매우 많은 자료들이 도서 형태로 나와 있거나 인터넷을 통하여 쉽게 접근 가능한 이 시점에, 또한 (지금까지는 매우 보수적이고 느리게 변화해 온) 우주 산업 분야에 엄청난 혁신(재사용 저비용 발사체, 초소형 위성군 등)의 바람이 불고 있는 오늘날에, 출판된 지 상당 시간이 지난 이 책을 번역해서 내 놓는 것이 얼마나 큰 의미를 갖는지에 대해 의구심을 가질 수도 있겠습니다. 그러나, 우주시스템의 기초를 꼭 필요한 내용을 중심으로 쉽고 충실하게 다룬 책은 해외 및 국내 서적을 통틀어 찾기 어려웠습니다.

이런 이유로 이 책의 내용이 다소 오래 전에 집필 되었지만 현 시점에서도 우주 분야에 관심을 가지고 있는 많은 독자들에게 유익할 것이라 믿게 되었고, 원저자의 허락 하에 번역하여 국내 독자들에게 소개하게 되었습니다. 이 책에서 제공하는 우주발사체와 인공위성 시스템의 기본 원리에 대한 설명은 간결하고도 명쾌하여 많은 세월이 흐른 현재 시점에서도 여전히 이에 대한 독자들의 이해를 효과적으로 돕고 있습니다. 다만 원저에 사용된 몇몇 실제 우주시스템에 대한 내용들 중 최신 내용으로 업데이트가 필요한 부분들이 있었는데, 이러한 경우에는 필요에 따라 원본에 없는 보충 설명을 본문 혹은 역자 주에 추가하였습니다.

원본이 체계적으로 잘 정리되어 있었는데 번역하는 과정에 실수가 있을까 하여 걱정이 많았습니다. 최선을 다하여 원저자의 의도를 충실히 우리말로 옮기려 노력하였으나 혹시라도 오류가 있다면 이는 전적으로 역자들의 책임입니다. 우주 분야에 관심이 있는 학생이나 현업에서 우주시스템 전반에 대한 이해를 구하고자 하는 엔지니어에게 이 책이 조금이나마 도움이 될 수 있기를 기대합니다. 이 책의 출판에 큰 도움을 주신 경문사 관계자 여러분께 진심으로 감사드립니다.

2018년 10월 15일

안재명, 이기주

이 책은 우주시스템을 전공하려는 대학생과 산업체에서 우주개발 관련 업무를 이제 막 시작한 사람들을 대상으로 하고 있습니다.

필자는 산업체에서 우주관련 업무를 30년 이상 해오면서도 기본적인 배경 지식에 대한 체계적 이해가 부족했던 점을 늘 우려해왔습니다.

5년 전 즈음에 나고야 공과대학에서 우주시스템에 대한 15시간짜리 특강을 한 학기 동안 가르치게 되었는데, 이제 막 우주관련 회사에 입사하는 분들이 우주에 대한 기본 지식을 갖추고 업무를 시작하면 좋겠다는 취지로 강의 내용을 정했습니다. 그 후로 의욕만 앞서고 노력이 뒷받침 되지 않은 부분도 있었지만 이러한 방향성을 갖고 노력해왔습니다. 지난 5년간의 강의 경험을 바탕으로 이번 기회에 강의 노트를 출판하게 되면서 우주 분야에 관심이 있는 다양한 독자들이 좀더 쉽게 기초적인 지식을 습득하도록 집필하겠다고 다짐했습니다.

이 책을 집필하면서 다음 두 가지 사항에 특별히 주의를 기울였습니다. 첫 번째는 주제를 발사체와 인공위성의 궤도운동으로 한정시켜서 최대한 기본적인 사항부터 설명한다는 것이며, 이와 더불어 이 분야의 전문 기술자가 아닌 사람도 기본 원리를 알 수 있도록 한다는 것입니다. 천체역학(Celestial Mechanics)의 관점에서 기술한 궤도운동 분야의 서적은 많은 반면, 엔지니어링 관점에서 출발한 책은 상대적으로 없는 편이라, 필자조차 이 분야에 대한 지식이 부족하다고 느껴왔습니다. 궤도운동 분야의 전문가가 아니어도 이해할 수 있는 수준으로 설명하려고 노력했으므로 전문가의 입장에서 보면 지나치게 단순화된 가정들이나 근사화가 적용된 부분도 있겠으나 문제의 본질을 손상시키지는 않았다고 생각합니다. 두 번째로는 고성능 컴퓨터가 필요한 연산에 의존하지 않고 일반 계산기로 수 계산을 할 수 있도록 만든다는 것입니다. 발사체와 인공위성의 운동에는 워낙 많은 수의 파라미터가 고려되어야 하고 전문가가 사용하는 계산식과 데이터는 모두 매우 높은 수준의 정밀도를 요구합니다. 이 책에 사용된 계산식들은 정밀도가 높은 계산식과 원칙적으로는 동일한 기본 식에서 유도된 것이므로, 계산 값 자체가 갖는 정밀도가 약간 떨어지더라도 고성능 컴퓨터로 수행되는 계산 과정의 본질적인 부분을 수 계산으로 최대한 따라가보자는 것입니다.

이 책의 내용을 살펴보면 다음과 같습니다.

1장과 2장에서는 이 책에서 다룰 우주시스템의 정의와 개요를 기술하고 있습니다. 1장에서는 우주시스템을 정의하고 있는데 무엇보다 지구 주변의 우주시스템에 적용되는 우주환경을 위주로 소개합니다. 2장에서는 지구 주변의 우주시스템 중 발사체와 인공위성을 위주로 설명하고 그 밖의 우주시스템에 대해서도 간략하게 소개합니다. 3장에서는 4장 이후의 학습에 필요한 기초적인 내용을 다루고 있습니다. 4장에서 6장까지 그리고 9장은 발사체의 운동에 대해서 기술하며, 7장, 8장, 10장은 궤도상의 우주비행체(대표적으로 인공위성)의 운동을 고찰하고 있습니다. 11장에서는 4장에서 10장까지 기술된 내용을 실제로 적용한 예시를 보여주고 있습니다. 궤도에 도달하는 시점까지의 발사체의 상승 운동을 하나의 장에서 일관되게 기술하지는 않았으나, 용도에 따라서 6장, 9장, 11장의 결과를 활용하면 되겠습니다.

나고야 대학에서 사용한 강의 노트는 1~5, 7, 8, 11장의 내용을 포함하고 있었으나, 이번에 6, 9, 10장을 추가해서 내용의 완결성을 꾀했습니다. 이 책에서 다루고 있는 범위는 매우 기초적인 수준이며, 궤도 변환, 최적화, 행성 간 비행 등을 다루고 있지는 않으므로 이 부분에 대해서는 전문적인 문헌을 참고하기 바랍니다.

이 책은 MKS 단위계를 사용합니다. 즉, 질량에는 kg 또는 ton, 길이에는 m 또는 km, 시간에는 초 s, 힘에는 뉴튼 N 또는 킬로 뉴튼 kN, 응력에는 파스칼 Pa를 사용합니다. 독자들이 벡터 해석과 좌표변환에 관한 기초 지식이 있는 것을 전제로 하고 있으므로 사용된 관련 공식에 설명을 추가하지 않았습니다. 구면 삼각법의 경우에는 일반적으로 잘 알려져 있다고 보기 어려우므로 사용된 공식을 책 말미 부록에 첨부했습니다.

5년 동안 강의에 사용했던 노트를 기본으로 삼았으나, 막상 집필을 시작하고 보니 처음부터 다시 써야 했습니다. 그러는 동안 저자가 직장을 바꾸게 되어 집필작업이 매우 번잡해졌으며 도쿄대학출판사의 편집자 시미즈 메구미씨를 많이 당혹스럽게 했습니다. 읽기 난해한 원고와 매우 제멋대로였던 수정 작업 요청에도 불구하고 인내심을 갖고 따라준 편집자 시미즈 메구미씨께는 경의를 표함과 동시에 진심으로 감사드립니다. 이 책은 고바야시 시게오 도쿄 이과대학 교수(도쿄대학 명예교수)의 소개로 도쿄대학출판사에서 출판하게 된 것이며, 작성 과정에서 여러 가지로 의견을 나누어 주신 부분을 감사하게 생각합니다. 또한, 나고야 대학의 후지와라 토시타카 교수는 강의 기회를 주시고 강의록의 출판을 허락해주셨습니다. 도쿄대학의 타나베 토오루 교수는 바쁜 중에도 원고를 꼼꼼히 읽고 귀중한 의견을 주셨습니다. 또한, 도쿄대학의 카토 칸이치로 교수께서는 전반적으로 여러 가지 조언과 격려를 해주셨습니다. 이 기회를 통해서나마 진심으로 감사의 뜻을 전하고 싶습니다.

3장에서 7장 그리고 11장을 작성하는 데 있어서 Р. Ф. Аппазов, О. Г. Сытин 〈Методы Проектирования Траекторий Носителей и Спутников Земли〉을 참고로 했으며, 이들을 집필하면서는 Л. Е. Охоцимский, Ю. Г. Сихарулидцзе 〈Основы Механики Космического Полёла〉를 참고로 했습니다(3장과 7장은 두 문헌 모두를 참고했습니다.). 이 두 논문은 강의를 준비하는 과정에서 그리고 이 책을 집필하는 데 크게 유용했으므로 특별히 언급하고 싶습니다.

또한, 이 책이 나오기까지 다음 분들에게 신세를 졌습니다. 미쯔비시 중공업㈜ 나고야 항공우주시스템 제작소 우주기술부 기초설계과의 주임인 미나미 타카시씨는 3장, 5장에서 11장의 원고를 하나하나 읽어 주셨고, 귀중한 조언과 함께 원고의 틀린 부분도 발견해주셨습니다. 나고야 대학에서 강의를 시작할 때부터 Аппазов의 문헌에 있는, 임의의 축을 중심으로 벡터를 회전시킬 때의 변환식에 관련해서 Junkins and Turner의 방법을 소개해줬으며, 제출된 리포트의 독창적인 답을 해독해주기도 한데다, 이번에는 거의 전면적인 지원을 받았기에, 감사를 대신할 말이 없습니다. 미나미 주임이 없었다면 이 책을 완성할 수 없었을 겁니다.

아사히 신문 조사연구실의 니시무라 미키오(주임 연구원)씨는 신문사의 사내 조사보고서인, 미국의 사고조사 대통령 위원회 보고서의 번역기록 '스페이스 셔틀 챌린저는 왜 폭발했나'의 작성 시에 저자가 도와준 것에 대한 보답으로 전문 분야 밖에서 원고를 검토해주셨고 귀중한 의견을 주셨습니다. 니시무라씨의 검토는 전체적으로 대강 읽어준 것이 아니고, 식의 전개를 하나하나 따라서 어느 부분이 왜 이해가 되지 않는지, 어느 부분의 표현이 일관되지 않은지 등 많은 피드백을 주셨으며 문장의 표현 방식에 대해서도 조언을 주셨습니다.

니쯔비시 나항 우주기술부의 이토 타카히로, 미타쿠쇼, 마에카와 히로시, 코바야시 미노루, 연구부의 야마자키 타카오, 전자기술부의 마에다 노리카즈씨는 원고의 일부를 읽어주고 귀중한 의견을 주셨습니다. 또한, 우주개발사업단 지구관측 센터의 유메자와 카즈오씨가 태양동기위성에서 받은 수 일 간의 데이터를 공유해주셨습니다.

위에서 언급한 모든 분들께 다시 한 번 진심으로 감사드립니다. 이 밖에도 많은 분들께서 이 책의 작성에 도움과 지원을 해주셨지만, 이 책의 내용은 전적으로 저자의 책임입니다.

우연이겠지만, 이 책을 집필할 당시 모리 마모루 우주비행사가 1차 재료실험(무중력 92)을 수행했고 이로 인해서 다시 한 번 우주에 관한 관심이 세간에 높아져 있었습니다. 이와 같은 때에 이 책이 우주개발에 대한 이해를 높이는 역할을 하면 좋겠습니다.

1993년 1월

저자

차례

3장 지구 모델과 좌표계

4장 로켓 추진

8장 3차원 케플러 운동의 기술

9장 발사체의 타원궤도 이론

10장 궤도의 섭동

11장 궤도상에서의 운동

부록

1장

우주시스템의 개요

1.1 우주시스템

인류가 관찰의 대상이던 우주를 현실적인 공간으로 인식하기 시작하면서 가장 먼저 생각한 것이 우주여행이다. 그 첫걸음으로 인공위성을 발사했을 때, 그때까지 알지 못했던 우주공간의 실상을 경험하게 되었다. 이로 인해 인간의 탐구심에 발동이 걸렸으며, 동시에 우주공간을 이용하는 방법을 새롭게 인식하기 시작했다.

우주를 과학관측과 같이 진리 탐구의 대상이 되는 공간으로 인식하거나 일상생활에 유용하게 쓰이는 공간으로 받아들이게 되었는데, 이 두 가지 관점이 지금까지 우주개발의 바탕이 되어왔다. 첫 번째 관점이 천체관측, 행성탐사 등 과학위성 시스템을 키워 냈고, 두 번째 관점이 통신위성, 기상관측위성 등 이른바 실용위성 시스템을 만들어 냈다.

한편, 스페이스 셔틀과 우주정거장이 등장하면서 이들을 활용하려는 분야와 새로운 우주분야가 만들어졌다. 무중력 환경 활용으로 불리는 우주분야인데 우주공간에서의 장기체재가 인간에 미치는 의학 및 생리학적 영향에 대한 데이터를 수집하는 일과 이 일에 필요한 기술을 개발하기 위한 실험, 무중력 환경을 이용해서 순도와 균질도가 높은 재료와 바이오제품 등을 만들어 내는 실험 등을 포함한다.

논의를 조금 더 확대해서 우주에 발전소를 건설한다든가 관광시설을 만들겠다는 구상까지도 우주분야에 포함시킬 수 있다. 지구 주변으로 논의의 대상을 한정하고 우주공간의 활용 방법을 정리하면 표 1.1과 같다.

표 1.1과 같은 활동을 우주공간에서 수행하기 위해 구현된 비행체와 탑재물로는 천체관측위성, 정지궤도기상위성, 정지궤도통신위성, 해양관측위성, 우주정거장, 각종 실험기기 등이 있으며, 이들을 궤도까지 운송하는 수단으로는 스페이스 셔틀 및 우주발사체가 있다. 그리고 이들을 지원하는 각종 지상시설 및 궤도상의 지원장치 등이 있으며 이들을 우주활동의 기본 구성요소(Space Infrastructure)라고 부른다.

J. Majus(W. Hallmann and W. Ley eds., 1988)에 의한 분류를 따르면 우주활동의 기본 구성요소를 페이로드(2.1절 참조), 궤도 시스템, 우주수송 시스템 그리고 지상 및 궤도에 놓인 운용시스템으로 나눌 수 있다.

궤도 시스템이란 기본적으로 미션(mission) 또는 임무라고 불리는 특정 목적을 지니지 않고 우주공간을 이용하는 범용 시스템을 의미하는데, 인공위성만이 예외적으로 기상 관측,

[표 1.1] 지구 주변 우주공간의 활용 (日本航空宇宙工業会, 1989)

분야	내용
과학관측과 우주과학연구	지구 주변의 우주공간에 대한 연구
	태양계 우주공간과 행성의 연구
	천제관측
	우주물리학 연구
	우주생물학 연구*
	우주의학, 생리학 연구*
일상생활에서 활용	기상 관측
	지구 관측(해양·육지 관측, 자연 탐사)
	통신(고정 통신, 이동 통신)
	방송
	항해 조력 및 위치 측정
무중력 환경의 이용	재료 제조 실험
	바이오 기술 실험
	기술과 과학 실험
기타	우주 발전
	우주 관광

* 우주생물학의 예로는 생명의 기원에 대한 연구가 있으며, 우주의학 및 생리학 연구는 무중력 환경과 방사선이 인체에 미치는 영향에 대한 연구를 의미한다.

통신 등 특정 미션을 지닌 전용 시스템이다.[1]

1.2 우주시스템의 분류

J. Majus(W. Hallmann and W. Ley eds., 1988)를 참고해서 우주시스템을 추가로 분류하면 표 1.2와 같다.

1 이 책은 우리가 살고 있는 지구에 가장 가까이 위치한 궤도 시스템과 이들을 궤도에 투입하기 위한 수송시스템을 다루고 있으며 이들을 지구 근궤도 우주시스템이라고 정의한다. 앞으로는 '지구 근궤도 우주시스템'을 '우주시스템'이라고 줄여서 부르기로 한다.

[표 1.2] **우주시스템의 분류** (W. Hallmann and W. Ley, eds., 1988)

- 우주시스템
  - 궤도 시스템(Orbital System)
    - 무인 우주선(Spacecraft)
      - 인공위성(Satellite)
      - 플랫폼(Platform)
    - 회수 재사용 우주실험시스템 (Rückführbar System)
    - 우주정거장(Space Station)
    - 궤도 작업 지원 시스템 (Orbital Betriebseinrichtung)
  - 우주수송 시스템 (Space Transportation System)
    - 발사체 (Launch Vehicle)
      - 소모형 발사체 (Expendable Launch Vehicle)
      - 재사용형 발사체 (Reusable Launch Vehicle)
    - 우주왕복선 (Rückkehrfähig Transport System)
      - 캡슐형
      - 유익형
    - 궤도 간 수송기(Orbital Transfer Vehicle)

궤도 시스템은 지구를 선회하는 궤도 내에서 천체 관측, 물리학 · 생물학 · 의학 분야의 실험, 기상관측, 통신 중계, 무중력 실험 등 다양한 임무의 수행에 필요한 시설과 설비를 제공한다.

무인 우주선은 일정하게 유지되는 궤도 내에서 비교적 제한된 범위의 작업을 수행하는 무인 기기 또는 장치 집단으로 정의된다. 인공위성이 대표적인 무인 우주선이다. 보통 인공위성은 특정 미션을 위해 제작된다(예를 들면 통신위성, 지구관측위성 등).

플랫폼은 지정된 목적으로 제작되는 인공위성과는 달리 미션의 요구조건에 대응해서 다양한 기기를 탑재할 수 있다. 현재 사용되는 인공위성들의 버스 시스템으로만 구성되므로 범용 위성으로 불리기도 한다.

회수 재사용 우주실험시스템은 일단 궤도에 올라가서 미션을 완료한 후 시스템 전체가 지상으로 회수되는데, 스페이스랩(Spacelab), 유럽의 유레카(EURECA: European Retrievable Carrier), 일본의 SFU(Space Flyer Unit), 미국의 스페이스햅(Spacehab) 등이 이에 해당된다.

스페이스랩과 스페이스햅은 스페이스 셔틀의 카고 베이(Cargo bay, 화물실) 내에 실려서 올려졌으며, 궤도상에서 화물실의 게이트를 열고 우주 공간과 직접 접촉하지만 스페이스 셔틀에서 분리되지 않은 채 지상으로 돌아온다. 유레카는 스페이스 셔틀을 이용해서 발사되었으며, 약 반 년간 고도 525 km, 경사각 28.5°의 저궤도에 머무르다 스페이스 셔틀로 다시 회수되었다. SFU는 H-II를 이용해서 발사했으며, 고도 482 km, 경사각 28.45°의 궤도에서 운용하다가 6~9개월 후 스페이스 셔틀로 회수했다.

우주정거장은 플랫폼을 대형화해서 인간이 체류하는 데 필요한 기능과 범용적인 실험실로서의 기능을 추가한 시스템이다.

대표적인 우주정거장으로는 구-소련의 미르(**мир**: 세계 평화라는 의미)가 있으며, 또 하나는 미국이 일본, 유럽, 캐나다, 러시아와 협력해서 개발한 국제우주정거장(ISS, International Space Station)이 있다.

인간이 생활할 수 있는 우주 인프라를 유인 우주시스템(Manned Space System)이라 한다. 그중에 장기간 계속해서 생활할 수는 없지만, 인간이 우주복을 입지 않고 일정 기간 탑승하는 기능을 제공하는 우주 인프라를 유인 탑승 우주시스템(Man-Tended Space System)이라고 한다. 미국의 스카이랩(Skylab), 구-소련의 살류트(Salyut)가 그 예시이다.

궤도 작업 지원 시스템은 우주공간에서의 활동을 지원하는 기기, 궤도상에서 제한된 범위로 제공되는 수송 수단 등을 말하는데, 궤도 작업용 각종 로봇, 동일 궤도면 안에서 근거리 이동 및 운반에 사용되는 궤도 내 작업기(OMV: Orbital Maneuvering Vehicle) 등이 있다.

발사체(Launch Vehicle)는 지구의 인력을 이기고 상승하고 가속하기 위해서 로켓 엔진의 추진력을 사용한다. 전세계의 발사체는 대부분 한 번 쓰고 버리도록 개발되었으나 재사용 방식으로 옮겨가고 있는 중이다.

우주왕복선은 궤도와 지상을 왕복하면서 우주인과 물자를 수송하는 역할을 하며, 여러 가지 방식이 제안되어 왔는데, 공기에 의한 양력을 이용하지 않는 캡슐형(탄도형)과 공력을 이용하는 유익형(항공기형)으로 나눌 수 있다. 또한, 이동용 추진기관을 스스로 갖고 있는 것과 갖고 있지 않은 것으로 나누기도 한다.

이동용 추진기관을 갖추고 있지 않은 우주왕복선은 발사체 등을 이용해서 궤도에 투입되며 귀환 시에는 궤도상에서 역분사를 통하여 감속, 대기권으로 재진입한다. 머큐리(Mercury) 캡슐, 제미니(Gemini) 캡슐, 구소련의 소유즈(Союз), 일본이 계획했던 호프(HOPE), 유럽이 계획했던 에르메스(HERMES) 등이 모두 이러한 예시이다.

지금까지, 실용화된 우주왕복선에는 미국의 스페이스 셔틀(Space Shuttle: 공식 이름은 Space Transportation System), 러시아의 소유즈가 있다.*

궤도 간 수송기는 궤도 사이를 오가며 수송 · 정비 · 보급을 수행하는 무인(미래에는 유인도 가능할 것으로 보인다) 시스템이다.

이 책은 우주시스템의 운동을 주로 다루므로 궤도 시스템 또는 우주 수송시스템이 궤도상에 머물고 있을 때 일반적으로 통용되는 이름인 '우주비행체'(독일어로 Raumflugkorper)라고 부르기로 한다.

또한, 표 1.2에서 특별히 무인으로 분류한 것을 제외하면 이미 실현되었는지의 여부와는 관계없이 원칙적으로 유인 및 무인 두 미션이 모두 가능하다. 과학관측과 우주과학연구(우주 의학 · 생물학 연구 제외), 일상생활에서 활용 등 우주공간을 활용(표 1.1)하는 우주시스템으로는 주로 인공위성과 발사체를 중심으로 하는 무인 시스템들이 실용화되었고 이미 충분한 성과를 보여줬다.

한편, 유인 우주시스템은 우주의학 · 생리학의 연구, 무중력 환경의 이용 등 우주공간을 활용하는 미션(표 1.1)에 주로 사용되고 있으며, 이들의 본격적인 개발은 달을 포함해서 행성을 대상으로 유인 탐사 미션이 추진되기를 기다리고 있는 상태에 있다.

1.3 우주환경

지구 주변은 지구의 인력이 지배적인 영향을 미치는 영역으로 정의할 수 있으나, 이 책에서 다루고 있는 지구 주변은 이보다 더 가까운 정지궤도(고도 35,786 km) 부근까지이다. 즉 지구를 중심으로 지구 반경의 10배 이내에 들어가는 범위이다.

---

* 역자 주: 미국의 스페이스 셔틀이 2011년에 은퇴하면서 2018년 현재, 우주비행사의 수송은 전적으로 소유즈호에 의존하고 있다. 미국은 차세대 우주탐사선인 오리온호와 우주발사체 SLS(Space Launch System)의 개발을 진행하고 있다.

지구의 대기권을 넘어가도 우주에는 희박하게나마 대기가 존재하기 때문에 플라즈마 등 각종 방사선에 노출되며, 그곳에는 우주 쓰레기, 운석과 더불어 인공의 소형 물체가 날아다니고 있다.

이들 우주공간이 지닌 특유한 환경을 우주환경이라고 한다. 우주환경은 우주 인프라에 쓰일 하드웨어를 설계할 때 중요한 설계 조건이 되는데, 미션 달성을 위해서 궤도 운동의 조건을 고려할 때에도 반드시 고려하는 요소이다.

1.3.1 고고도 대기

대기권에서 고도 약 10 km까지는 대기온도가 감소한다.

대기온도가 고도에 따라 더 이상 감소하지 않게 되는 지점을 대류권계면(Tropopause)이라고 부르며, 여기서부터 그 위에 놓인 대기를 고고도 대기라고 부른다. 대류권계면의 고도는 관측지의 위도에 따라 다르지만 극지에서 평균 6 km, 적도에서 약 18 km 정도이며 일반적으로는 지상에서 고도 약 11 km인데, 지상에서 대류권계면까지를 대류권(Troposphere)으로 정의한다.

대류권계면을 넘어서면 대기온도가 상승하기 시작하여 고도 약 50 km에 이르면 최댓값(약 270 K)에 달하게 된다. 이 지점을 성층권계면(Stratopause)라고 하고, 대류권계면과 성층권계면 사이의 대기층을 성층권(Stratosphere)이라고 한다.

성층권계면을 넘어서면 대기온도가 다시 떨어지기 시작하여 고도 약 80 km에서 최솟값(약 190 K)에 도달한다. 이곳을 중간권계면(Mesopause)이라고 부르며 성층권계면과 중간권계면 사이의 영역을 중간권(Mesosphere)이라고 부른다.

고도 80 km까지는 공기의 조성이 고도에 따라 변하지 않으나 그 이상의 고도에서는 중력의 영향으로 가벼운 성분의 비율이 증가하는 방향으로 공기 조성이 변화하며, 고도 170 km 근처부터는 산소원자가, 1000 km 근처부터는 헬륨이, 그 이상에서는 수소가 주성분을 이루고 있다(小倉, 1984).

중간권의 상부부터 고도 800 km까지의 열권(Thermosphere)에서는 대기 온도가 고도에 따라 다시 상승한다.

열권의 상부부터 약 1200 km까지는 외기권 또는 탈출권(Exosphere)이라고 부른다.

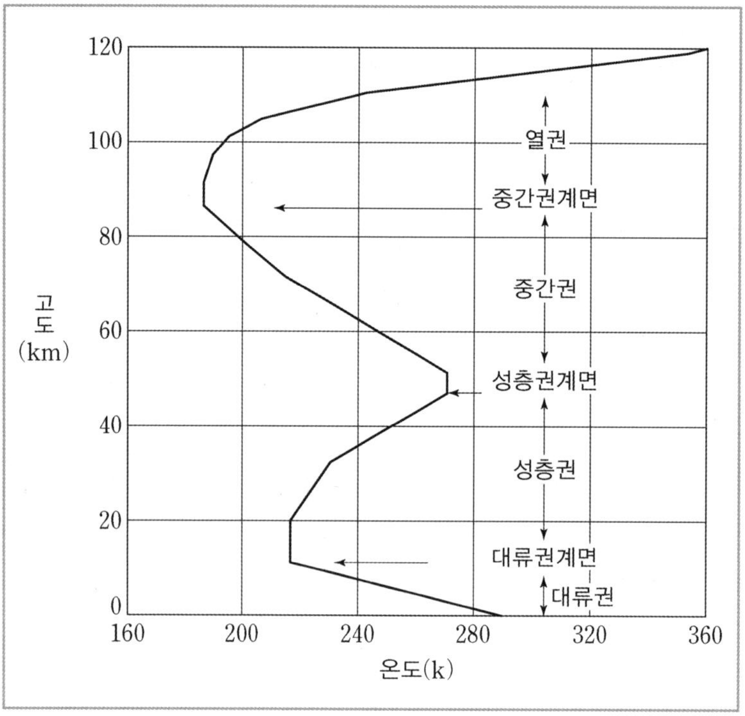

[그림 1.1] 고도 120 km까지의 대기의 온도 분포와 고고도 대기 각층의 분류 방식의 관계
(国立天文台編, 1991)

그림 1.1은 고도 120 km까지의 온도 분포와 고고도 대기의 명칭을 보여준다.

한편, 전파의 전달(transmission)이라는 관점으로 대기층을 중성권(Neutrosphere)과 전리권(Ionosphere)으로 나누기도 한다. 중성권과 전리권의 경계는 고도 60 km에 위치한다.

전리권은 태양방사선의 영향으로 대기 분자의 일부가 전이되면서 다수의 이온과 자유전자가 존재하는 영역이며, 가장 아래(고도 60~90 km)에 D권, 그 위에 전자수 밀도가 높은 E권(고도 90~130 km), F_1권(고도 130~210 km), F_2권(고도 210~1,000 km) 등 여러 층이 존재한다. 전리권층은 시간과 계절마다 변화한다. D층은 VLF파(3~30 kHz) 이하를, E층은 LF(30~300 kHz)와 MF(300~3,000 kHz)를, F_1과 F_2층은 MF, HF(3~30 MHz)를 반사시킨다. 극초단파로 불리는 30 MHz 이상의 전파(VHF, UHF, SHF 등)는 반사되지 않고 전리권을 통과한다.

대기의 온도와 밀도는 고도에 따라 변한다. 그림 1.2는 대기 밀도와 대기 온도를 지상에서 고도 1,000 km까지 보여준다.

대기의 온도와 밀도는 고도 이외에도 위도, 경도, 계절, (하루 중) 시각, 태양의 활동, 지

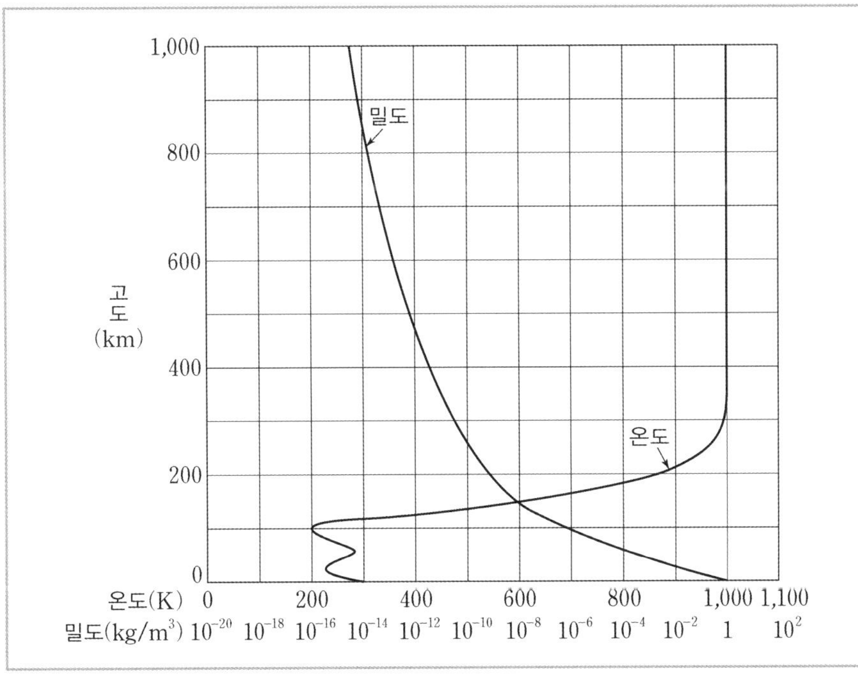

[그림 1.2] 대기밀도와 온도의 고도에 따른 변화 (国立天文台編, 1991)

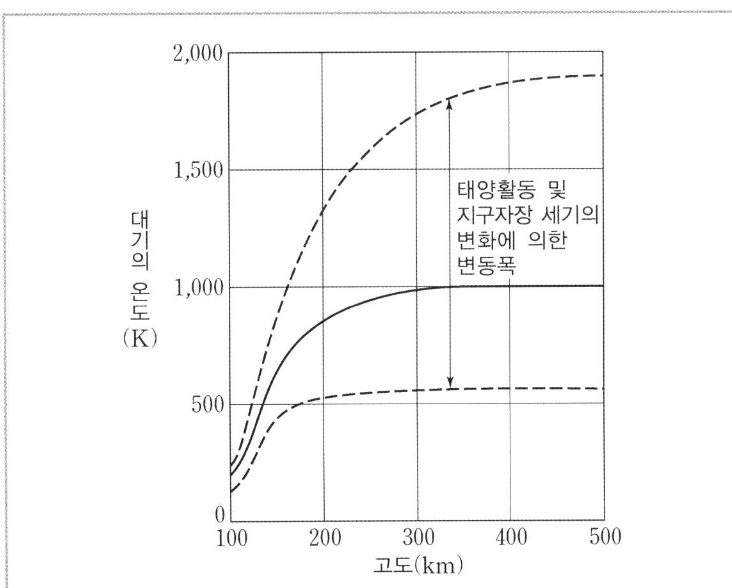

[그림 1.3] 태양활동과 지구자기장의 세기의 변화가 고고도 대기의 온도에 미치는 영향 (W.Hallmann, 1988)

구자장 등의 영향을 받는다. 위도, 경도, 계절 변화, 하루 중 시각에 따른 변화는 태양과의 상대적 위치에 의해서 큰 영향을 받으며 태양 자체의 활동에도 영향을 받는다. 11년 주기로 태양의 흑점이 증감한다는 사실은 잘 알려져 있으며 태양은 이러한 활동을 늘 지속하고 있다. 태양의 활동이 활발해지면 X선, 자외선 등 우주방사선과 충전된 미립자의 방사가 동시에 증가해서 지구 대기의 온도와 밀도에 영향을 미친다.

지구의 자기는 유동성을 갖고 있는 지구 내핵과 지구의 자전이 연동해서 발생하는 현상으로 알려져 있으나 지구 자기의 변동(자기 태풍, 일변화, 영년변화)에 동반된 지구자장 세기의 변화도 대기의 밀도와 온도에 영향을 준다(자기 태풍은 태양활동의 영향으로 나타난다).

그림 1.3은 태양활동과 지구자장의 세기의 변화가 고도 100 km에서 500 km까지의 지구 대기의 온도에 주는 영향을 나타내고 있다. 그림에서 파선은 태양활동과 지구자장의 세기의 변화에 의해서 온도가 변하는 변동폭을 나타낸다. 비슷한 영향이 밀도에도 나타난다.

1.3.2 우주방사선

지구 주변의 우주공간에 존재하는 우주방사선(Cosmic Ray)에는 다음 세 종류가 있다(NASA, 1982, Space Physiology and Medicine).

- 태양계 밖으로부터 온 우주방사선
- 지구자기권에 사로잡힌 우주방사선
- 태양풍에 의한 우주방사선

A. 태양계 밖으로부터 온 우주방사선

태양계 밖으로부터 온 우주방사선의 98%는 은하계 내에서 온 것이어서 이들을 은하 우주방사선(Galactic Cosmic Ray)이라고 부른다(A. J. Sims et al., 1987). 은하계 내의 초신성(Supernova)의 폭발과 같은 큰 이벤트가 원인인 것으로 알려져 있다. 은하 우주방사선의 87%는 양자, 12%는 알파 입자, 1%는 리튬에서 주석에 이르는 원자핵이다. 은하 우주방사선의 강도는 태양의 활동으로 결정되는데, 태양의 활동이 활발해지면 태양에서 방출된 플라즈마 유동에 의하여 강도가 세지게 된다.

지구의 자장은 은하계에서 도달한 우주방사선을 막는 자연발생적인 방호벽이 되기도 한다. 지구 대기에 들어온 은하계의 우주방사선은 위도가 낮은 지점에서는 지구 자기장에 의해서 대부분 사로잡히게 되며 높은 에너지를 갖는 소량의 우주방사선만 지구 표면 가까이까지 도달한다. 그러므로 위도가 낮은 지역을 선회하는 궤도에 놓인 우주비행체에 대해서는 은하계 우주방사선의 영향이 줄어든다. 예를 들면, 고도 200~600 km의 적도면 내의 궤도에서는 극궤도와 비교할 때 그 영향이 5분의 1 수준이다. 그러나, 위도가 높은 지역에서는 지구자기장이 진입해온 은하계 우주방사선에 대해서 방호벽이 되지 못하므로 위도가 높은 지역을 선회하는 궤도 내의 우주비행체는 궤도의 고도가 낮아도 우주방사선을 직접 쬐게 된다.

B. 지구자기장에 사로잡힌 우주방사선

자기장에 포착된 우주방사선(Trapped Radiation)이라고도 불리는데, 이 우주방사선이 이른바 '벤 알렌 대역(Van Allen belt)'을 형성한다. 1958년, 미국의 벤 알렌 박사가 과학위성을 이용해서 이들을 계측함으로써 그 존재를 확인했으므로 그의 이름이 붙여졌다. 벤 알렌 대역은 태양풍 입자가 지구를 둘러싸고 있는 지구 자기장에 포착돼서 만들어지는 것으로 보인다. 그림 1.4와 같이 내부 대역과 외부 대역으로 구성되어 있으며, 내부 대역에는 양자(Proton)가 모여 있고 최저점은 고도 300~1200 km에서 나타나며 그 에너지는 MeV 수준이다. 외부 대역에는 전자(Electron)가 모여 있으며 최저점은 고도 10,000 km에서 나타나고 최고점은 태양활동의 세기에 따라 변동되며 그 에너지는 keV 수준이다.

또한 벤 알렌 대역의 형상은 지구 자기장의 형상에 의해서도 변동된다. 특별히, 남대서양

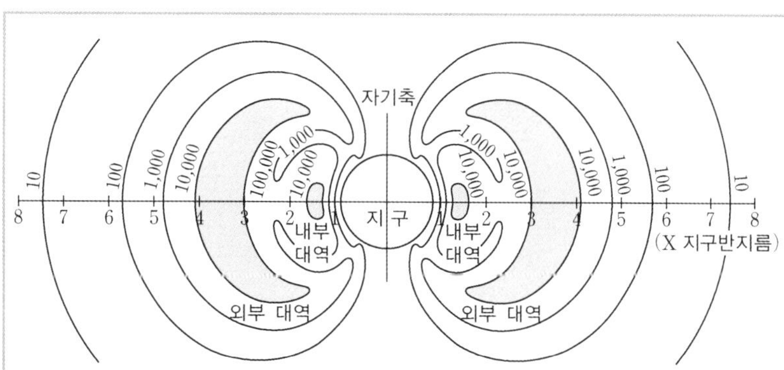

[그림 1.4] 벤 알렌 대역 (グレーグ, R. A. 著, 畠山久尚訳, 1969)

이상 대역(South Atlantic Anomaly)이라고 불리는 지역(또는 브라질 이상 대역)에서는 지구 자기장이 약해지기 때문에, 서경 0°~60°, 남위 20°~50°의 남대서양 상공에 30 MeV 이상의 에너지를 갖는 양자 층(내부 대역)이 고도 160~320 km의 낮은 고도에까지 나타난다.

이 밖에도, 고위도 지점에도 고밀도 전자 대역이 나타나는데, 이 현상을 'horns of electron belt'라고 부른다(Sims et al., 1987). 이들 영역을 통과하는 우주비행체는 이 영역으로 들어갈 때마다 강한 전기에 노출되고 영역을 빠져나가면서 방전되는 현상을 반복하게 되므로 탑재된 전자 기기가 영향을 크게 받을 수 있다.

그림 1.5는 남대서양 이상 대역과 고위도 지방 고밀도 전자 대역의 윤곽선을 보여준다. A. J. Sims 등(1987)에 의하면, 고도 850 km의 태양동기궤도(태양동기궤도에 대해서는 11장에서 설명)를 비행하는 우주비행체는 지구를 하루에 약 14번 돌게 되는데, 그 가운데 10번 정도는 남대서양의 이상 대역을 통과하고, 이때 100 protons/cm^2·s이 넘는 양자의 흐름(Flux)을 거치게 되며 한 주기마다 'horns of electron belt'를 통과하여 매번 10^4~10^5 electrons/cm^2 · s의 전자 흐름(Flux)을 거치게 되므로, 이상 대역과 전자 대역을 통과할 때마다 각각 0.1 MeV 이상의 에너지에 해당하는 방사선에 노출된다.

또한, 남대서양 이상 대역은 방사선 레벨이 높기 때문에, 고도 500 km 부근을 비행하는 우주비행체가 이 영역을 통과할 때에도 인체에 대한 영향을 고려해야 하고, 궤도를 계획할 때 가능한 한 이 지역을 통과하는 횟수를 줄여야 하며, 특별히 유인 우주선의 선외활동

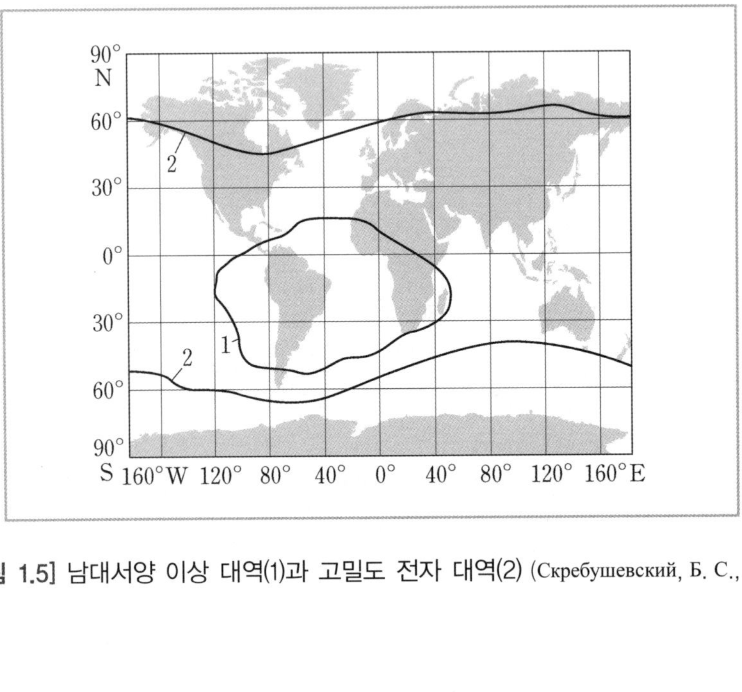

[그림 1.5] 남대서양 이상 대역(1)과 고밀도 전자 대역(2) (Скребушевский, Б. С., 1990)

(EVA: Extra-Vehicular Activity)은 이 지역을 통과하지 않을 때 수행하는 것으로 알려져 있다.

C. 태양풍에 의한 우주방사선

태양풍(Solar Wind)은 태양의 코어로부터 흘러나온 플라즈마 상태(원자가 해리되어 이온과 전자로 분리된 상태)의 입자가 흐르는 유동이다. 자기영역은 긴 꼬리 형태를 띠고 있으며 꼬리 부분의 직경이 지구 반지름의 60배에 이른다. 꼬리의 중심은 플라즈마 시트라고 불리는데 유동과 평행한 시트 모양을 띠고 있다.

태양풍은 태양활동이 활발한 시기에는 지구자기권 안으로 침입하나, 태양활동이 정상적인 상태에서는 지구 근처의 우주공간에 그 영향을 미치지 않는다. 예를 들면, 고도 500 km의 우주정거장을 설계하는 환경조건으로 고려하지 않는다. 그러나, 플라즈마 시트를 통과하는 궤도를 순항하는 우주비행체는 방사선을 받게 되며, 그중 특별히 정지궤도위성이 영향을 받는다.

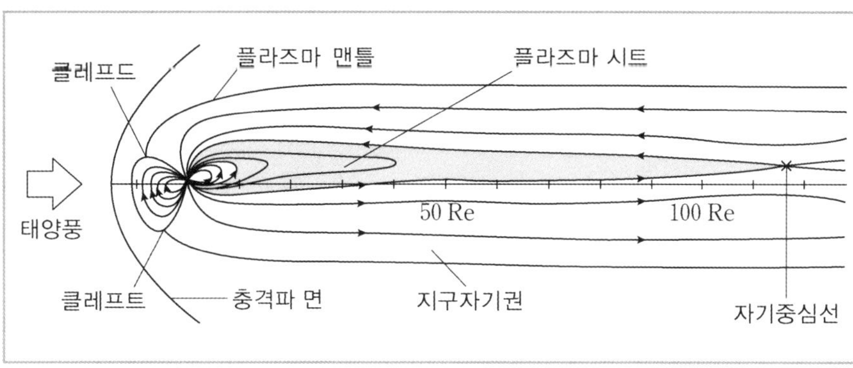

[그림 1.6] 태양풍 플라즈마와 지구자기권 (西田篤弘, 1978)

충격파 면 내에 지구자기권이 있다. 클레프트(Cleft)는, 자기권의 크랙(crack)이며, 태양활동이 활발한 때에는 여기서부터 태양으로부터의 플라즈마가 침입해서 오로라 등의 현상이 발생한다.

1.3.3 운석과 우주파편

우주시스템 전체와 관련해서 운석과 우주파편에 대한 대책은 반드시 고려해야 할 대상이다. 우주비행체는 궤도상에서 크고 작은 무수한 우주공간의 유성체를 만나게 된다. 유성체는 자연적으로 발생한 것과 인공적으로 생성된 것이 있다. 자연적으로 발생한 것을 운석

(Meteorite)이라고 하며 인공적으로 생성된 것은 우주파편 또는 우주쓰레기(Space Debris)[2] 라고 부른다.

A. 운석

운석에는 다음 세 종류가 있다.

- 일반적인 운석
- 미소 운석(직경 1 mm 이하)
- 우주 먼지

궤도상에 놓인 우주비행체에 대해서 특별히 위험 요소가 되는 것은, 일반적인 생각과는 달리, 철과 니켈로 이루어진 운석이 아니라 얼음 뭉치같은 것들인데, 이들의 평균 밀도는 0.5 g/cm^3이고 평균속도가 20 km/s에 이르는 것으로 알려져 있다(Elfer and Kovacevic, 1985).

B. 우주파편

최근 들어서 지구 주위의 우주시스템에 대해서 크게 이슈가 되고 있는 것이 인류가 우주공간에 올려놓은 발사체와 위성 등의 잔해이다. 이들은 우주파편 또는 우주쓰레기, 궤도 선회 잔유물(Orbiting Man-made Object), 인공 잔유물(Man-made Debris) 등으로 불린다. 이러한 우주파편의 발생 원인에는 다음과 같은 것들이 있다(V. A. Chobotov, 1991).

- 발사체와 인공위성의 발사에 동반되어 발생한 경우(특별히 고체모터의 연소 생성물)
- 궤도상의 인공위성이 노화되어 발생한 경우
- 인공위성이 궤도상에서 파괴되면서 발생한 경우
- 궤도상에서 충돌(hypervelocity collision)이 발생한 경우

고체로켓이 타고 남은 찌꺼기인 산화 알루미늄, 도료의 박편 등 매우 작은 물질로부터 스스로 파괴된 인공위성 및 발사체의 파편, 보다 더 큰 것으로는 임무를 마친 인공위성과 발

---

2 운석과 우주파편을 통틀어 뭐라고 할지, 우주파편(Space Derbis)을 일본어로 어떻게 표현할지는 아직 결정되지 않았다. 통틀어서 '미소 유성체'라고 표현하는 경우도 있다(関口, 1982).

사체의 최종단(Upper Stage) 등 각종 물체들이 고속으로 지구 주위를 돌고 있다.

미국의 회계감사원(GAO: Government Accounting Office)의 보고서(GAO Report, 1990)에 의하면, 1988년 인간이 만들어 낸 궤도상 잔유 물체의 크기와 수, 그리고 이들의 총 질량은 표 1.3에 제시한 것과 같으며 매년 증가하는 추세이다.

[표 1.3] 우주파편의 수에 대한 추정값(GAO, 1990)

크기	수	%(수)	총질량	%(질량)
10 cm 이상	7, 000	0.2	2.999×10^9(g)	99
1 ~ 10cm	17, 500	0.5	1.000×10^6(g)	~1
1 cm 이하	3, 500, 000	99.3	—	
합계	3, 524, 500	100.0	3.000×10^9(g)	100

우주파편은 고도 1,000 km 이하의 저궤도와 고도 36,000 km의 정지궤도 주변에 주로 분포되어 있다. 1988년에 추정한 우주파편의 데이터를 이용할 경우, 투명 면적 5,000 m^2의 우주정거장에 지름 1 cm 이상의 파편이 충돌할 확률은 20년에 1회 정도로 추정되고 있다(GAO, 1990).

그림 1.7은 저궤도상에 놓인 우주파편의 크기별로 예측충돌회수(단위 면적에 1년간 충돌할 것으로 예측되는 회수)와 자연적인 운석이 충돌할 예측충돌회수를 제시한다. 우주파편의 예측충돌회수의 데이터는 비행 실적, 수학적 모델로 추정한 값, 관측 데이터로부터 추정한 값 등을 바탕으로 하고 있다. 스카이랩, 스페이스 셔틀의 창문, 익스플로러 46호(운석 탐사 미션), 솔라 · 맥스 위성(스페이스 셔틀로 일단 회수되고 궤도에 재투입) 등에서 모은 것인데, 자연적인 운석의 예측충돌회수와 비슷한 분포를 보이고 있다. 대형 파편에 대해서는, 궤도상에서 파편 간의 충돌 해석과 지상으로부터의 관측 데이터 등을 이용해서 추정한 것이나, 자연적인 운석에 비하면 충돌할 확률이 높은 편이다. 충돌확률을 포함해서 고려하면 우주비행체를 위험하게 만드는 것은 크기가 0.1~1 cm인 파편들인데 이 부근의 데이터는 부족한 상태이다(D. J. Kessler, 1985). 우주파편의 속도 분포는 4 km/s, 8 km/s, 11 km/s 근처에서 피크 값이 나타나는데, 빈도는 11 km/s 부근에서 최대가 된다.

또한, 궤도상의 비행체 입장에서 바라본 우주파편의 비행 방향은, 특별히 저궤도에서 동쪽 방향(북극에서 볼 때 반시계방향)으로 비행하는 경우에는 전방에서부터 날아오는

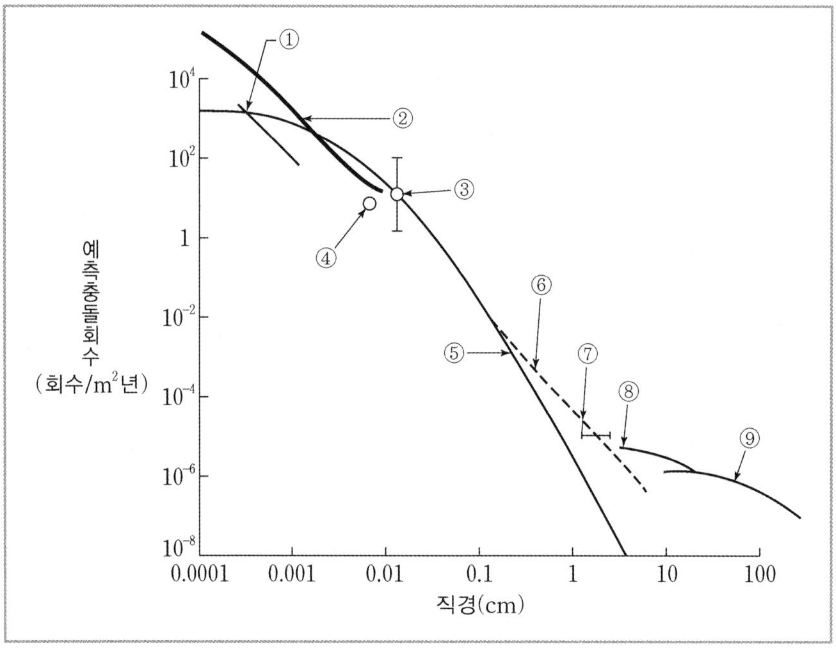

[그림 1.7] 저궤도에 놓인 우주파편의 크기와 예측충돌회수와의 관계 (D. J. Kessler, 1985: Orbital Debris Environment and Data Requirements, NASA)

① 스카이랩 · 사령선 · 모듈창에서의 데이터(1973~1974년, 고도 435km)
② 솔라 맥스(Solar Maximum) 위성의 데이터(1980~1984년, 고도 500~570km)
③ 스페이스 셔틀 · 오비터 창에서의 데이터(1981~1983년, 고도 300km, 신뢰도 85%)
④ 익스플로러 성호(Explorer 46) 위성의 데이터(1972~1975년, 고도 490~815km)
⑤ 운석(Zook et.al., 1970)
⑥ 지상에서의 극초고속충돌시험으로부터 추정한 값
⑦ MIT 망원경으로 지상에서 관측(고도 600~1,100km)
⑧ 지상에서의 폭파시험으로부터 추정한 값
⑨ NORAD에서의 관측에 기반한 카탈로그로부터 추정(고도 600~1,100km)

경우가 가장 흔하고 후방에서부터 날아오는 일은 거의 없다. 측면과 전방에 걸쳐서는 거의 동일한 빈도로 충돌하는 것으로 생각할 수 있다(Elfer et al., 1985).

그림 1.8은 5,000 m^2의 투영 면적을 갖는 우 주비행체(국제 우주정거장, 프리덤을 계획하던 초기 시점의 면적)에 대해서 운석과 우주파편이 충돌하는 예측충돌횟수를 보여준다. 그림에서 1988년 우주파편의 데이터를 이용하면 1 cm 이상의 직경을 갖는 우주파편과 충돌할 것으로 예측되는 횟수는 20년에 1번 정도이지만, 2010년 데이터를 사용할 경우에는 2.5년에 1번이 되기 때문에, 충돌 회피 수단이 필요한 것으로 판단할 수 있다. 대형 우주 파편의 회피책으로는 비행체가 우주파편의 예측궤도로부터 벗어나도록 조정하는 것을 고려하고

있다. 소형 우주파편은 보호막 또는 쉴드를 설치하면 비행체와의 직접적인 충돌을 방지할 수 있다. 이 이상 우주파편이 증가하지 않는 방향으로 우주시스템의 설계와 운용을 개선할 필요가 있다.

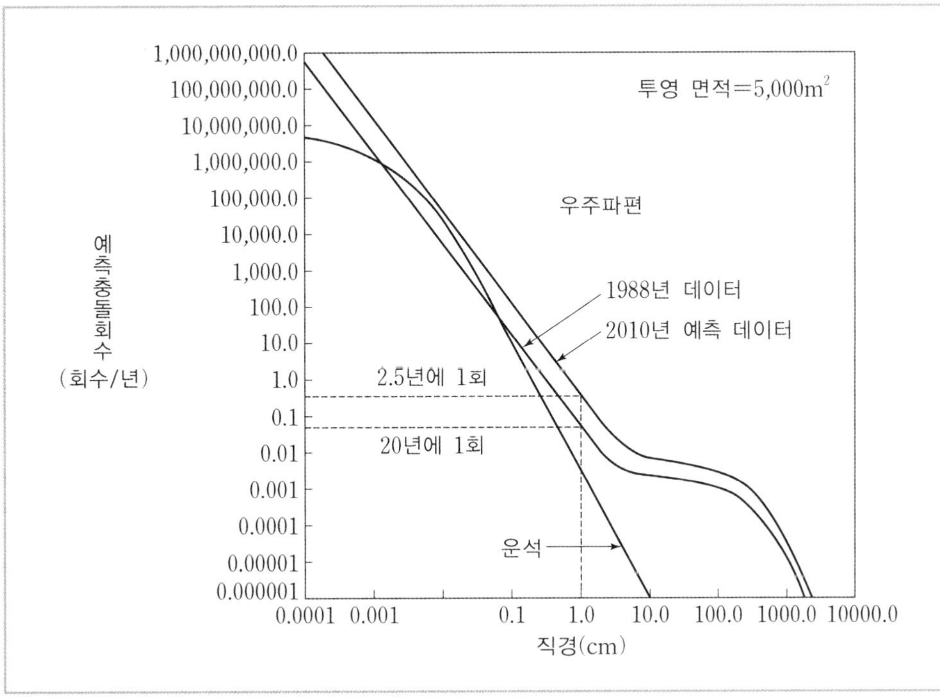

[그림 1.8] 운석과 우주파편의 예측충돌횟수 (V. A. Chobotov ed., 1991)

2장

우주시스템의 예시

2.1 위성 발사체

2.1.1 발사체의 기본구성

1950년대까지는 도달 가능 최대고도 또는 지정된 지상위치로의 도달 정밀도 등이 발사체 설계의 기본 요구조건이었으며 지금도 관측용 로켓(또는 과학로켓) 및 군용 미사일에는 이러한 조건들이 남아 있다.

소련이 1957년 스푸트니크(Спутник, 위성을 뜻함)를 발사하면서 인류는 이른바 '우주시대'를 맞이하게 되었다. '탑재물을 지정된 고도로 쏘아 올리고 그 고도에서 지구를 선회하는데 필요한 궤도속도를 탑재물에게 제공해야 한다'라는 특별한 요구조건이 로켓에 부가된 것이 이 시기였다. 이러한 요구조건을 만족하도록 개발한 로켓을 발사체(Launch Vehicle, 영국에서는 Launcher)라고 부른다. 발사체 입장에서는 쏘아 올릴 물체는 화물에 해당하므로 이를 페이로드(Payload)라고 부른다.

발사체는 과학로켓에 비해서 더 높은 고도와 궤도속도를 필요로 했으므로 발사체의 각 단이 더 큰 에너지를 갖도록 설계되었다. 또한, 과거 로켓과는 달리 다양한 페이로드를 탑재할 수 있는 범용성을 갖도록 설계되었다

이러한 요구조건하에서 개발된 발사체 시스템에 대해서 대략적으로 살펴보기로 한다. 표 2.1은 발사체 시스템이 어떻게 구성되는지를 요약해서 보여준다. 표에 제시된 다른 구성요소들은 대체로 자명한 반면, 발사 시스템이란 요소는 추가로 설명할 필요가 있다. 일반적으

[표 2.1] 발사체 시스템의 구성

- 발사체 시스템
  - 발사체 기체(Vehicle System)
  - 발사 시스템(Launch System)
    - 발사체 지상점검 장치(AGE : Aerospace Ground Equipment)
    - 발사 설비(Launch Facility)
  - 추적관제 시스템
    - 레이다 · 스테이션
    - 텔레메트리 · 스테이션
    - 비행안전용 명령 송신설비

로 발사체라고 했을 때 우리는 발사체의 기체를 떠올리게 된다.

그러나, 발사체 시스템 전체의 주인공에 해당하는 발사체 기체만으로는 페이로드를 궤도에 올리는 임무를 달성할 수 없다. 발사체 시스템은 가능한 한 추진제를 많이 적재하고 페이로드를 최대한 많이 궤도에 올리기 위해서, 자동차와 항공기가 자체적으로 장착하고 있는 기능 중 많은 부분을 지상에 두어야만 한다. 그러한 예로는 1단 엔진의 시동 시퀀스와 전원이 있다. 그만큼 지상 설비와 지상 장치에 대한 의존도가 자동차나 항공기에 비교할 수 없을 만큼 높다. 이러한 이유로, 미리 선정된 발사점(또는 발사장)에 발사운용을 고정해야 하고, 발사장에는 발사에 필요한 전용 설비와 장치 기기를 준비해야만 한다.

또한, 발사체 시스템은 시간적 제약이란 특이성을 갖는다. 궤도 시스템의 궤도를 결정할 때 우주환경이 제약조건이 될 수 있다는 점은 이미 1장에서 언급했으며, 순전히 페이로드 관점에서 궤도 또는 발사 시간에 대한 제약조건이 발생할 수 있음을 쉽게 상상할 수 있다. 이러한 이유로 발사를 임의의 시각에 수행할 수 없고, 목표 시점(발사 윈도우)이 정해지고 나면 지정된 발사 윈도우를 목표로 두고 발사 작업을 관리하며, 이 작업을 효과적으로 수행하기 위해서 발사체 전용 장치들이 필요하게 된다.

극저온 추진제를 추진제탱크에 미리 충전하면 추진제의 증발량이 늘어나기 때문에 발사 직전에 충전을 수행한다. 또한, 고압 질소가스와 헬륨 가스도 추진체와 마찬가지로 발사 직전에 충전한다. 발사 이전에 이와 같은 작업을 한정된 시간 내에 안전하고 확실하게 수행하기 위해서 이 작업과 관련된 지상 장치와 지상 설비를 특정 발사체 시스템의 일부로 계획해야 하며 이와 같은 발사 시스템은 발사체 기체와 분리해서 생각할 수 없다.

표 2.1에 제시된 발사체 지상점검 장치는 이동이 가능한 장치를 통틀어서 가리키며 발사 설비는 정비 타워와 같이 고정된 시설을 일컫는 것이다.

발사체 기체는 이륙 후 온보드 관성유도장치를 이용해서 기체의 궤적을 프리-프로그램(pre-program) 되어 있는 궤적과 비교하면서 계획된 궤도에 진입하도록 경로와 자세각을 수정하면서 비행해 나간다. 이때에도 지상에 레이더 · 스테이션 및 텔레미터 · 스테이션을 두고, 기체의 위치 그리고 각 시스템의 작동 상태에 관한 데이터를 모니터링 한다. 이 이외에도, 비행안전용 명령 송신설비를 갖추고 발사체 기체가 비정상적으로 비행하기 시작하면 발사체를 파괴할 수 있다. 이들을 통틀어서 추적관제 시스템이라고 부른다.

발사체는 보통 장거리를 비행하기 때문에, 레이더 스테이션, 텔레메트리 스테이션 등을 외국에 설치하거나 외국 지상국 지원을 받기도 한다.

2.1.2 발사체 기체 시스템

H-II 발사체를 예로 들어서 기체 시스템을 자세히 살펴보자.

발사체 시스템은 모두 다단형 추진시스템을 사용하는데, 기본적으로 단별로 시스템을 나누어 구성한다. 표 2.2는 H-II의 단별 구성 요소를 제시하고 있다. 이는 세그먼트(Segment)를 기준으로 하는 구분이며, 제작 단위를 기준으로 구분한 것이기도 하다.

다양한 페이로드에 맞춰서 위성 페어링과 위성 분리부를 제작하기 때문에, 두 구성 요소를 합쳐서 페이로드 시스템으로 정의하는 경우도 있다(Hallmann et al., eds.).

액체로켓 엔진을 개발하는 데 드는 기간과 비용이 막대하기 때문에, 기존에 개발된 엔진을 다양한 기체에 적용하게 된다. 따라서, 엔진은 발사체 기체 시스템에 속하기는 하지만 독립된 요소로 다루는 것이 일반적이다. 즉, 시스템 구성 단계에서 추진제를 충전하고 엔진으로 공급하는 기체 쪽의 추진시스템(추진제 탱크로 대변되는 특정 발사체의 고유 시스템)과 엔진시스템(특정 발사체에 속하지 않은 부분)으로 나누는 것이 관례로 되어 있다.

그림 2.1은 H-II 발사체의 형상과 주요 제원을 보여준다. 발사체의 기체는 2단으로 구성되어 있으며 고체 추진제를 사용한 부스터 보조로켓(고체모터)이 달려 있다.

H-II 발사체는 개발에 성공한 H-I 발사체의 2단처럼 액체산소/액체수소 추진제를 바탕으로 고성능 2단형 발사체를 개발한다는 목표를 갖고 있었으며, 1단 구조체의 경량화와 액체산소/액체수소 추진제의 전 단 적용이 핵심적인 특징이다. 부스터 보조로켓용으로 대형 고체모터를 새롭게 개발하기도 했다.

[표 2.2] 로켓 기체의 단별 구성

총조립 후의 기체
- 위성 페어링
- 위성 분리부
- 2단 조립: 기기 탑재부, 추진제 탱크, 엔진
- 1단 조립: 단연결부(1, 2단 사이), 추진제 탱크, 중앙부(산화제와 연료 탱크 사이), 엔진
- 부스터 고체로켓: 노즐 콘, 고체로켓 모터

추진기관 중 액체로켓은 '엔진', 고체로켓은 '모터'라고 부르는 경향이 있다. 열역학적 사이클의 원리를 따르지 않는 것을 모터라고 부른다고 되어 있으나 명확히 구분되지는 않는다.

1단의 경우, 추진제탱크를 중심에 놓고 그 위에 2단과의 단 연결부, 그 아래에 1단 엔진부가 배치되어 있다. 1단 추진제탱크는 액체산소(전방)와 액체수소(후방)를 위한 탱크가 각각 독립적으로 설치되어 있으며, 두 탱크를 연결하는 1단 탱크연결부는 부스터 고체로켓의 추력을 받아낸다.

추진제탱크의 구조체는 강도 값이 높은 알루미늄 합금 2219를 용접해서 제작하며, 탱크 강도와 벤딩 강성 간의 균형을 이룬 경량 구조체로 구성한다.

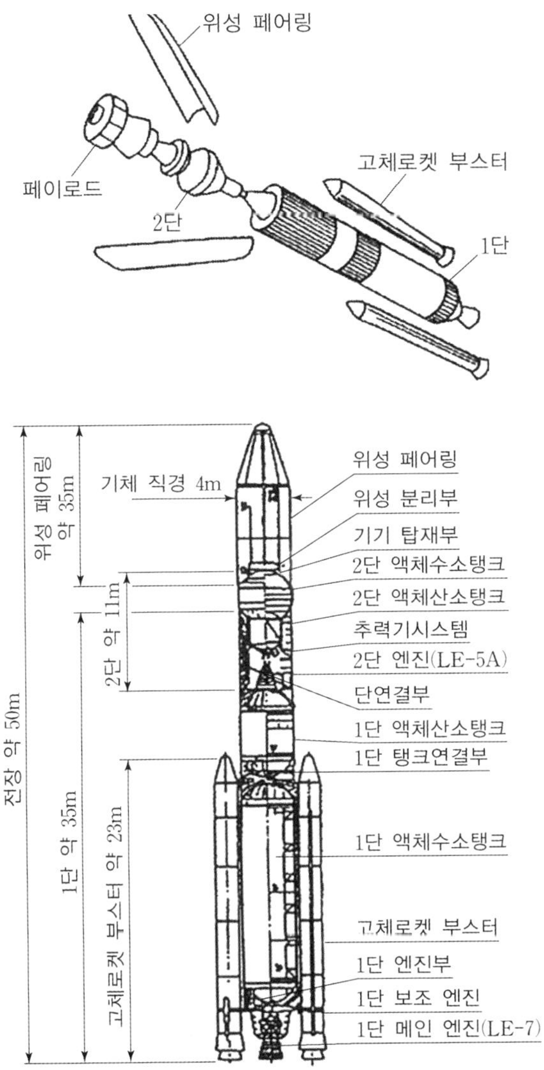

[그림 2.1] H-II 로켓의 형상과 주요 제원 (河田 外, 1990)

[그림 2.1] H-II 로켓의 형상과 주요 제원 (계속)

항목		제원	비고
전장 직경 이륙 중량 페이로드 중량		49.9 m 4.0 m 263.9톤 3.8톤	페이로드 중량 포함
1단	추진제 추진제 중량 추력 연소시간 비추력 이륙 중량	액체산소/액체수소 86.3톤 843 kN 348 s 445.5 s 98.1 톤	해수면 기준 진공 기준
SRB	추진제 추진제 중량 추력 연소시간 비추력 이륙 중량	고체추진제 118.2톤 3,120 kN 94 s 273 s 140.9톤	2기 분 2기 분, 해수면 진공기준 2기 분
2단	추진제 추진제 중량 추력 연소시간 비추력 이륙 중량	액체산소/액체수소 16.7톤 122 kN 609 s 452 s 19.7톤	진공기준 재점화 가능 진공기준
페어링	직경 전장 중량	4.1 m 12.0 m 1.4톤	위성 수납 공간 직경 3.7m × 10m
유도방식		스트랩 다운 IMU에 의한 관성유도방식	

1단 엔진(LE-7)은 추진제 탱크에서 터보 펌프를 거쳐 공급된 추진제를 프리 버너(preburner)로 불리는 예연소기에서 먼저 연소시켜서(이 단계에서는 연료인 수소의 혼합비가 높아서 불완전 연소가 이루어짐) 이 연소가스로 터보 펌프를 구동한 후, 주연소실로 유도하여 이곳에 새로 추가된 액체산소와 완전 연소시키는 방식(다단 연소방식)을 사용한다.

H-II 발사체의 2단은 추진제 탱크, 엔진, 기기탑재부로 이루어진다. 경량화를 위해서 액체산소 탱크과 액체수소 탱크를 일체형 구조로 구성했다. 엔진(LE-5A)은 'Expander Bleed Cycle' 방식을 사용하는데, 연료인 액체수소로 노즐과 주연소실을 냉각하고 나서 기화된 수소가스로 터보 펌프를 구동하는 방식이다.

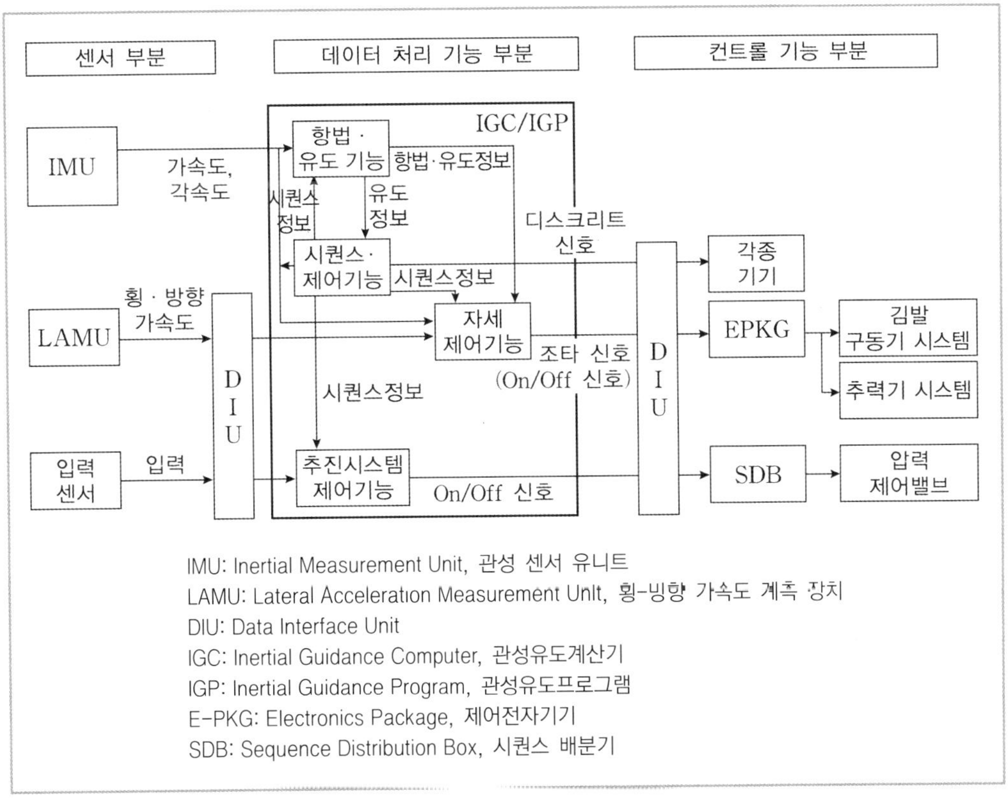

[그림 2.2] H-II 유도제어 시스템의 기능 블록 다이어그램 (河田 外, 1990)

기기탑재부에는 관성센서, 관성유도컴퓨터 등의 전자기기가 탑재된다. 다단형 로켓의 경우 각 단을 독립된 로켓으로 볼 수 있는데, 공동으로 사용할 수 있는 것은 최대한 공동화하여 시스템을 단순화했다. H-II 발사체에서는 유도제어시스템의 탑재컴퓨터와 관성센서를 각 단에 두는 대신에 2단에 두고 공용으로 사용하고 있다(초기에는 1단을 다른 나라에서 가져왔었기에, 1단과 2단이 유도제어시스템을 따로 갖고 있었다). H-II 발사체는 관성유도방식을 사용하고 있으며 그 기능 블록 다이어그램은 그림 2.2와 같다.

관성유도계산기는 가속도 · 각속도(관성센서로 계측), 추진제탱크의 압력(압력센서로 탱크마다 측정) 등의 입력데이터를 센서로부터 받아서 항법 · 유도 기능에 해당하는 계산, 자세제어기능을 위한 계산, 시퀀스제어기능을 위한 계산, 추진시스템 제어기능을 위한 계산을 수행하고 조타 신호, 추진계 밸브 제어신호, 기체분리 신호를 출력으로 내어 놓는다.

기체의 방향 전환은 엔진 자체를 움직이는 김발 구동 시스템(gimbal actuation system)과 자세제어용 소형 추력기를 사용하는 가스제트 시스템(gas jet system)을 병용해서 이루어진다.

위성 분리부는 발사체의 기체에 페이로드를 장착하는 부분(PAF: Payload Attach Fitting)이다. 페이로드는 대부분 인공위성이며, 인공위성을 분리하기 위한 기구가 이 부분에 장착된다.

위성 페어링(Spacecraft Fairing)은 공기 저항이 낮은 유선형 모양으로, 발사체가 대기권을 빠져 나가는 동안 페이로드를 보호하는 커버로서의 기능을 한다. 위성 페어링은 발사체가 대기 밀도가 높은 공기 층을 빠져 나가는 순간(고도 100 km 이상 또는 열권 내로 진입한 순간) 전개되어 투척(Jettison)된다.

위성 분리부와 위성 페어링은 페이로드에 따라서 그 사양(Specifications)이 변하는 구성 요소이다. 실제로는, 발사체를 개발하는 쪽에서 몇몇 옵션을 미리 마련해 두고 어떤 옵션을 선정할지 그리고 특수 요구조건을 어떻게 추가할지를 페이로드 고객과 절충해서 결정한다. 이러한 작업을 페이로드와의 인터페이스(Interface) 조정이라고 부르는데 발사체의 미션을 계획하는 데 있어서 중요한 부분이다.

또한, H-II용 발사장(Launch Complex 또는 Launch Emplacement)을 타네가 섬 우주센터에 새로 건설하고 전용 발사 시스템을 구비했다.

2.1.3 세계의 발사체

발사체는 다음과 같은 기준으로 평가할 수 있다.

- 발사 성능 또는 운송이 가능한 페이로드 중량 또는 용량(크면 클수록 유리)과 이들을 싣고 도달할 수 있는 궤도의 고도(높을수록 유리)
- 신뢰성(또는 성공률, 높을수록 유리)
- 발사 비용(낮을수록 유리)
- 발사에서 궤도투입까지 페이로드에 가하는 환경조건(부드러울수록 유리)
- 사용자(User) 측의 요구에 대응할 수 있는 유연성(Flexibility)

발사능력을 평가하는 기준으로서 가장 널리 쓰이는 것으로는 지구를 선회하는 정지궤도 전이궤도(GTO: Geostationary Transfer Orbit)에 올릴 수 있는 페이로드 중량이 있다(관례상, 발사체의 임무는 전이궤도로의 투입까지이기 때문에, 발사능력을 논할 때 정지궤도까지의 중량보다는 GTO까지의 투입 중량을 사용한다. 궤도 투입 방식에 대해서는 11.5절을 참조하기 바란다). 이것 이외에도 지구저궤도(LEO: Low Earth Orbit)로의 발사 중량을 성능 평가의 기준으로 사용하기도 한다.

1990년대에, 발사체를 보유하고 있던 주요 국가는 미국, 구-소련, 유럽(프랑스, 영국), 일본, 중국, 인도, 이스라엘이었다.* 유럽은 유럽우주기관(ESA: European Space Agency)을 구성해서 발사체를 개발해왔다.

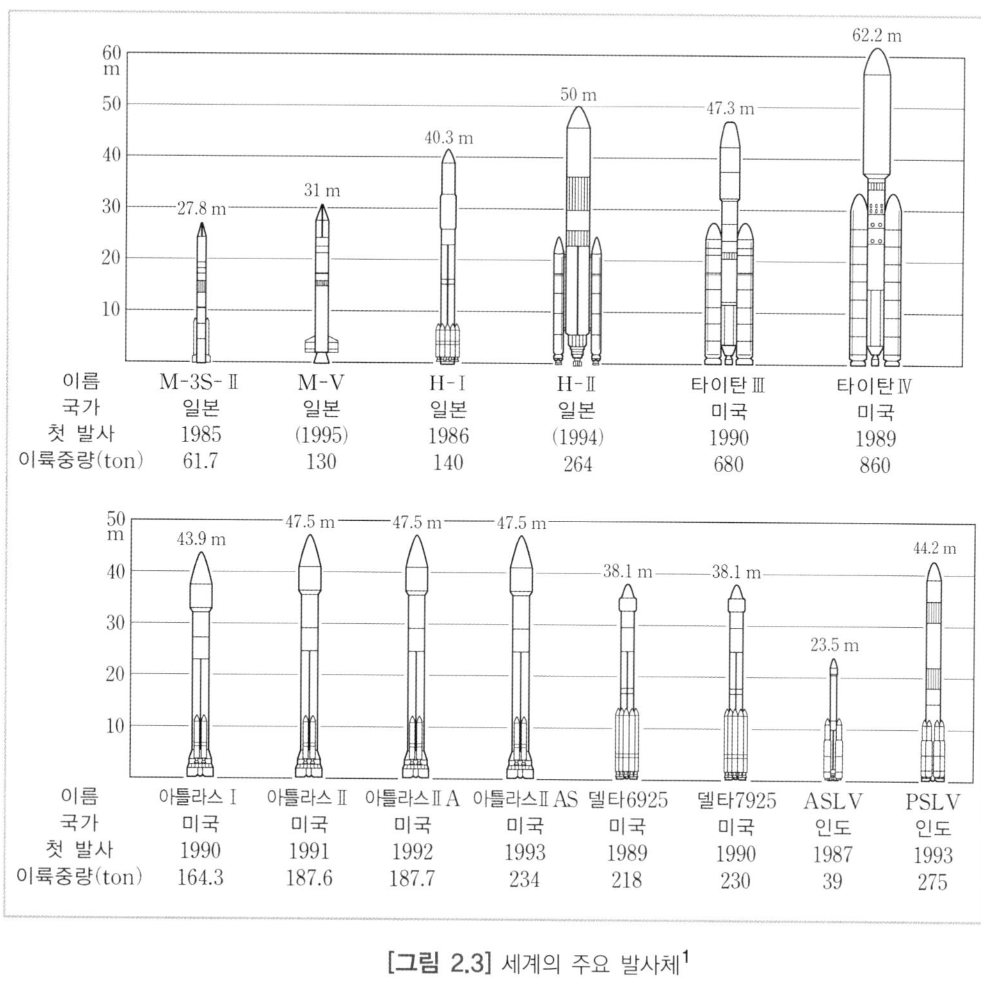

[그림 2.3] 세계의 주요 발사체[1]

---

* 역자 주: 이후 이란(2009), 북한(2012), 대한민국(2013)이 우주발사체를 이용한 위성발사에 성공했다.

1 과거에 구-소련의 발사체는 첫 페이로드의 이름을 따서 칭했다(소유즈, 코스모스, 프로톤 등은 로켓으로 발사된 궤도 시스템의 이름이다). 제니트(천정을 의미)만 이 원칙에서 벗어나 있다.

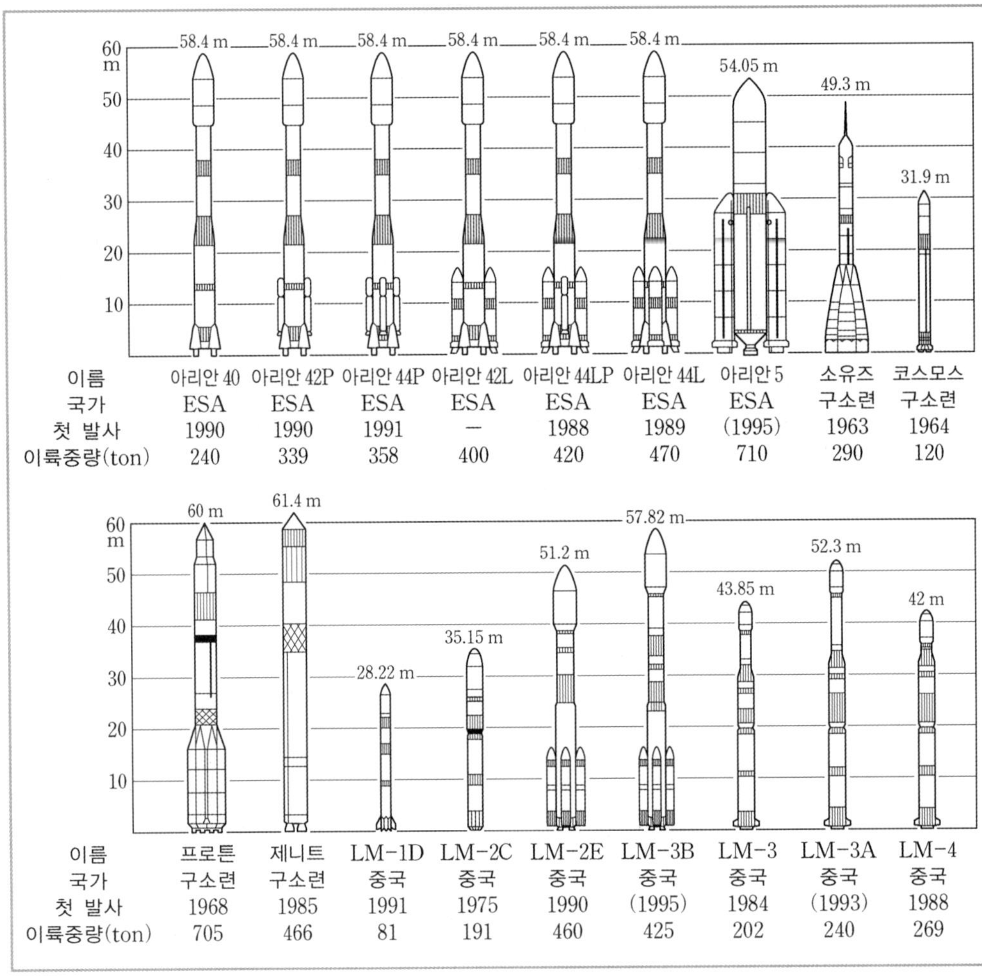

[그림 2.3] 세계의 주요 발사체(계속)

그림 2.3에 각 국가의 주요 발사체를 함께 제시하였다. 그림에 첫 발사가 이루어진 연도를 표기했으며, 발사체가 현재 운용 상태에 있는지 여부(연도)도 나타냈다(2015년 각국의 주요 발사체를 부록 4에 별도로 제시한다.).

미국 발사체의 경우, 오래된 발사체 시리즈의 첫 발사 연도가 비교적 최근인 것을 알 수 있다. 이는 레이건 대통령 시절 우주수송 수단을 스페이스 셔틀로 통일한다는 방침에 따라서 우주수송시스템의 융합이 시작되었으나 챌린저 사고 이후 이러한 방침이 다시 변경되면서 새롭게 출발했음을 반영하고 있다. 이때, 미국의 위성 발사체들이 국제시장에서 경쟁력을 갖고 살아남기 위해서 성능 향상과 비용 절감을 목표로 과거에 사용한 기체를 대폭 변경했다는 점을 반영한 것이다.

이스라엘은 1988년 Offeg-1(질량 155 kg)이라는 인공위성을 발사한 Shavit 발사체를 개발한 것으로 보고되어 있으나 상세한 사항이 알려지지 않아서 생략했다.

세계적으로 이름이 나 있고 그에 걸맞은 실적도 있는 발사체로는 미국의 델타(Delta), 아틀라스(Atlas), 타이탄(Titan), 스카우트(Scout), 구-소련의 보스톡/모루니야/소유즈(восто́к/Молния/Союз), 프로톤(прото́н), 코스모스(ко́смос), 제니트(зени́т), 유럽의 아리안(Ariane) 등이 있다.(미국의 스페이스 셔틀, 러시아의 브란 등은 이 책에서 사용하고 있는 분류에 따르면 우주왕복선에 해당하므로 여기에 포함시키지 않았다.)

위에서 기술한 발사체에 일본의 M 시리즈와 H 시리즈, 중국의 장정(LM: Long March) 시리즈, 인도의 PSLV를 추가해서 이들 각각의 GTO 발사성능을 표 2.3에 비교해서 제시했다. 이 표에서는 이륙시점의 중량을 사용해서 발사체의 크기를 나타냈다. 페이로드 비율(〈GTO 페이로드 중량/이륙시점의 중량〉 ×100 %)을 성능 지표로 사용해서 표 2.3에 나타내고, 추가로 그림 2.4에는 각 발사체의 페이로드 비율을 파라미터로 해서 GTO 페이로드 중량과 이륙시점 중량과의 관계를 보여준다.

실용화 된 발사체 중에서는 아틀라스가 매우 높은 성능을 갖고 있다는 사실과 H-II 발사체가 성능 측면에서 아틀라스와 어깨를 나란히 하고 있음을 알 수 있다. 일반적으로 액체로켓 엔진을 사용하는 발사체들이 높은 발사성능을 보이며, 특별히 액체산소/액체수소를 추진제로 사용한 경우에 발사능력이 높은 것을 알 수 있다. 여기서 아리안 발사체의 성능이 그다지 높지 않은 것은 인공위성 발사사업을 위해서 안정성을 목표로 개발했기 때문이다. 구소련도 전통적으로 성능에 비해서 안정성을 우선시하는 경향을 보였다. 델타와 타이탄의 기존 시리즈들은 전반적으로 우수한 성능을 보이지 않았으나 새로 도입된 모델에서는 성능향상을 꾀했음을 알 수 있다. 중국의 장정도 마찬가지인데, 최신식 LM-3A를 통해서 비약적인 성능향상을 꾀하고 있음을 볼 수 있다.

발사체의 사이즈를 상대적으로 비교하기 위해서 GTO 투입 중량을 기준으로 발사체를 다음과 같이 분류하고, 표 2.3에는 각 발사체가 속하는 클래스에 ○ 표시를 해두었다.

클래스	GTO 투입 중량
XL	5,000 kg ~
LL	3,500 kg ~5,000 kg
L	2,000 kg ~3,500 kg
M	1,000 kg ~2,000 kg
S	~1,000 kg

[표 2.3] 세계의 주요 발사체의 성능 비교 (Isakowitz, 1991)

국가	발사체	이륙중량 (톤)	GTO 페이로드 중량(kg)	페이로드 비율(%)	클래스 분류				
					XL	LL	L	M	S
일본	M-3S-II	61.7	517	0.84					○
	M-V	130	1,215	0.94				○	
	H-I	140	1,100	0.79				○	
	H-II	264	3,800	1.44		○			
미국	Titan III	680	5,000	0.74	○				
	Titan IV	860	8,620	1.00	○				
	Atlas I	164.3	2,250	1.37			○		
	Atlas II	187.6	2,680	1.43			○		
	Atlas IIA	187.7	2.810	1.50			○		
	Atlas IIAS	234.0	3,490	1.49		○			
	Delta 6925	218	1,450	0.67				○	
	Delta 7925	230	1,820	0.79				○	
인도	ASLV	39	-	-					
	PSLV	275	450	0.16					○
유럽 (ESA)	Ariane 40	240	1,900	0.79				○	
	Ariane 42P	339	2,600	0.77			○		
	Ariane 44P	358	3,000	0.84			○		
	Ariane 42L	400	3,200	0.80			○		
	Ariane 44LP	420	3,700	0.88		○			
	Ariane 44L	470	4,200	0.89		○			
	Ariane 5	710	6,800	0.96	○				
구소련	Soyuz(A-2)	290	-	-					
	Cosmos(C-1)	120	-	-					
	Proton(D-1)	705	5,500	0.78	○				
	Zenit 3(J-1)	466	4,300	0.92		○			
중국	LM-1D	81	200	0.25					○
	LM-2C	191	1,000	0.52				○	
	LM-3	204	1,400	0.69				○	
	LM-3A	240	2,500	1.04			○		
	LM-4	269	1,100	0.41				○	
	LM-2E	460	3,370	0.73			○		
	LM-3B	425	4,800	1.13		○			

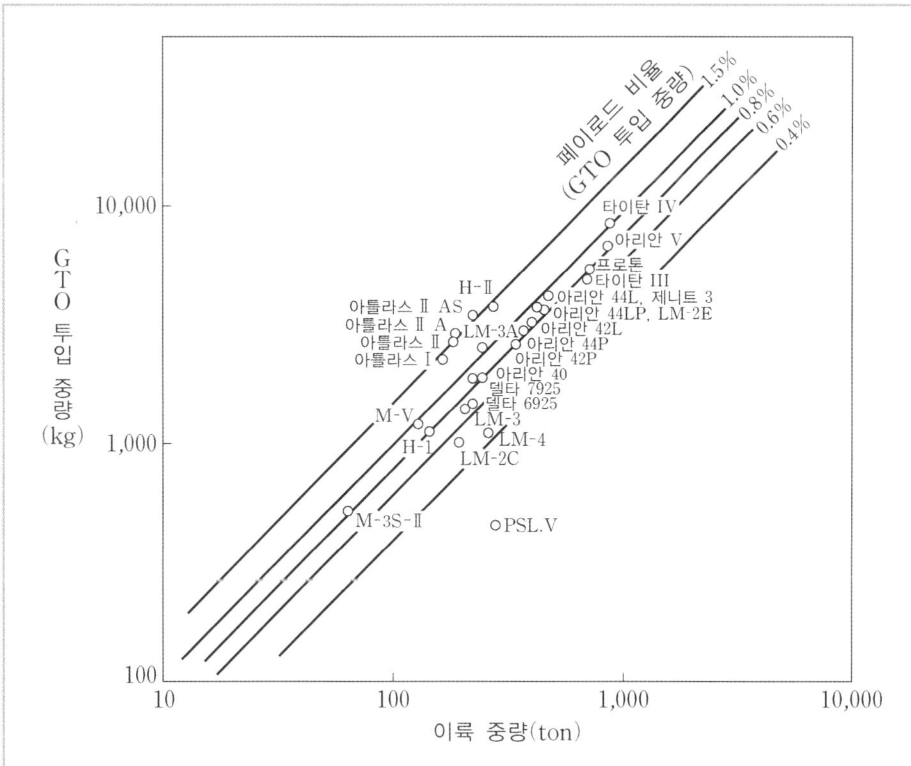

[그림 2.4] 세계의 주요 발사체의 페이로드 비율 비교
페이로드 비율=(GTO 투입/이륙 중량)x10^2

소모형 발사체 및 인공위성을 개발하고 발사하는 일은 대부분 국가 프로젝트로 시작되었다. 발사체 기술과 위성 기술이 성숙해감에 따라, 활용이 가능한 기존의 기술과 제품이 늘어났기 때문에, 이들의 제작과 운영이 민간 기업의 손으로 넘어가게 되었고 상업화가 집중적으로 이루어지고 있다(상업화의 한 방향으로 매우 가볍고 한 가지 기능만 하는 위성을 소형발사체를 사용해서 매우 낮은 비용으로 발사하려는 사업도 등장하고 있다). 상업화를 위해서는 반드시 성공률을 향상시키고 발사 비용을 낮춰야만 한다.

발사체의 성공률은 매년 개선되고 있다. 표 2.4는 발사체의 성공률을 제시하고 있는데, 미래에는 성공률을 더 개선할 필요가 있다.

또한, 발사 비용을 더욱 낮추려는 방향으로 나아가고 있으며, 성공률이 높고 강건성이 좋으며 발사 비용이 낮은 발사체를 개발하려는 시도를 계속해서 이어가고 있다.

[표 2.4] 주요 발사체의 성공률(Isakowitz, 1991)

	발사 회수	성공 회수	성공률	기간
H-I	9	9	100 %	1981~86
Titan II~IV	172	160	93.0	1964~90
Atlas(모든 타입)	245	213	86.9	1958~90
Delta(모든 타입)	212	200	94.3	1960~92
Delta(모든 타입 최근 6년간)	34	34	100	1986~92
Ariane 1,2,3,4	55	50	90.9	1979~92
Proton(모든 타입)	187	164	87.7	1965~90
Bostok/Soyuz/Molniya	1,401	1,358	96.9	1957~90
Cosmos(모든 타입)	377	371	98.4	1964~90
Long March(모든 타입)	25	23	92.0	1970~90

2.2 인공위성

2.2.1 인공위성의 분류

지구 주위를 선회하는 궤도라는 특수한 우주공간상의 위치를 이용해서 과학 관측, 원거리 통신, 기상 관측 등의 임무를 수행하는 데 사용되는 무인 궤도시스템을 인공위성(Artificial Satellite 또는 Satellite)이라고 한다(1.2 절 참조).[2]

미국이 1958년 2월에 발사한 Explorer 1호가 우주방사선과 소규모 운석의 관측을 수행했는데, 이 가운데 우주방사선의 관측 데이터가 벤 알렌 대역을 발견하는 데 실마리가 된 것은 잘 알려진 사실이다. Explorer 시리즈의 과학위성은 그 후 1991년까지 70기 이상 발사되면서 각종 과학적 공적을 이루어냈다.

통신 분야에서는 미국이 Telstar 1호(1962년 7월)를 이용해서 TV 화상을 대서양 너머로 보내는데 성공했고, 그 후 최초의 정지궤도위성(1964년 8월)을 쏘아 올려서 태평양을 횡단하는 TV 중계방송에 성공하였다.

2 궤도 시스템이 인공위성으로 구성된 경우에는 'Spacecraft'가 인공위성을 의미하기도 한다. 우주정거장과 그 밖에 인공위성 이외의 궤도 시스템이 등장하면서 'Space Vehicle'과 인공위성 모두를 포함하는 일반적인 표현으로도 사용되고 있으며 '우주선' 또는 '우주 비행체' 등으로도 표현된다.

관측 분야에서는 최초의 기상관측 위성 Tiros 1호가 1960년에 발사되었으며, 이후 기상관측과 날씨 예보 등에는 인공위성에 의한 관측이 반드시 필요하게 되었다.

[표 2.5] 미션에 따른 인공위성의 분류 (藤田康毅, 1991)

<table>
<tr><th colspan="2">분야[*1]</th><th>인공위성</th><th>미션</th><th>예시</th></tr>
<tr><td colspan="2">과학관측과
우주과학연구</td><td>과학위성</td><td>자기권·태양활동관측
천문관측, X선 전자파관측
전리층 관측</td><td>신세이, 탄세이, 지키겐,
히노도리, 오오조라 등(일본)
Explorer 시리즈(미국)</td></tr>
<tr><td rowspan="9">일상
생활에서
활용</td><td>기상 관측</td><td>기상 위성</td><td>기상의 감시, 기상 예보 데이터
수집</td><td>히마와리(GMS)(일본),
NOAA, GOES(미국),
Meteosat(ESA)</td></tr>
<tr><td rowspan="3">지구 관측
(해양·육지)</td><td>환경·해양
관측 위성</td><td>지구환경 감시, 수산자원 탐사
어황 예보 데이터 수집</td><td>MOS-1(일본), Seasat(미국)</td></tr>
<tr><td>지구 자원
위성</td><td>토지이용 조사, 농림 자원,
석유자원 조사, 농입 조사</td><td>JERS-I(일본), Landsat(미국)
Spot(프랑스)</td></tr>
<tr><td>측지 위성</td><td>거리의 정밀 측정, 대륙 이동 감시</td><td>GS(일본), Geosat(미국)</td></tr>
<tr><td rowspan="3">통신</td><td>(고정) 통신
위성[*2]</td><td>인공 위성을 특정 지상국 간의
통신(전화, TV 중계, 데이터 전송)</td><td>사쿠라, 스바바도(일본)
Intelsat I~VII(국제 공동)
Aussat(오스트리아)
Anik(캐나다),
Telecom(프랑스)</td></tr>
<tr><td>방송 위성</td><td>인공위성을 특정의 지상국과
불특정 다수의 지상국 간의 통신
(TV 방송)</td><td>유리(일본), TV-Sat(독일)</td></tr>
<tr><td>이동 통신
위성</td><td>지상의 고정점과 이동 물체 간,
이동 물체 간에 통화망을 제공함
(어선, 자동차 전화)</td><td>Inmalsat(국제공동)
(위성은 Marisat과 Marecs)</td></tr>
<tr><td>항해 조력
및 위치
측정</td><td>항행 · 측위
위성</td><td>다수의 위성 사용으로 위치 결정,
항법 최적화</td><td>GPS(미국),
GLONASS(러시아),
GALILEO(ESA),
QZS(“Michibiki”, 일본)</td></tr>
<tr><td colspan="2" rowspan="4">기디</td><td>기술개발
위성</td><td>위성 본체 버스 기술의 확립
미션 기기의 실증</td><td>ETS I~VII(일본)
ATS 시리즈(미국)</td></tr>
<tr><td>발전 위성</td><td>궤도상에서 태양을 이용해서 얻은
전력을 지표상으로 송신함</td><td>(구상단계)</td></tr>
<tr><td>아마추어-
무선 위성</td><td>아마추어 무선 중계</td><td>JAS-I(일본)</td></tr>
<tr><td>군용 위성</td><td>기상 데이터 수집
조기 경계 데이터 수집</td><td></td></tr>
</table>

*1 표 1.1 참조

*2 보통, 통신 위성이라고 하면 지상의 고정 스테이션과의 통신을 수행하는 고정 통신 위성을 가리킨다.

인공위성은 지구 주위의 우주공간을 이용하는 방법(표 1.1) 중에 특별히 '과학관측과 우주과학연구' 그리고 '일상생활에서 활용' 등으로 실용화 되어 있다. 이러한 이용 분야별로 인공위성을 분류하고 각 미션의 주요 사항을 정리해서 표 2.5에 제시했다. 표의 예시 열에는 각 분류에 속하는 대표적인 인공위성들을 제시하였다.

인공위성을 통신과 방송에 이용하는 경우, 특정 지상국 사이의 통신 중계기지로서 이용하는 경우와 특정된 지상국과 불특정 다수의 지상국 사이의 통신의 중계기지로 이용하는 경우로 나눌 수 있다. 전자는 위성 통신, 후자는 위성 방송이다. 인공위성을 사용한 TV화상의 전송을 방송국 사이에 수행하는 우주중계(또는 위성중계)는 전자에 속하는 것으로 여겨진다

위성 방송은 넓은 의미로 위성 통신에 속하기 때문에 유럽에서는 통신 위성과 방송 위성을 명확하게 구분하지 않는다.

2.2.2 인공위성 시스템의 기본 구성

발사체와 마찬가지로 인공위성 시스템도 본체 시스템과 지상 시스템으로 나눌 수 있다. 이 책에서는 발사체의 경우와 동일하게 인공위성의 본체 시스템만을 다루며 이를 인공위성 시스템이라고 부른다.

인공위성 시스템은 크게 미션 시스템과 버스 시스템(Satellite Bus)으로 구성되는데, 미션 시스템은 임무탑재체(Mission Payload)라고 불리기도 한다.

미션 시스템은 인공위성이 달성하려는 미션을 수행하는 부분을 의미한다. 예를 들면, 통신위성의 트랜스폰더와 안테나, 지구관측 위성의 광학 센서 등이 이에 해당된다. 버스 시스템은 자세제어 시스템, 통신 시스템, 전원 시스템 등 미션과 직접적으로 관련되지 않은 인공위성의 기능을 담당한다.

인공위성 시스템의 구성은 표 2.6과 같다. 발사체의 경우와 비교하면, 미션 시스템, 전원 시스템, TT & C(Telemetry Tracking & Command) 시스템의 비중이 큰 편이다.

추진 시스템은 궤도 변환을 목적으로 한다. 예를 들면, 정지궤도위성이 갖고 있는 원지점 킥 모터(Apogee Kick Motor)가 이에 해당된다.

이 절에서는 방송 위성인 유리 3호 a, b(BS-3 a,b)를 예로 들어서 인공위성 시스템의 구성과 구조를 설명한다. 유리 3호 a, b는 유리 2호 a, b(BS-2 a,b)의 후속 모델로 개발되었으며, 유리 3호 a는 1990년 8월 28일에 그리고 유리 3호 b는 1991년 8월 25일에, 각각 H-I 발사

[표 2.6] 인공위성의 시스템 구성

- 인공위성 본체
  - 미션 시스템
  - 버스 시스템
    - 구조
    - 전원 시스템
    - 텔레미터 · 트래킹 및 명령(TT&C) 시스템
    - 열제어 시스템
    - 궤도 · 자세제어 시스템
    - 추진 시스템

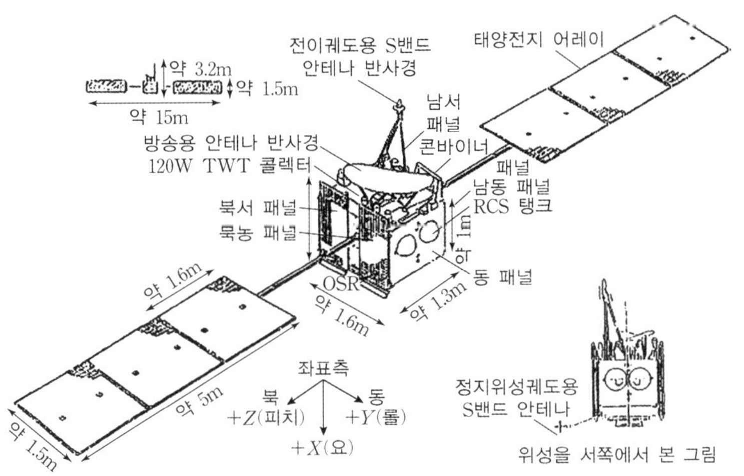

TWT: Traveling Wave Tube, 진행 파장 관
RCS: Reaction Control System, 자세제어장치
OSR: Optical Solar Radiation 광학계 태양반사기기

[그림 2.5] 유리 3호의 궤도 형상 (岡本 外, 1992)
태양전지 어레이를 부착하고 있는 패들은 이륙 시에는 접혀 있으나, 궤도 위에서 전개되면 15 m가 된다.

체를 이용해서 타네가 우주센터에서 발사된 정지궤도위성이다. 지구에서 보면, 두 위성 모두 동경 110도 위치에 머물며 방송에 사용되고 있다. 유리 3호의 궤도내 형상은 그림 2.5에 제시된 것과 유사하다.

태양전지 패널을 싣고 있는 태양전지 패들(paddle)은 궤도상에서 펼쳐진다. 방송용 안테나는 본체에 고정되어 있으며, 안테나가 항상 지구 표면 위의 정해진 방향을 향하도록 3축 자세제어를 수행하고 있다(지구에서 보면 자세가 변하지 않으나 관성공간에 대해서는 항상 바뀌는 것이다).

인공위성 내부의 미션 기기는 K밴드(12/14 GHz) 방송용 안테나와 중계기로 구성되어 있으며, 안테나는 지구상에서부터의 14 GHz 대역 TV 신호, 광대역 채널 신호를 받아서 중계기로 보내며, 중계기로부터 돌아온 12 GHz 대역 TV 신호, 광대역 채널 신호를 지상(일본의 전 지역)을 향해서 다시 뿌려준다.

인공위성은 3축 자세제어를 수행하며, 안테나가 지향하는 방향의 정밀도를 0.1° 이내 (추력기 작동 시 0.15° 이내)로 유지할 수 있다.

유리 3호가 전이궤도를 거쳐서 정지궤도로 투입되는 과정을 그림 2.6에 제시한다. 궤도투입과 관련된 용어는 11.5절에서 설명한다.

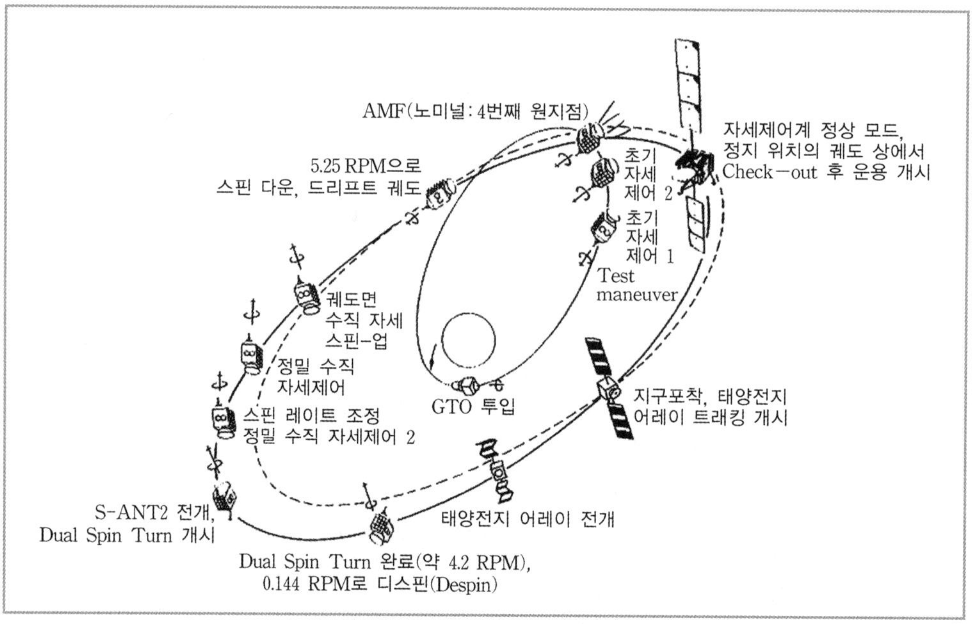

[그림 2.6] 유리 3호(BS-3)가 전이궤도(GTO)를 통과해서 정지궤도에 들어가기까지의 경과 (岡本 外, 1992)

전이궤도에 투입되는 시점에는 스핀 안정화를 시킨다. BS-3가 네 번째로 원지점을 통과할 때(제4차 원지점), 원지점 모터를 점화한다. 몇 번째 원지점에서 점화하는가는 정지위치(경도)에 따라 다르다. 스핀-다운으로 점차 궤도를 수정하고, 정지궤도에 들어서면 스핀을 정지하고 태양전지 패널을 전개한다.

2.3 우주정거장

인류의 생활범위를 우주로 넓혀 가는 데 필요한 수단을 확보한다는 대의에 부합되는 모든 우주개발 활동은 유인 우주비행으로 볼 수 있다. 이러한 활동은 대부분 발사체의 개발과 함께 발전되어 왔다.

미국은 V-2 로켓을 이용해서 1950년 원숭이를 우주로 보냈으며, 소련은 1957년 11월에 발사한 스프트닉 2호에 개(라이카)를 탑승시켰다.

인류는 구소련이 1961년 4월에 보스톡 1호기를 발사하면서부터 궤도 비행을 수행하게 되었다. 보스톡 1호는 생명 유지장치, 생체 모니터 장치, 탈출장치 등을 갖추고 있었다. 소련이 유인 우주비행의 특수한 문제로 인식했던 사항으로는 (1) 발사체 고장에 따른 우주 비행사의 안전을 확보하는 문제, (2) 우주환경으로부터 우주인을 보호하는 문제, (3) 정상적인 궤도 비행 중에 생명 유지기능을 보증하는 문제, (4) 각종 장치의 우주환경에서의 작동 신뢰성을 확보하는 문제, (5) 안전하고 정확한 재진입과 랜딩 문제 등이 있었다(関口千春 訳, 1982).

미국에서는 머큐리 계획에 의해서 유인 탄도비행이 시작되었고, 관련 유인 궤도비행(최초 유인 궤도비행은 1962년 2월 Friendship 7호)이 1961년부터 1963년까지 수행되었다. 1964년부터 1965년에는 제미니 계획으로 이어졌으며, 이후 아폴로(Apollo) 계획으로 이전되었다. 아폴로 계획은 달에 인류를 보냈다가 지구로 무사히 귀환시키는 것을 목표로 하는 사업이었다. 유인, 우주비행이란 관점에서 승무원의 건강과 안전 보증, 우주비행이 생체에 미치는 영향 등 생명의학적 연구 과제가 그 대상이었다(関口 訳, 1982).

유인 우주비행에 관련된 문제들을 해결하려는 프로그램과 유인 우주비행의 전진 기지로 구상되어 왔던 우주정거장(Space Station) 계획이 통합되면서, 미국과 소련이 궤도상에 유인 우주기지를 만들고 유인 우주비행을 위한 데이터를 습득함과 동시에, 이들 기지에 접근하기 위한 수송수단을 확보하기 위해서 유인 우주비행을 위한 인프라(Infrastructure)를 함께 갖추어 가기 시작했다

미국은 최초의 우주정거장이라고 볼 수 있는 스카이 랩을 계획해서 스페이스 셔틀을 이에 필요한 수송 수단으로 개발했다. 이후, 국제우주정거장(ISS) 계획으로 전환했으며, 그림 2.7에 제시한 것처럼, 질량 420톤, 폭 110 m인 우주정거장(ISS)을 국제협력을 통해서 개발하고, 평균 고도 400 km, 궤도 경사각 51.6°인 원궤도상에 구축하는 것을 제안했다. 1996년

에는 지정된 궤도 위에서 정거장의 조립을 시작하려 했다.* ISS는 처음부터 상업성을 갖추는 것을 목표로 두고 있었으며, 우주의학, 우주생리학의 데이터를 얻어낼 뿐만 아니라 우주 환경을 이용해서 순도가 높은 무기 · 유기 재료의 제조 연구와 산업화를 위한 연구를 수행하는 것을 목표로 했다.

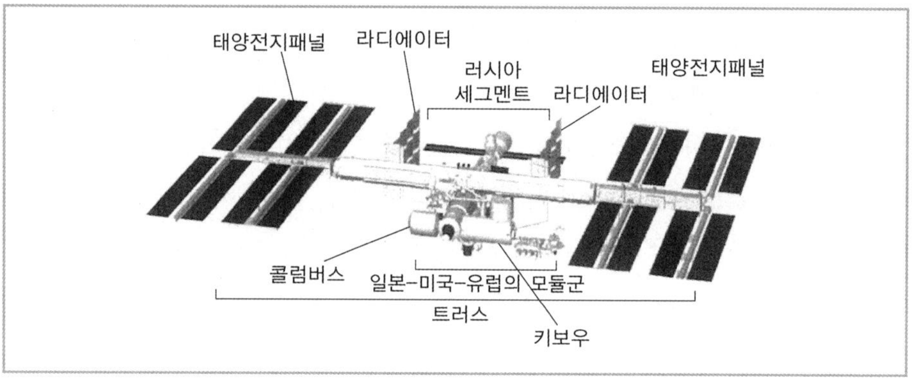

[그림 2.7] 국제우주정거장(ISS) (久保園晃, 1991)

미국, 유럽, 캐나다, 일본, 러시아의 국제협력으로 개발한 우주정거장(ISS)의 궤도 형상, 미국 담당 모듈이 2개, 러시아 담당 모듈이 4개, 유럽 담당 실험 모듈(APM)이 1개, 일본 담당 실험 모듈(JEM)이 1개, 총 8개가 부착되었음.

구소련에서는 보스톡(Восхол), 소유즈, 초기의 살루트(Салот) 등을 거쳐서, 1977년 우주 스테이션 · 살루트 6호, 1982년에 같은 살루트 7호를 발사하고, 1986년에 본격적인 우주정거장인 '미르'를 궤도에 올렸다. 미르는 고도 약 400 km, 궤도 경사가 51.62°인 궤도상에 있으며, 총길이가 13.13 m, 모듈의 직경이 4.15 m, 총질량이 약 110톤이며, 그림 2.8에 제시된 것과 같은 형상이다.

시스템 관점에서 우주정거장은 인간이 늘 체류할 수 있어야 하고, 장기간(30년간) 효과적으로 이용할 수 있어야 한다는 것이 발사체나 인공위성과 다른 점이다. 후자를 운용 요구조건이라고 한다.

국제우주정거장(ISS)의 초기 구성을 예로 들어 보면, 전체 시스템의 구성은 표 2.7과 같다. 다양한 이유로 인해서 계획이 변경되어 최종적으로는 이러한 구성을 갖게 되지는 않았지만 설계 철학을 살펴본다는 의미에서 과감하게 초기 구상을 제시해 보았다.

---

* 역자 주: 실제로는 1998년에 첫 발사가 이루어졌다.

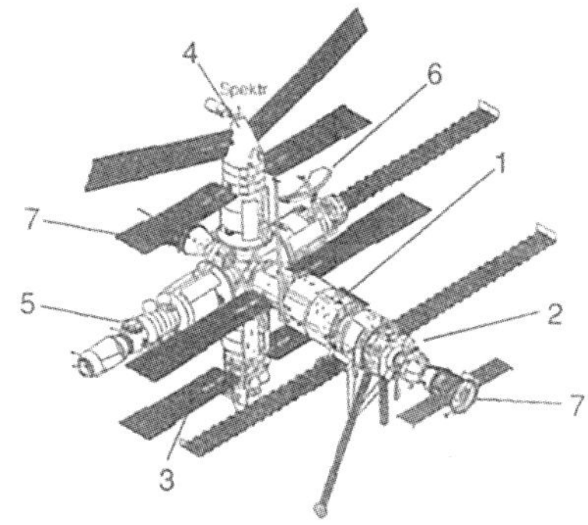

[그림 2.8] 구소련의 우주정거장(Mir)의 비행 형상 (Messerschmid and Betrand, 1999)

미르는 도킹으로 확장이 가능한 것이 특징으로, 한쪽 끝에 5개의 도킹 포트, 다른 쪽 끝에 1개의 도킹 포트를 갖는다. 그림은 왼쪽의 5개의 도킹 포트 중 하나로 소유즈 TM(소유즈 T 시리즈와 지상 사이의 물자의 운송에 사용된다. 건조 중량이 약 7톤이다)이, 오른쪽의 도킹 포트에는, 크반도 모듈(미르의 확장용 모듈로 길이 5.8 m, 건조 중량 약 11톤)과 프로그레스(소유즈를 개선해서 무인 물자 운송선으로 만든 것, 직경 2.7 m, 길이 7.94 m, 중량은 물자를 포함해서 약 7톤이다.)이 결합되어 있다.

[표 2.7] 국제우주정거장 '프리덤'(현 ISS)의 구성 (처음 발표된 구상으로 제시)

- 프리덤
  - 우주정거장 본체(미국에서 취합)
    - 트러스(미국)
    - 거주 모듈(미국)
    - 실험 모듈(미국)
    - 실험 모듈(JEM, 일본)
    - 실험 모듈(APM, ESA)
    - 전력 시스템 (미국)
  - 공통 궤도 플랫폼(미국)
  - 극·궤도 플랫폼(ESA)
  - MTFF(ESA)
  - 궤도 간 운송선(OTV, 미국)
  - 궤도상의 작업선(OMV, 미국)

Gordon R. Woodcock는 우주정거장의 서브시스템을 분야에 따라 다음과 같이 분류하고 있다(G. R. Woodcock, 1986).

- 구조체와 기구(structures and mechanisms)
- 전력(electrical power)

- 환경 제어와 생명 유지 지원(environment control and life support)
- 열 제어(thermal control)
- 유도 · 항법 · 자세제어(guidance, navigation and control)
- 추진(propulsion)
- 자동제어 · 자율화 · 로보틱스(automation, autonomy and robotics)
- 통신(communications)
- 승무원 시스템(crew systems and crew accommodations)

표 2.6과 비교해서 살펴보면, 우주정거장에는 환경 제어와 생명 유지 지원, 자동제어 · 자율화 · 로봇, 승무원 시스템 등 인공위성에는 없던 새로운 항목이 추가된 것을 알 수 있다.

또한, 인간이 항상 체재해야 하며 장기간 효과적으로 운용할 수 있어야 한다는 새로운 요구조건이 시스템 수준에서 어떤 설계 조건을 우주정거장 시스템에 요구했는지를 살펴보자.

먼저, 사람이 항상 체재하고 있다는 관점에서 앞으로의 상황에 따라 새로운 조건이 더 추가될 가능성도 있지만, 다음 예시와 같은 사항들을 고려할 필요가 있다.

- 유해 물질에 의한 모듈 내부의 오염에 대한 안전 대책
- 운석과 우주파편의 충돌 등에 의한 모듈의 감압(기밀 누출)에 대한 안전 대책
- 화재에 대한 안전 대책(예방과 화재 발생에 대한 대처 방법)
- 긴급상황 시 탈출로 확보(고립을 피하는 방법)
- 우주시스템이 정상적인 기능을 잃어버려도 승무원들이 일정 기간(예를 들면, 구조대가 올 때까지) 생존할 수 있는 대책(이를 Safe Haven이라고 함)
- 고압 용기의 안전 대책(압력 용기의 실외 배치와 Leak-Before-Rupture 설계)
- 승무원의 부담을 줄여주는 시스템을 채택함으로써 사고를 방지(장치의 자동화 · 자율화, 경고 · 경보 표시와 장치, 긴급상황 시 조치 순서의 공통화)

우주정거장을 장기간 효과적으로 활용하려면 다음 사항들을 추가로 고려할 필요가 있다.

- 하드웨어와 소프트웨어의 공통화
- 기기교환 및 부품교환 레벨의 공통화
- 교환 주기(생명)를 연장하고, 교환 작업을 용이하게 하는 등의 배려(기기, 부품의 신뢰

성 향상과 보전성(Maintainability)을 고려한 설계)

- 승무원의 작업과 지상 관제 측 작업의 적절한 분배

우주정거장은 각종 우주활동의 장소이면서 동시에 미래에 예상되는 장기간의 우주여행 또는 우주 체류에 필요한 귀중한 경험과 데이터를 쌓아가는 기능을 하고 있다.

3장

지구 모델과 좌표계

3.1 지구중력장

3.1.1 지구의 형상

위성발사체와 우주비행체의 운동을 기술하려면, 이들 운동의 중심에 위치한 지구를 수학적 모델로 표현해야 한다.

실제 지표면은 산과 바다로 이루어져 전혀 매끄럽지 않으나, 우주시스템의 운동에 사용되는 지구는 보통 땅과 바다의 구분이 없고, 높이가 일정한 매끈한 해수면 모델이다. 지구를 모델링한 이 매끈한 형상이 지오이드(Geoid)이다. 즉, 지오이드는 지표면과 등가의 퍼텐셜을 갖는 수학적 모델이며, 이 모델의 지표면은 해수면을 의미한다. 인공위성의 운동을 관측함으로써 더 정밀한 지오이드 모델을 만들어 냈다. 지구는 전체적으로 보면 구에 가까운 회전타원체이나, 더 자세히 들여다보면 복잡하고 울퉁불퉁 한 형상을 하고 있어서, 가끔 '서양 배'로 묘사되기도 한다. 그러나 지구를 중심으로 하는 위성발사체와 인공위성의 운동을 공학적 측면에서 고려하는 경우라면 회전타원체 모델로도 충분하다.

지오이드는 다음 그림에 제시된 매개변수로 정의되는 회전타원체이다(Smithsonian Astrophysical Observatory Special Report, No. 264, C-7 System, 1967). C-7 시스템은 우주개발 분야에 널리 쓰이는 지구 모델이다.)

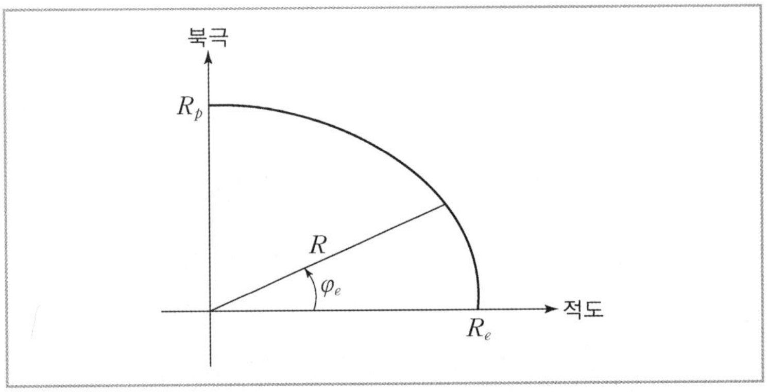

[그림 3.1] 지오이드 회전타원체

그림 3.1에 제시된 지오이드 회전타원체 형상은 아주 살짝 평평한데, 이 형상을 식으로 표현하면 다음과 같다.

$$R = R_e(1 - \alpha \sin^2 \varphi_e) \tag{3.1}$$

여기서 R은 지구 중심과 지표면 간의 거리를 나타내며, R_e는 적도에서의 지구 반지름이다. 편평도로 불리는 α는 다음과 같이 정의된다.

$$\alpha = \frac{R_e - R_p}{R_e} = \frac{1}{298.255} \tag{3.2}$$

그림 3.1의 φ_e는 위도에 해당하며 R_p는 극지점에서의 지구 반지름이다. 반지름의 차이를 보면 지오이드가 양극 방향, 즉 남북으로 수축되어 있고 적도 방향으로 팽창되어 있음을 알 수 있는데, 반지름의 차이가 약 21.385 km이므로, 지구의 형상은 거의 구에 가깝다.

지구(지오이드를 의미)를 구형체로 모사할 경우, 적도에서의 지구 반지름(R_e = 6378.142 km)을 구의 반지름으로 사용한다. 등가의 반지름을 사용할 수도 있겠으나, 굳이 R_e = 6378.142 km를 사용하는 것은 구형체에 대해 유도한 수학식들을 회전타원체로 확장하기가 편리한 데다 이로 인한 오차도 미미하기 때문이다. 그러므로 지구를 구형체로 가정해서 관련식들을 유도하고 그 결과를 회전타원체로 확장한다. 이 책은 기본적으로 지오이드가 구형체를 띠는 것으로 가정해서 관련 논의를 진행하고 정밀도가 더 요구되는 경우에만 회전타원체 지구 모델을 사용한다.

지구의 자전 속도는 일정한 것으로 가정한다(Smithsonian Astrophysical Report, No. 295).

$$\omega_e = 0.729211586 \times 10^{-4} \mathrm{rad/s}$$

3.1.2 구형체 지구의 중력 퍼텐셜

완벽한 구 형상을 띠며 균일한 물질로 구성된 지구를 가정하자. 이러한 가정하에서 지구와 그 주위 물체 간에 작용하는 만유인력을 기술할 경우, 지구 전체 질량이 그 중심에 집중된 것으로 볼 수 있다. 또한, 위성발사체와 우주비행체의 총 중량도 각각의 무게 중심에 집중된 것으로 가정한다.

물체의 무게 중심과 지구 중심 사이의 거리를 r로 정의하면, 지구와 물체 사이에 작용하는 만유인력(또는 뉴턴력)은 다음과 같다.

$$F = -\frac{GMm}{r^2} \tag{3.3}$$

여기서

G : 만유인력상수(= 6.673×10^{-11} m^3/kg·s^2)

M : 지구 질량(=5.974×10^{24} kg)

m : 물체 질량(kg)

r : 물체의 무게 중심과 지구 중심 사이의 거리(m)

식 (3.3)을 벡터로 표현하면 다음과 같다.

$$\boldsymbol{F} = -\frac{GMm}{r^2}\frac{\boldsymbol{r}}{r} \tag{3.4}$$

즉,

$$\boldsymbol{F} = -\frac{\mu_e m}{r^2}\frac{\boldsymbol{r}}{r} \tag{3.5}$$

여기서 $\mu_e = GM = 3.9865 \times 10^{14}\ \mathrm{m^3/s^2}(= 3.9865 \times 10^5 \mathrm{km^3/s^2})$는 지구중력상수로 정의된다.

지표면에서의 중력가속도를 g_e라고 하면, 만유인력에 의해서 발생하는 중력의 크기는

$$mg_e = \frac{GMm}{R_e^2} = \frac{\mu_e m}{R_e^2}$$

이 되고, 이때의 중력가속도는

$$g_e = \frac{\mu_e}{R_e^2} = 9.799\quad \mathrm{m/s^2} \tag{3.6}$$

와 같다. 식 (3.6)으로부터 유도된 다음 관계는

$$\mu_e = g_e R_e^2 \tag{3.7}$$

식의 변환 과정에 자주 쓰인다. 식 (3.7)은 μ_e에 대한 정의가 아니며, 실제 정의는 $\mu_e = GM$임에 주의하자.

식 (3.6)에 제시된 중력가속도는 지구자전에 의한 원심력 성분을 포함하고 있지 않다. 보통, 우리가 지상에서 느끼는 중력가속도는 지구 만유인력과 지구자전에 의한 원심력의 벡터

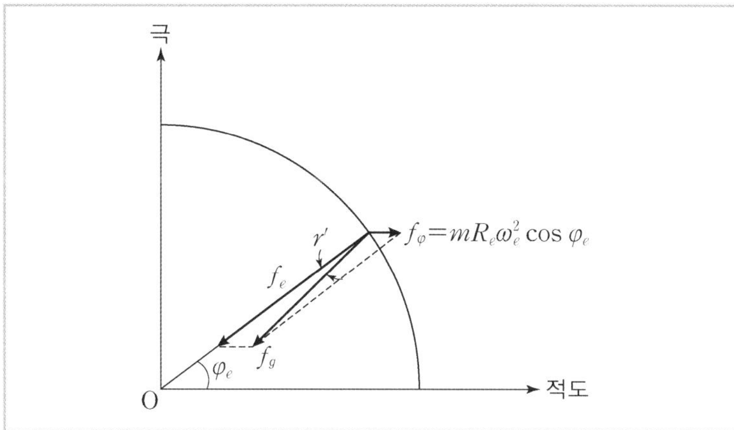

[그림 3.2] 지구자전에 의한 원심력이 중력가속도에 미치는 영향

합으로 나타난다.

위도가 φ_e인 지표면에 놓인 한 물체가 받는 힘 f_g는 그림 3.2에 제시된 것처럼 지구만유인력 f_e와 지구자전에 의한 원심력 $f_\varphi = mR_e\omega_e^2 \cos\varphi_e$의 벡터 합으로 나타난다.

원심력 f_φ 는 적도($\varphi_e = 0^\circ$)에서 최대가 되며, 가속도 값으로 나타내면 $f_\varphi/m = 0.0339\ \mathrm{m/s^2}$이다. 원심력은 극점($\varphi_e - 90^\circ$)에서 최소가 되며 그 값은 $0\mathrm{m/s^2}$이다. 적도에서의 가속도 $0.0339\ \mathrm{m/s^2}$는 만유인력에 의한 중력가속도의 0.34%에 불과하다.

여기서, 합력과 지구중심으로부터의 위치 벡터가 이루는 각도, 그림 3.2의 γ'은

$$\sin\,\gamma' \doteqdot \frac{f_\varphi \sin\varphi_e}{f_e} = \frac{R_e^3\omega_e^2 \sin\varphi_e \cos\varphi_e}{\mu_e}$$

로 표현되고 $\varphi_e = 45^\circ$에서 최대가 되는데, 그 값이 약 5.9분이다($\sin\,\gamma' = 0.00173$).

구 형상의 지구 모델에 대해서 지구중력 퍼텐셜을 식으로 나타내보자. 중력 퍼텐셜을 U로 나타내면, 퍼텐셜 U와 힘 $\boldsymbol{F}$는 일반적으로 다음과 같은 관계를 갖는다.

$$\boldsymbol{F} = m\,\mathrm{grad}\,U \tag{3.8}$$ [1]

식 (3.5)를 이용해서 퍼텐셜을 다음과 같이 정의할 수 있다.

---

1 식 (3.8)은 고전역학에 쓰이는 퍼텐셜과 그 부호가 반대이다. 고전역학에서는 어떤 함수의 경사도(Gradient)로 힘을 정의할 경우, 해당 함수를 역함수라 부 르는 경우도 있으나, 천체역학에서는 이를 퍼텐셜로 정의하므로 본문도 이 관행을 따른다(Охоцимский, 1990).

$$U = \frac{\mu_e}{r} \tag{3.9}$$

지구중심에 원점을 둔 3축 직교 좌표계에 대해서 위치 벡터 $\boldsymbol{r}$의 성분을 (x, y, z)로 기술하면, 지구중심에서의 거리는 $r = \sqrt{x^2 + y^2 + z^2}$이 되고, 이로부터 식 (3.5)는 다음과 같이 표현된다.[2]

$$\begin{aligned} \boldsymbol{F}(x, y, z) &= -\frac{m\mu_e}{r^2}\frac{\mathbf{r}}{r} = m\left(-\frac{\mu_e}{r^2}\frac{x}{r}, -\frac{\mu_e}{r^2}\frac{y}{r}, -\frac{\mu_e}{r^2}\frac{z}{r}\right)^{\mathrm{T}} \\ &= m\left(\frac{\partial U}{\partial x}, \frac{\partial U}{\partial y}, \frac{\partial U}{\partial z}\right)^{\mathrm{T}} \end{aligned}$$

3.1.3 타원체 지구의 중력 퍼텐셜

회전타원체 지구 모델의 경우, 지구의 중력 퍼텐셜이 다음과 같이 표현된다(Smithsonian Astrophysical Special Report, No. 295).

$$U = \frac{\mu_e}{r}\left[1 - \sum_{n=2}^{\infty} J_n \left(\frac{R_e}{r}\right)^n P_n(\sin\varphi_e)\right] \tag{3.10}$$

여기서 μ_e, r, R_e, φ_e 의 정의는 앞에서 소개한 것과 동일하며, 새로 등장한 기호의 의미는 다음과 같다. J_n은 무차원 계수(벨트 모양 조화함수 계수)를 나타내며

$$\begin{aligned} J_2 &= 1{,}082.628 \times 10^{-6} \\ J_3 &= -2.56 \times 10^{-6} \\ J_4 &= -1.58 \times 10^{-6} \end{aligned}$$

(이하 생략)

P_n은 제1종 르장드르(Legendre) 함수이다.

$$\begin{aligned} P_0(x) &= 1 \\ P_1(x) &= x \end{aligned}$$

---

2 위첨자 T는 전치행렬(Transposed matrix)을 나타내는 기호이다. 표기상의 편의를 위해서 행 벡터의 전치행렬로 표기했으나, 정의 자체가 열 벡터임을 나타낸다.

$$P_2(x) = \frac{1}{2}(3x^2 - 1)$$

$$P_n(x) = \frac{1}{2^n n!}\frac{d^n}{dx^n}(x^2 - 1)^n$$

J_n의 상대적인 크기를 비교해 보면, $n = 3$인 경우와 그 이상에서의 값이 $n = 2$인 경우에 비해서 매우 작은 것을 알 수 있다. 그러므로 대부분의 경우에는 $n = 2$까지의 계수를 포함한 다음 식을 사용해도 정확성을 충분히 확보할 수 있다.

$$U = \frac{\mu_e}{r}\left[1 - J_2\left(\frac{R_e}{r}\right)^2 \frac{3\sin^2\varphi_e - 1}{2}\right] \tag{3.11}$$

식 (3.11)의 퍼텐셜로 정의된 중력장을 표준 중력장이라고 한다. 식 (3.11)을 다음과 같이 다시 쓸 수 있다.

$$U = \frac{\mu_e}{r} + \delta U \tag{3.12}$$

이 경우, 구형체 지구에 대해 정의된 퍼텐셜에 다음 부분이 추가된 것임을 알 수 있다.

$$\delta U = \frac{\mu_e}{r}J_2\left(\frac{R_e}{r}\right)^2 \frac{1 - 3\sin^2\varphi_e}{2} \tag{3.13}$$

이와 같은 부가 퍼텐셜이 단위 질량에 미치는 힘을 반지름 방향 성분(f_r)과 자오면 내 반지름에 수직인 성분(f_m)으로 나눠서 다음과 같이 정리할 수 있다(그림 3.3).

$$f_r = \frac{\partial \delta U}{\partial r} = -\frac{3}{2}\mu_e J_2 \frac{R_e^2}{r^4}(1 - 3\sin^2\varphi_e) \tag{3.14}$$

$$f_m = \frac{\partial \delta U}{r\partial \varphi_e} = -3\mu_e J_2 \frac{R_e^2}{r^4}\sin\varphi_e \cos\varphi_e$$ (3.15)[3]

3 f_r, f_m의 부호는 r, φ_e가 증가하는 방향을 '플러스' 방향으로 정의한다. 그림 3.3의 f_m은 실제로 힘이 작용하는 방향(식에서는 '마이너스' 방향)을 표시한다. 적도 주변에 벨트 모양으로 질량이 달려 있기 때문에, 이로 인한 퍼텐셜이 추가로 발생한다고 보면 이해하기 쉽다.

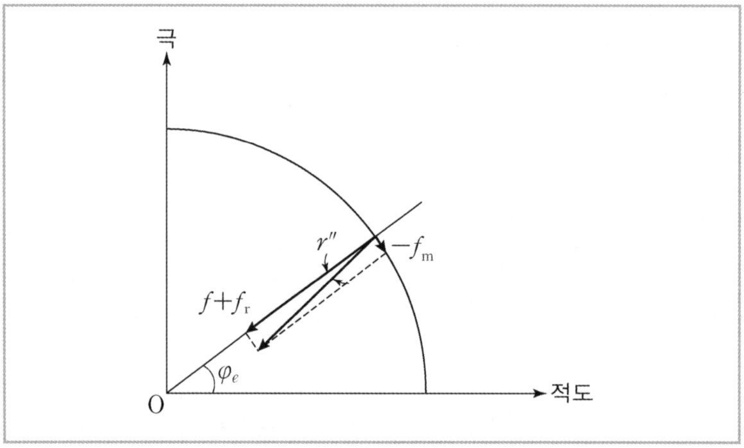

[그림 3.3] 부가 퍼텐셜이 단위질량에 미치는 힘

식 (3.15)를 이용해서 지표면에서의 중력가속도를 보정할 수 있다. 이와 같은 보정은 f_m으로 인해서 만유인력의 작용 방향이 지구의 중심을 벗어나기 때문에 필요하다. 미끄러짐각 γ''은

$$\sin\gamma'' \fallingdotseq -\frac{f_m}{f} \fallingdotseq 3J_2\frac{R_e^2}{r^2}\sin\varphi_e\cos\varphi_e \fallingdotseq 3J_2\sin\varphi_e\cos\varphi_e$$

으로부터 γ''의 최댓값은 $\varphi_e = 45°$에서 나타나며, 그 각도는 약 5.6 분($\sin\gamma'' = 0.00162$)이다.

정밀도가 더 높은 지오이드 퍼텐셜은 다음 식을 참고하자.

$$U = \frac{\mu_e}{r}\left[1 - \sum_{n=2}^{\infty} J_n\left(\frac{R_e}{r}\right)^n P_n(\sin\varphi_e) + \sum_{n=2}^{\infty}\sum_{k=1}^{\infty}\left(\frac{R_e}{r}\right)^n P_{nk}(\sin\varphi_e)(C_{nk}\cos k\lambda + S_{nk}\sin k\lambda)\right] \tag{3.16}$$

여기서

λ : 경도

C_{nk}, S_{nk} : 계수

P_{nk} : 르장드르 함수

3.2 대기의 밀도분포

공기저항이 위성발사체의 상승운동 및 우주비행체의 궤도운동에 미치는 영향을 분석하려면 지구대기의 밀도를 수학적으로 모델링 할 필요가 있다. 고도 h에서의 대기 밀도를 $\rho(h)$, 중력가속도를 $g(h)$로 표기한다.

고도 h에서, 단위면적을 갖는 단면과 높이 dh로 이루어진 공기 기둥을 고려하면, 이 기둥의 아래 면에서의 압력증가 dp는

$$dp = -\rho g dh \tag{3.17}$$

대기의 압력과 온도는 일반적으로 다음 관계를 따른다.

$$p = \frac{\rho R_0 T}{M} \tag{3.18}$$

이 식에 사용된 기호는 다음과 같이 정의된다.

R_0=8.31432 J/K·mol(기체상수)
M : 고도 h에 놓인 공기의 분자량
T : 고도 h에서의 대기 온도(K)

식 (3.17)과 (3.18)로부터,

$$\frac{dp}{p} = -\frac{gM}{R_0 T} dh \tag{3.19}$$

식 (3.19)를 적분하고 식 (3.18)을 이용하면,

$$p(h) = p_0 \exp\left(-\int_{h_0}^{h} \frac{gM}{R_0 T} dh \right) \tag{3.20}$$

$$\rho(h) = \rho_0 \frac{M T_0}{M_0 T} \exp\left(-\int_{h_0}^{h} \frac{gM}{R_0 T} dh \right) \tag{3.21}$$

여기서 p_0, ρ_0, M_0과 T_0은 기준 고도 $h = h_0$에서의 값이다. $\rho(h)$를 구하려면, 공기의 분자량 M과 대기 온도 T의 고도에 따른 변화를 파악해야 한다. 그러나, 이들은 고도뿐만 아니라 지구에서의 위치, 하루 중 시간대, 계절 또는 태양활동의 세기에 의해서도 영향을 받는다. 특히 고도 200 km 이상에서는 태양활동의 세기에 의해서 대기 밀도가 두 배에서 열 배까지 변동되므로(1.3.1항), 많은 노력과 시간을 들여야만 정확한 값을 얻을 수 있다.

이처럼 고도, 장소, 계절의 변동 그리고 태양활동에 의한 영향을 고려하고, 가능한 한 이들 자연 현상을 충실히 반영한 대기모델을 동적 대기모델이라 부른다. 이에 반해서, M과 T를 고도의 함수로만 가정해서 생성한 대기모델은 정적 대기모델이다. 통상적으로 위성발사체와 우주비행체의 운동을 분석하는 데에는 정적 대기모델을 사용하며, 비행체의 상세 궤도를 필요로 하는 경우에만 동적 대기모델을 사용한다. 정적 대기모델의 예로는 U.S. Standard Atmosphere (1962) 등이 있다.

가장 단순한 대기모델은 식 (3.21)의 g, M, T가 고도와 관계없이 일정하다고 가정한 경우인데, 이 모델이 등온 대기모델이다. 등온 대기모델에 의하면 대기 밀도는 다음과 같다.

$$\rho = \rho_0 \exp\left[-\frac{gM}{R_0 T}(h - h_0)\right] \tag{3.22}$$

식 (3.22)에서,

$$H = \frac{R_0 T}{gM} \tag{3.23}$$

로 정의하면 대기 밀도는

$$\rho = \rho_0 \exp\left(-\frac{h - h_0}{H}\right) \tag{3.24}$$

이 된다. 한편,

$$\rho_0 = \frac{p_0 M}{R_0 T}$$

에 의해서,

$$p_0 = \rho_0 g H$$

이 되며, 그러므로 식 (3.23) 및 (3.24)에 사용된 H는 균일한 밀도 ρ_0에 대해서 공기 기둥 아래 면에서의 압력이 기준 고도 h_0에서의 대기압 p_0에 등가인 압력이 되는 기둥 높이를 의미한다. 등온 대기모델은 공기저항이 위성발사체의 상승운동과 인공위성의 궤도에 미치는 영향(이 책에서는 다루지 않음)을 개략적으로 검토하는 데 사용된다.

3.3 좌표계

절대공간에 고정된 좌표계를 줄여서 절대좌표계라 한다. 절대좌표계를 기준으로 등속직선운동을 하는 좌표계를 관성좌표계로 정의한다. 태양계는 은하계의 중심을 회전하고 있고, 지구는 태양 주위를 돌고 있으므로, 지구의 중심에 원점을 두고 지구자전을 따르지 않는 좌표계는 엄밀하게는 관성좌표계가 아니다. 그러나 지구 주위를 도는 물체의 운동을 기술하는 용도라면 관성좌표계로 볼 수 있다.

좌표계의 중심(태양, 지구, 발사점, 비행체 등), 기준면(황도면, 적도면, 국부 수평면, 비행체 궤도면) 그리고 좌표계의 회전 여부에 따라서 여러 좌표계를 정의할 수 있다.[4]

이 절에서는 책에 등장하는 다양한 좌표계를 소개한다. 좌표계의 영문명이 흔히 쓰이는 경우에는 해당 좌표계의 영문명을 괄호 안에 표기해 두었다.

3.3.1 태양중심 황도면 관성좌표계(Heliocentric-ecliptic Coordinate System)(X_H, Y_H, Z_H)

지구의 적도면은 공전 궤도면(또는 황도면)에 대해서 $23°27'(23.45°)$만큼 기울어져 있다. 태양중심을 통과하는 태양 적도면을 그려서 지구의 공전궤도가 이 면과 만나는 두 지점을 찾으면, 이들이 춘분점과 추분점이 된다. 지구가 북쪽에서 보이는 태양 적도면의 윗면을 통과해 지나가는 지점이 춘분점이며, 이때 지구에서 태양을 바라보는 방향이 춘분점 방향이다(지구를 중심으로 고려하면, 천체구상에서 황도와 적도가 만나는 교점을 춘분점과 추분점으로 정의하는데, 지구를 중심으로 황도를 고려하고, 황도 위의 태양이 적도를 남에서 북으로 교차하는 지점이 춘분점이 된다).

4 국부 수평면은 지오이드 표면 임의점에서의 접평면을 의미한다.

황도면을 기준면($X_H - Y_H$ 평면)으로 하고, 북쪽으로 Z_H 축을, 춘분점에서 태양을 바라본 방향으로 X_H축을 설정한 좌표계가 태양중심 황도면 관성좌표계이다(그림 3.4). 엄밀하게는, 춘분점이 황도면에서 연간 50.2"만큼 이동하기 때문에, 어느 시점에 정의된 춘분점인지를 명확하게 해둘 필요가 있다. 본문에서는 평균춘분점과 평균적도면(1950년 1월 1일 0시의 춘분점과 적도면)을 기준으로 하며, 춘분점과 적도면이 공간상에서 일정한 방향을 유지하는 것으로 가정하나, 해석 작업에 따라 실시간 값을 이용해야 편리한 경우도 있으므로, 해석의 목적과 사용 데이터에 맞게 기준축과 기준면의 방향을 설정해야만 한다.

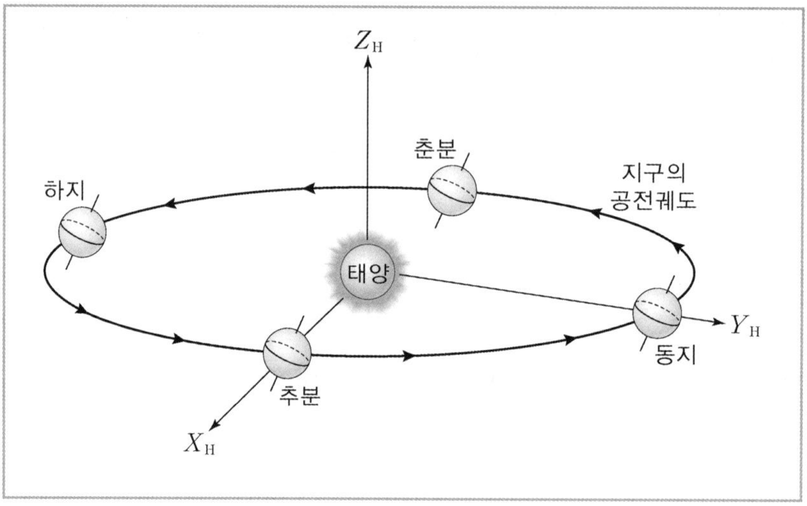

[그림 3.4] 지구공전과 태양중심 황도면 관성좌표계 (R.R. Bate, D.D. Mueller and J.E. White)

3.3.2 지구중심 적도면 관성좌표계(Geocentric-equatorial Inertial Coordinate System)(X_0, Y_0, Z_0)

좌표계의 원점 O를 지구중심에 두고 $X_0 - Y_0$평면을 적도면에 놓은 상태에서, Z_0축이 지구 자전축과 일치되도록 설정한다. 북극 방향을 Z_0축의 플러스 방향으로 정의한다. X_0, Y_0 축은 지구를 따라 회전하지 않으며, X축의 플러스 방향은 춘분점 방향이다. 이 좌표계의 원점은 지구가 공전함에 따라 태양 주위를 타원궤도를 그리면서 이동하게 되지만, 지구공전을 무시하고 지구 주위에서의 운동을 다룰 경우, 앞에서 언급한 대로 이 좌표계를 관성좌표계로 볼 수 있다(그림 3.5).

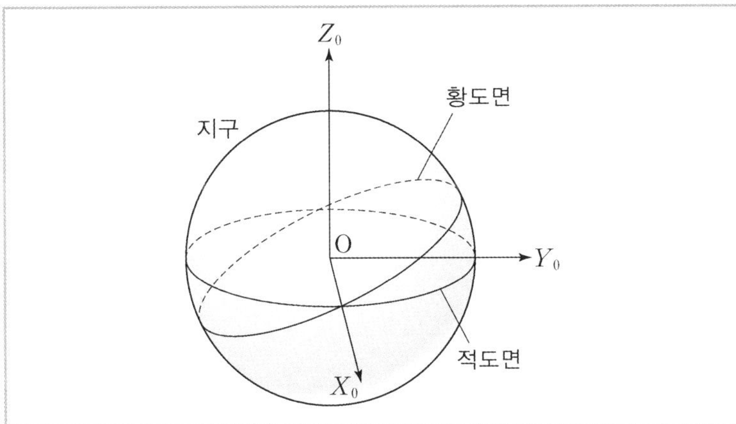

[그림 3.5] 지구중심 적도면 관성좌표계

3.3.3 지구중심 적도면 회전좌표계(X_e, Y_e, Z_e)

좌표계의 원점 O를 지구중심에 두고 $X_e - Y_e$ 평면은 적도면에 놓은 상태에서, Z_e축을 지구의 자전축과 일치시켜서 북극 방향을 Z_e축의 플러스 방향으로 정의하는 것까지는 3.3.2와 동일하나, 이 좌표계는 지구에 고정되므로, X_e축과 Y_e축은 지구자전에 따라서 Z_e축 주위를, $+Z_e$축 방향에서 지구중심을 바라볼 때의 반시계방향으로, 각속도 ω_e로 회전한다. 이 때문에 지구중심 지구고정 좌표계로 불리기도 한다. X_e축은 그리니치(Greenwich)를 통과하는 자오선 방향을 플러스로 정의한다(그림 3.6).

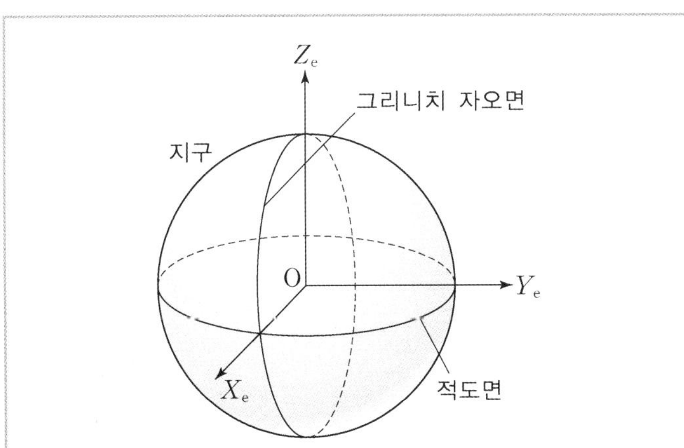

[그림 3.6] 지구중심 적도면 회전좌표계

3.3.4 지구중심 황도면 관성좌표계(X_E, Y_E, Z_E)

좌표계의 원점 O를 지구중심에 두고 $X_E - Y_E$평면은 지구의 태양 공전궤도에 일치시킨다. X_E축은 관성 공간에서 춘분점 방향으로 고정되며(적도면 관성좌표계와 동일), Z_E축은 지구중심 적도면 관성좌표계의 Z_0축을, X_0축 주위로, X_0축의 플러스 방향에서 보았을 때 반시계방향으로 $23°27'$만큼 회전시킨 방향으로 정의된다. 태양중심 황도면 관성좌표계의 원점을 지구중심으로 이동한 것으로 생각해도 무방하다.

3.3.5 지구중심 궤도면 관성좌표계(X_c, Y_c, Z_c) (ξ, η, ζ)

좌표계의 원점이 지구중심에 있고, 지구 주위를 도는 물체(발사체 또는 우주비행체)의 궤도면에 정의되는 관성좌표계이다. 물체의 위치 벡터를 $\boldsymbol{r}$, 속도 벡터를 $\boldsymbol{v}$라고 할 때, $\boldsymbol{r}$과 $\boldsymbol{v}$로 만들어진 평면을 그 물체의 궤도면이라고 한다. (X_c, Y_c, Z_c) 좌표계의, Y_c축은 궤도의 근지점(7장 참조) 방향으로 정의되고, X_c축은 궤도면 내에서 물체의 진행방향을 따르며, Y_c축에 수직인 방향으로 놓여지며, Z_c축은 X_c, Y_c축과 오른손 법칙으로 정의된다. (ξ, η, ζ) 좌표계는 궤도면을 $\xi - \eta$ 평면에 두고, 승교점 방향(8장 참조)을 ξ, 궤도면에 수직인 축을 ζ로 정의한 것이며, 10장에서 섭동을 살펴볼 때 사용된다(여기서 ξ, ζ축은 X_c, Z_c의 반대 방향).

3.3.6 지구중심 궤도면 회전좌표계(X_p, Y_p, Z_p)

비행체의 궤도면 내에서, 지구중심 궤도면 관성좌표계(X_c, Y_c, Z_c)를 물체의 운동에 따라 지구중심을 기준으로 회전해서 정의한다.

3.3.7 기체중심 궤도면 회전좌표계(그림 3.7)

좌표계의 원점은 비행체의 무게 중심에 있으며, 궤도면을 기준면($X - Y$ 평면)으로 사용한다. Y축은 운동하는 물체의 위치 벡터 방향, X축은 궤도면 내에서 위치 벡터와 수직인 방향으로(속도 벡터와 같은 편이 플러스) 정의한다. Z축은 X, Y축과 오른손 법칙을 이루도록 한다.

X축을 n축, Y축을 r축, Z축을 b축이라고 부르기도 한다. (n, r, b) 좌표계는 10장에서 섭동을 다룰 때 사용된다.

이 좌표계는 물체의 운동과 함께 이동 및 회전하므로 관성좌표계가 아니다.[5]

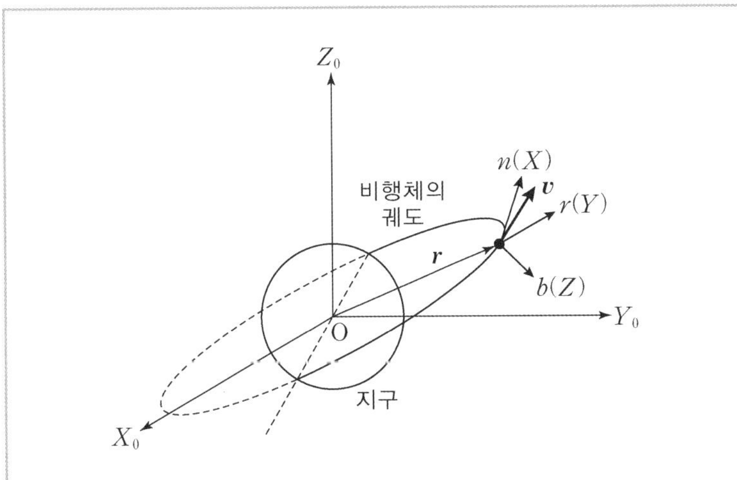

[그림 3.7] (X_0, Y_0, Z_0) 좌표계와 기체중심 궤도면 회전좌표계((n, r, b) 좌표계)의 관계

3.3.8 기체좌표계(X_R, Y_R, Z_R)

좌표계의 원점을 물체의 무게중심에 두고, 기축방향(롤 축)을 X_R축(전방이 플러스)으로 정의하고, 피칭이 발생하는 평면에 X_R축과 수직을 이루는 Y_R축을 정의한다(피치-업 방향이 플러스, 비행기로 보면 양력 방향). Z_R축은 X_R축과 Y_R축에 오른손 법칙을 적용해서 정의한다.

---

5 Y, Z축을 정하는 방식이 항공기와는 다르다. 항공기에서는 3차원 공간에서의 운동을 기술할 때 Z축이 위치벡터에 수직이 되는 좌표계를 사용한다. 이 책에서는 Аппазов(1987)의 정의를 따르는데, 즉 Y축이 위치벡터에 수직이 되는 좌표계를 사용한다. 2차원에서든 3차원에서든, 발사체와 우주비행체의 운동을 고려할 때, 궤도면 또는 궤적면이 모두 $X-Y$평면이기에 합리적이라 판단된다. 다음에 기술할 기체중심 좌표계, 발사점중심 관성 및 회전 좌표계도 유사한 방식으로 Y축을 정의한다.

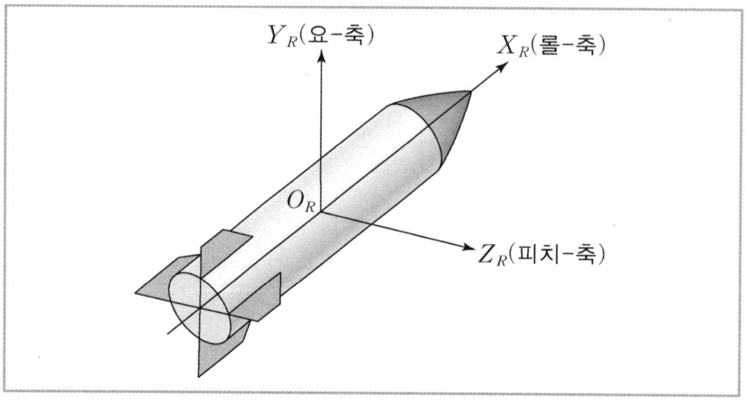

[그림 3.8] 기체좌표계

3.3.9 발사점중심 회전좌표계(X_L, Y_L, Z_L)

발사점중심 회전좌표계는 지표면을 떠난 발사체의 운동을 지표면에 대한 상대 운동으로 기술하는 데 사용된다.

발사지점에 원점 O_L을 두고, 발사 지점에서 지표면과 만나는 접평면을 $X_L - Z_L$평면으로 정의한 후, X_L축을 발사체의 비행방위각 방향으로 설정한다. 방위각 ψ_L은 북극 방향을 기점으로 정의된다. Y_L 축은 지구중심에서 발사 지점을 보는 방향으로 설정된다. Z_L 축은 X_L, Y_L축과 오른손 법칙을 이룬다(그림 3.9).

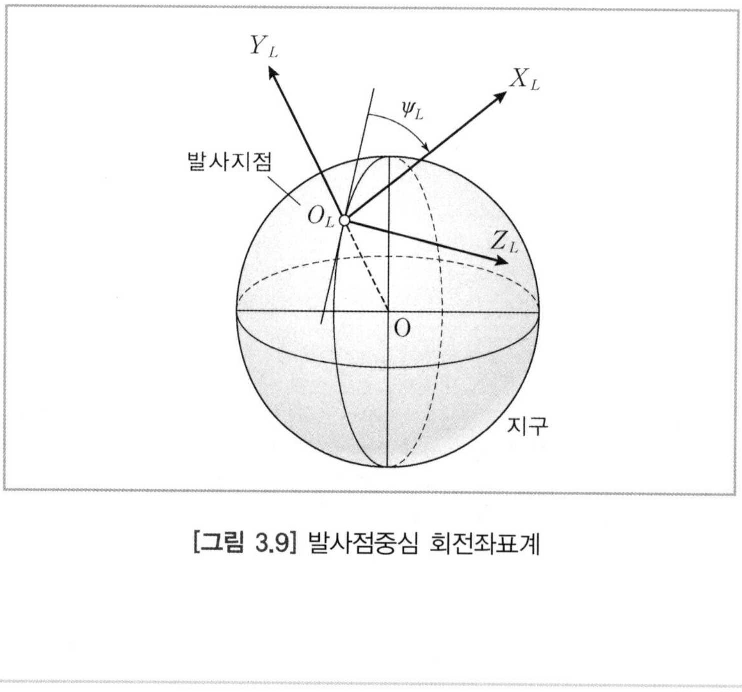

[그림 3.9] 발사점중심 회전좌표계

3.3.10 발사점중심 관성좌표계

발사점중심 관성좌표계는 상승 운동 중인 발사체의 궤적을 기술할 때 사용하는데, 이륙시점에는 발사점중심 회전좌표계와 일치한다. 발사 지점에 원점을 두고, 발사체의 궤적을 관성공간상에 기술할 때 사용된다(6장 참조). 그러나 지구의 공전을 고려하지 않으므로 제한된 범위 내에서만 사용할 수 있다.

3.3.11 적경-적위좌표계(Right-Ascension Declination System)

기본적으로 지구중심 적도면 관성좌표계와 동일하지만, $X-Z$평면(춘분점 방향을 포함하는 자오면)과 물체를 포함한 자오면 사이의 각도 α(Right-Ascension: 적경), 적도면으로부터의 각도 δ(Declination: 적위), 물체까지의 거리 r로 물체의 위치를 나타낸다(8.2절의 그림 8.3 참조).

천체관측에 쓰이는 좌표계이며, 천구(Celestial Sphere)에 별을 투영해서 적경과 적위로 그 위치를 표시하는 데 사용되어 왔다.

이 좌표계는 관성공간에서의 우주비행체의 위치를 표시하는 데 편리하며, 이에 대해서는 8장에서 조금 더 상세하게 기술한다.

3.3.12 지구좌표계

우주비행체의 위치를 지구에 고정된 값인 경도(λ, Geographic Longitude: 지심경도)와 위도(φ, Geographic Latitude: 지심위도) 그리고 거리로 표시하는 좌표계이다. 지구경도는 그리니치를 통과하는 자오선(자오면과 지표면의 교선)을 기준으로, 북극에서 볼 때의 반시계 방향으로 정의된다. 지표면에서 바라본 우주비행체의 운동은 지구좌표계를 써서 기술하면 편리하다.

3.4 시간

시간의 단위를 정하는 방법에는 여러 방식이 있으나 여기서는 다음 세 가지에 대해서만 설명한다.

- 태양시(Solar Time)
- 항성시(Sidereal Time)
- 천체력시(Ephemeris Time)

태양시는 태양이 지구의 일정 자오면을 통과한 후로부터 동일한 자오면을 다시 통과하기까지의 시간을 태양일로 정의하고 이를 하루의 단위로 사용한다. 태양일의 길이는 1년 동안 일정하지 않다. 태양의 연평균속도로, 적도를 따라 등속으로 운동하는 가상의 태양(이를 평균태양(Mean Sun)으로 정의한다)을 고려해서, 이 태양이 자오선을 통과한 후, 다시 한 번 더 동일한 자오선을 통과하기까지 걸리는 시간을 평균태양일(Mean Solar Day)로 정의하며, 이 시간을 24시간(=24×60×60s)으로 가정해서 계산한 시간을 평균태양시(Mean Solar Time)라고 부른다. 이 방법에 의하면 태양년(Tropical Year)은 365.2422 평균태양일이 된다.

지구상의 임의의 지점에서 태양고각(Elevation: 태양을 올려다 보는 각도)이 최대가 되는 시각은 태양이 자오면을 통과하는 시각이기도 한데, 이 지점을 12시로 해서 정한 시각(평균태양시간)을 지역평균시간(Local Mean Time)이라고 부른다.

특별히, 영국 그리니치에서의 지역평균시간을 세계시(UT: Universal Time) 또는 그리니치 표준시(GMT: Greenwich Mean Time)라고 부른다.

지구 각 지역에서의 평균시간은 시간대 제도(Zone System)라는 방식을 사용하고 있다. 즉, 지표면을 경도 15도 간격으로 24개의 구역으로 나누고, 하나의 구역 안에서는 대표 지점의 지역평균 태양시를 그 구역의 시간으로 정의한다. 그러므로, 지역시간은 반드시 그 지점의 경도에 대응되는 시각이 아니며, 시간을 정확하게 지정할 필요가 있는 경우에는 그리니치 표준시(GMT)를 이용한다.

항성시는 어느 항성이 자오면을 통과한 후 다음에 다시 한 번 자오면을 통과하기까지의 시간을 항성일로 정의하고, 이를 바탕으로 결정된 시간이며, 천문학에서는 천구가 일 회전하는 시간에 해당한다. 항성은 태양계에서 볼 때 일정 방향에 놓여 있으며, 지구의 위치가 공전에 의해서 바뀌더라도 항성의 방향은 거의 영향을 받지 않으나, 태양의 방향은 지구가 공전함에 따라서, 지구에서 보이는 각도가 매일 (1/365.2422)×360도=360/365.2422도씩(약 0.9857도) 변화한다. 이로부터 항성시에 의한 하루와 태양시에 의한 하루에 차이가 발생한다.

태양시의 하루는 태양이 어느 지점의 자오면을 통과(Crossing Meridian)한 후, 다시 통과한(다음 Crossing Meridian)시점까지로 정의되나, 그 사이에 지구는 공전 운동을 하므로, 전번 Crossing Meridian 시점에 태양을 본 방향을 기준으로 360/365.2422도만큼 추가로 회전하지 않으면 Crossing Meridian이 일어나지 않는다. 그러므로, 태양시의 하루는 항성시의 하루에 비해서, $\tau = (360/365.2422) \times 1/\omega_e =$ 3분 56초 정도 길어진다(여기서 이용한 ω_e는 $°/s$인 것에 주의하라). 항성일의 하루를 태양시로 표현하면, $24 \times 60/(24 \times 60 + \tau)$ = 0.9973평균태양일=23시간 56분 04초 평균태양시가 된다.

평균태양일의 길이는 일정하지 않고 매년 변화한다. 그래서 1900년 1월 0일 12시에서 태양년의 길이인 31556925.9747분의 1을 천체력시의 초로 정의해서 시간을 정의하고, 이것을 천체력시(ET: Ephemeris Time)라고 부른다. 천체력시를 대신하는 시간의 정의 중 하나로 역학시(TD: Dynamical Time)가 있고, 천체의 움직임과 무관한 시간인 국제원자시(TAI)가 있으나, 이 책에서는 다루지 않는다. 일상 생활에 사용되는 시각은 평균태양시이며, 특별한 경우를 제외하면 우주발사체와 우주비행체의 운동을 검토할 때에도 이 시간을 이용하므로 이 책에서도 평균태양시를 사용한다.

4장

로켓 추진

4.1 로켓 추진과 유효배기속도

위성발사체의 가속 성능(5장)과 위성발사체의 상승 궤적(6장)을 논하기에 앞서, 본 장에서는 추진시스템의 성능을 나타내는 방법에 대해 설명한다. 이 방법은 추진시스템이 액체로켓인지 고체로켓인지에 관계 없이, 위성발사체의 운동을 분석하는 데 쓰일 수 있다.

위성발사체(또는 로켓)가 가속하며 이동하는 것을 추진(Propulsion)이라고 하며, 이때 가속을 제공하는 시스템이 추진시스템(Propulsion System) 또는 추진계이다. 우주수송용 추진시스템은 지상에서 궤도에 도달할 때까지 대기가 존재하는 영역뿐만 아니라 진공에서도 작동해야 한다. 우주수송용 추진시스템은 기본적으로 기체 후방으로 일정량의 물질을 배출하고, 그 반작용으로 추력(Thrust)을 얻는다. 이를 로켓 추진(Rocket Propulsion)이라고 부른다.

로켓 추진이 배출하는 물질은 로켓 엔진의 연소 생성물(가스 상태이므로 연소가스)이며, 엔진 연소실 내부에서 연소된 추진제는 고온 · 고압의 연소가스를 만들어 내고, 노즐을 거쳐서 가속된 연소가스가 노즐 밖으로 배출되면서 추력을 생성한다.

그림 4.1은 연소가스를 배출하면서 비행하는 위성발사체를 나타낸다.

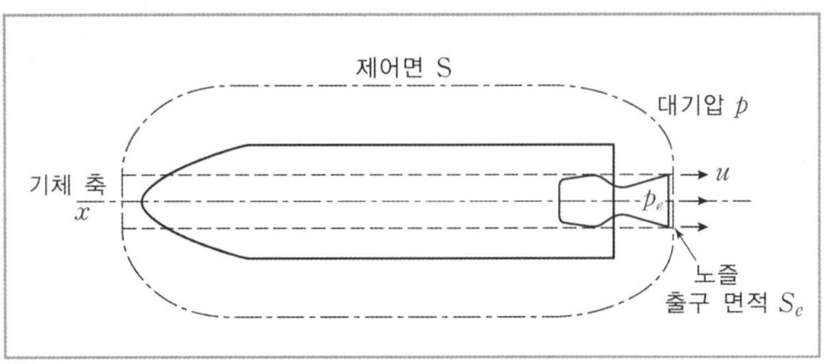

[그림 4.1] 추력 계산을 위한 위성발사체 모델

발사체에 대한 연소가스의 상대배출속도를 u, 노즐의 출구면적을 S_e, 노즐 출구의 연소가스 압력을 p_e, 노즐 출구에서의 대기압을 p로 표시한다. 추진제의 단위시간당 소비량(양의 값)을 $-dm/dt = q$로 정의한다. 또한, 제어면 S(적분면)를 그림과 같이 발사체를 둘러싸도록 정한다. 제어면이 발사체의 기체면 위에 있지는 않지만 기체에 가까이 위치한 것으로 가정한다.

발사체의 추력 P는 단위시간 동안 변화한 운동량의 기축 방향(x) 성분을 제어면에 대해서 적분한 값이며 다음과 같이 정의한다.

$$P = \oint_S \left[u_i \cos(n,x)_i \, dq_i + p_i \cos(n,x)_i \, dS_i \right] \tag{4.1}$$

$\cos(n,x)_i$는, 제어면 내 극소면적 dS_i의 법선이 기축과 이루는 각의 코사인 값이며, p_i는 이 극소 면적에 작용하는 압력이다.

또한 기축에 평행하고 노즐 출구면을 단면으로 갖는 그림 4.1(파선)의 원형 실린더를 고려한다. 그러면, 제어면에 대한 적분식 (4.1)에서, 이 원형 실린더가 제어면과 만나는 두 단면(업스트림(upstream)과 다운스트림(downstream)의 단면)을 제외하면, 힘의 균형이 만족되어 운동량이 변하지 않음을 알 수 있다.

그림 4.1에서 식 (4.1)의 적분 항을 살펴보면, 힘의 균형을 깨뜨리는 요인에는, 로켓엔진의 노즐 출구를 통과해서 외부로 배출되는 연소가스가 있고, 노즐 출구를 단면으로 하는 원형 실린더(단순히 원형 실린더) 양 끝단의 압력 차이가 있다.

이 요인들을 고려해서 식 (4.1)을 다음과 같이 쓸 수 있다.

$$\begin{aligned} P &= \oint_{S_e} \left[u_i \cos(n,x)_i \, dq_i + p_i \cos(n,x)_i \, dS_i \right] \\ &= uq + (p_e - p)S_e \\ &= \dot{m}u + (p_e - p)S_e \end{aligned} \tag{4.2}$$

여기서 u는 배기가스가 후방을 향하는 경우에 플러스 값을 갖는다. 또한 $\dot{m}$은 단위시간에 변화된 질량의 절대값을 의미하며, 부호를 고려하는 경우에는 $-dm/dt$로 나타낸다. 즉 $\dot{m} = |dm/dt|$이다. 식 (4.2)의 오른쪽 첫 번째 항은 운동량의 변화에 의해서 발생하는 발사체의 추력이므로 운동량 추력이며, 두 번째 항은 노즐 출구에서 연소가스의 압력이 주변 압력에 비해 높을 때 발생하는 추력이므로 압력 추력이다.

노즐의 내부 유동은 초음속 상태이므로 유로가 넓어지면 넓어질수록 유동의 팽창에 의해서 유속이 증가한다. 그러므로 연소가스의 가속을 위해서 유속과 나란한 방향으로 노즐 형상을 확대해간다. 그런데, 노즐을 빠져 나온 유동의 방향이 기축에 평행하도록 유도하면 손실을 최소화할 수 있으므로 노즐 출구의 형상이 노즐 축에 나란하게 되도록 출구 단면을 살짝 틀어준다. 그 결과, 노즐 형상은 전체적으로 종모양(Bell)을 띠게 된다. 단면적이 최소가 되는 노즐목과 노출 출구 간의 단면적비를 노즐 팽창비(Expansion Ratio)로 정의한다.

노즐 출구에서 연소가스의 압력(노즐 출구 압력)이 외부 대기압(외부 압력)과 동일하면 식 (4.2)의 압력 추력이 사라진다. 이 조건을 최적 팽창(Optimum Expansion)이라 한다. 노즐 출구에서의 연소가스 압력이 외부 압력에 비해서 높으면 노즐 출구에서 팽창파(Expansion Wave)가 발생한다. 이 경우, 연소가스의 팽창이 노즐 내에서 충분히 이루어지지 않았으므로 부족 팽창(Under Expansion)이라 한다. 노즐 출구에서의 연소가스 압력이 외부 압력에 비해 낮으면, 연소가스가 노즐 내에서 과도하게 팽창한 것이므로 과팽창(Over Expansion)이라 한다. 부족 팽창의 경우, 압력 추력이 증가하지만 배출되는 유속이 떨어져서 전체적으로는 추력이 감소한다.

과팽창의 경우, 내부 유동이 노즐 벽면에서 떨어지면서(박리 현상: Flow Separation) 유동이 뒤엉켜서 출구를 빠져 나오게 되며, 유동 박리로 인해 추력이 감소한다.

팽창이 적절하게 발생해서, 노즐 출구에서 유속과 압력의 균형을 유지하도록 노즐을 설계하는 것이 바람직하겠으나, 위성발사체의 외부 압력은 고도가 상승함에 따라 급격하게 떨어지기 때문에, 비행이 일어나는 전 범위에 대해서 최적 팽창을 유지하도록 노즐의 길이와 출구 직경을 변환할 수는 없다. 그러므로, 대부분의 경우에는 추진기관의 작동 범위를 고려해서 비행 중 어느 한 시점에서 최적 팽창이 발생하도록 노즐의 길이와 직경을 결정한다.

진공 또는 진공에 가까운 환경에서 추진기관을 운용할 경우, 이론상 노즐 팽창비를 가능한 한 높게 설계해서 최적 팽창에 가까이 갈수록 추진기관의 성능이 좋아진다. 그러나 긴 노즐을 사용하면 추진기관의 중량이 증가하고, 노즐 출구의 단면적이 지나치게 크면 노즐 아래에 위치한 발사체 단과의 단연결부(interstage)에 수납하기조차 어려워지는 문제가 발생한다.

그러므로 노즐을 수납할 동체의 공간을 고려해서 노즐 출구의 직경을 결정하는 것이 일반적이다. 1단 또는 보조 부스터에 사용되는 추진기관, 즉 주변 기압이 1기압인 상태로부터 진공에 가까운 상태까지 운용되는 추진기관은 내부 유동의 박리, 압력 추력의 저하를 방지하기 위해서, 노즐 출구에서의 유동 압력이 해수면 대기압에 가까워지도록 노즐을 설계한다. 지상이라고 표현하면 그 위치마다 고도가 달라지므로 보통 해수면(Sea Level)을 기준으로 한다. 노즐을 바꿔 다는 작업은 비교적 용이한 편이므로, 사용 고도에 따라 추진기관의 노즐 길이를 변경해서 사용하기도 한다.

추진기관의 추력은 고도에 따라 변한다. 해수면 근처에서 점화되는 추진기관은 점화 시

운동량 추력만을 생성하나, 고도가 상승하면 외부 압력이 급격히 떨어지게 되므로 압력 추력이 증가하고 추력도 전체적으로 증가하게 된다. 고도에 따라 변하는 추진기관의 추력과 성능을 일관되게 표현하고자, 해수면 부근에서의 추력 값에는 '해수면'이라는 주석을 달아서 사용한다.

식 (4.2)의 속도 u는 추진기관에서 배출된 연소가스의 실제 속도(발사체에 대한 상대속도)이다. 이 속도는 추진기관의 연소조건인 혼합비 등이 크게 바뀌지 않는 한 일정하게 유지된다. 기본적으로 노즐의 내부 유동은 초음속 유동이므로, 속도 u는 다운스트림의 영향을 받지 않는다. 그러므로 식 (4.2)를 다음과 같이 쓸 수 있다.

$$\begin{aligned} P &= \dot{m}u + (p_e - p)S_e \\ &= \dot{m}\left(u + S_e \frac{p_e}{\dot{m}}\right) - S_e p \\ &= \dot{m}u' \end{aligned} \tag{4.3}$$

여기서 u'은 운동량 추력과 압력 추력을 합해서 추력을 발생시키는 가상의 배출가스속도이며, 이를 유효배기속도(Effective Exhaust Velocity)로 정의한다. 유효배기속도는 다음 절에서 소개할 비추력과 함께 로켓 추진기관의 성능을 표현하는 중요한 지표가 된다.

노즐 출구에서의 연소가스 압력 p_e는 노즐 내부를 흐르는 질량유량에 비례하므로

$$\frac{p_e}{\dot{m}} = \text{constant}$$

따라서

$$u + S_e \frac{p_e}{\dot{m}}$$

는 상수이며 이 값을 u'_∞로 정의한다. 첨자 ∞는 진공 상태에서의 값을, 첨자 0은 해수면에서의 값을, 위첨자 $'$는 유효배기속도에 해당하는 값을 나타낸다. 즉, 진공 상태에서의 유효배기속도는

$$u'_\infty = u + S_e \frac{p_e}{\dot{m}} \tag{4.4}$$

이므로, 식 (4.3)에 식 (4.4)를 대입하면

$$P = \dot{m}u' = \dot{m}u'_\infty - S_e p \tag{4.5}$$

이 되며, 해수면에서의 외부 압력을 p_0로 표기하면, 진공 추력 P_∞ 및 해수면 추력 P_0는 각각 다음과 같이 표현된다.

$$P_\infty = \dot{m}u'_\infty \tag{4.6}$$

$$P_0 = \dot{m}u'_\infty - S_e p_0 \tag{4.7}$$

식 (4.4)의 u'_∞를 진공 유효배기속도로 정의한다.

해수면에서의 유효배기속도 u'_0은 다음과 같이 정의된다.

$$u'_0 = \frac{P_0}{\dot{m}} \tag{4.8}$$

지상 연소시험에서 계측되는 추진기관의 추력은 P_0이다. $\dot{m}$도 함께 계측되므로 식 (4.7)을 이용해서 진공 유효배기속도를 다음과 같이 구할 수 있다.

$$u'_\infty = \frac{P_0 + S_e p_0}{\dot{m}} \tag{4.9}$$

해수면 추력 P_0을 이용해서 진공 추력 P_∞를 구하거나, P_∞를 이용해서 임의의 고도에서 추력 P를 구하는 식은 다음과 같다.

$$P_\infty = P_0 + S_e p_0 \tag{4.10}$$

$$P = P_\infty - S_e p \tag{4.11}$$

식 (4.3)과 식 (4.5)를 이용해서

$$u' = \frac{P}{\dot{m}} = u'_\infty - \frac{S_e p}{\dot{m}} \tag{4.12}$$

식 (4.7)과 식 (4.8)에 의하면

$$u'_0 = u'_\infty - \frac{S_e p_0}{\dot{m}} \tag{4.13}$$

식 (4.13)으로부터

$$S_e = \dot{m}\frac{u'_\infty - u'_0}{p_0} \tag{4.14}$$

위 식을 식 (4.5)에 대입해서, 고도에 따라 변하는 외부 압력 p에 대한 임의의 고도에서의 추력을 다음 식으로부터 구할 수 있다.

$$P = \dot{m}\left[u'_\infty - (u'_\infty - u'_0)\frac{p}{p_0}\right] \tag{4.15}$$

4.2 비추력과 총추력

로켓 추진기관의 성능을 나타내는 지표 중 유효배기속도만큼이나 중요한 것으로 비추력(I_{sp}: specific impulse)이 있다. 이 절에서는 비추력을 정의하고 비추력과 유효배기속도와의 관계를 기술한다.

추진제의 질량을 m_p로 표기하고, 추진제의 질량유량과 중량유량을 각각 $\dot{m}_p$와 $\dot{w}_p = \dot{m}_p g$로 정의한다. 추진기관의 연소 도중에 발생하는 발사체의 질량변화, $\dot{m}$은 대부분 추진제의 질량변화에 의해서 발생하는 것이므로, $\dot{m} = \dot{m}_p$로 가정할 수 있다.

발사체 추진기관이 지정된 중량유량 $\dot{w}_p$(N/s)의 추진제(Propellant)를 단위 시간 동안 흘려 보내서 추력 P(N)를 얻는다고 할 때, 비추력은 액체로켓, 고체로켓에 관계없이 다음과 같이 정의된다.

$$I_{sp} = \frac{P}{\dot{w}_p} = \frac{P}{\dot{m}_p g} = \frac{P}{\dot{m} g} \tag{4.16}$$

비추력의 단위는 초(s)이며 단위중량(1 N)의 추진제로 1 N의 추력을 몇 초간 계속해서 발생할 수 있는지 표현하는 값이라고도 볼 수 있다. 식 (4.5)와 식 (4.16)으로부터 비추력과 유효배기속도의 관계식을 다음과 같이 구할 수 있다.

$$I_{sp} = \frac{P}{\dot{m} g} = \frac{\dot{m} u'}{\dot{m} g} = \frac{u'}{g} \tag{4.17}$$

위 식은 비추력과 유효배기속도의 관계를 표현하는 데 자주 사용된다.

비추력은 추진제의 연소로부터 발생하는 에너지(연소 생성물의 평균 분자량 및 생성 발열량)와 밀접한 관계가 있으며, 동시에 연소실 압력 및 노즐의 설계 형상과도 관련되므로,

추진 시스템의 성능을 나타내는 대표적인 파라미터로 볼 수 있다.

발사체가 갖고 있는 잠재적 운동량을 표현하는 다른 지표에는 총역적(I_d : Total Impulse)이 있다. 운동량은 힘을 시간에 대해서 적분한 값이므로, 총역적은 추진기관의 추력 P와 연소시간 t_b(Burning Time 또는 작동시간)로부터 다음과 같이 정의할 수 있다.

$$I_\mathrm{d} = Pt_b \quad (\mathrm{N \cdot s}) \tag{4.18}$$

총역적을 소비한 추진제 중량 w_p로 나누면, 그 값이 비추력과 동일해진다.

$$\frac{I_\mathrm{d}}{w_p} = \frac{Pt_b}{w_p} = \frac{P}{w_p/t_b} = \frac{P}{\dot{w}_p} = I_\mathrm{sp} \tag{4.19}$$

식 (4.5)에 제시된 것처럼, 추력 P는 외부 압력 p 또는 고도의 함수이므로, 비추력도 고도의 함수이다. 식 (4.15)를 이용해서, 임의의 고도에서의 비추력은 다음과 같이 나타낼 수 있다.

$$I_\mathrm{sp} = \frac{P}{\dot{m}g} = \frac{1}{g}\left[u'_\infty - (u'_\infty - u'_0)\frac{p}{p_0}\right] \tag{4.20}$$

또는 식 (4.10)과 식 (4.11)로부터,

$$P = P_\infty - S_e p = P_0 + S_e(p_0 - p) \tag{4.21}$$

위 식을 식 (4.19)에 대입하면,

$$I_\mathrm{sp} = \frac{P_0 + S_e(p_0 - p)}{\dot{m}g} \tag{4.22}$$

비추력은 진공에서 최대가 되며, 이 값을 $I_{\mathrm{sp},\infty}$로 표현하면

$$I_{\mathrm{sp},\infty} = \frac{P_0 + S_e p_0}{\dot{m}g} = \frac{u'_\infty}{g} \tag{4.23}$$

또한, 비추력은 해수면에서 최소가 되며, 이 값을 $I_{\mathrm{sp},0}$로 정의하면,

$$I_{\mathrm{sp},0} = \frac{P_0}{\dot{m}g} = \frac{u'_0}{g} \tag{4.24}$$

이 된다.

추력의 경우와 마찬가지로, 지상에서 점화되는 로켓 엔진의 경우에도 해수면 비추력과 진공 비추력을 구분해서 사용해야 한다. 진공 또는 고고도에서 점화되는 로켓 엔진에는 진공이라는 표현을 굳이 사용할 필요가 없다.

비추력은 추진제의 종류와 로켓엔진의 설계로부터 결정되는데, 두 요인 중에는 추진제의 영향이 더 크게 나타난다. 식 (4.19)로부터 총역적은

$$I_{\rm d} = w_p I_{\rm sp} = P t_b \tag{4.25}$$

와 같이 되는데, 식 (4.25)는 발사체의 성능을 나타내는 지표인 (1) 추력, (2) 연소시간, (3) 비추력, (4) 추진제 중량간의 관계를 나타내고 있어서, 이 가운데 세 개의 값이 주어지면 나머지 하나의 값을 구하는 용도로 자주 사용된다.

지금까지 기술한 식은 액체로켓, 고체로켓에 관계없이 적용할 수 있다. 액체로켓의 경우, 추진제 질량은 각각 산화제질량과 연료질량의 합으로, 추진제 유량은 산화제와 연료 유량의 합으로 계산된다. 발사체 공학에서는 질량보다는 중량 단위를 사용하는 것이 일반적인데, 비추력을 중량유량이 아닌 질량유량으로 정의하는 경우도 있다. 즉 비추력의 정의 식 (4.16)에서, 중량유량을 대신해서 질량유량을 사용해서

$$I_{\rm d,sp} = \frac{P}{\dot{m}} = \frac{P t_b}{m} = u' \tag{4.26}$$

와 같이 비추력을 정의하는 것이다.

식 (4.26)의 $I_{\rm d,sp}$를 질량-비추력으로 정의하고, 식 (4.17)의 $I_{\rm sp}$를 비추력으로 정의한 경우도 있었다(Аппазов, 1987). 식 (4.26)의 표현은 $\rm N \cdot s/kg$ 또는 m/s의 단위를 갖고, 그 값이 유효배기속도와 동일하다. 그러나 이러한 표기는 일반적이지 않으며, 이 책에서는 중량유량으로 정의된 비추력, 식 (4.16)을 사용한다.

액체추진제를 다양하게 조합해서 사용했던 과거와는 달리, 최근까지 사용되고 있는 조합은 액체산소/액체수소, 사산화이질소(NTO)/히드라진 계열(A50, UH25 등), 액체산소/케로신 계열(RJ-1 등)로 한정되어 있다(표 4.1 참조). 액체추진제는 어떤 조합이든 산화제/연료로 구성된다.

이 중 액체산소/액체수소의 조합이 가장 높은 비추력을 갖는 것으로 알려져 있으나, 이 조합을 사용할 경우에는 극저온 추진제로 인한 제약 조건을 피할 수 없고, 발사 직전에만

충전이 가능하게 된다. 사산화이질소/히드라진 계열의 조합과 액체산소/케로신 계열의 조합은 거의 동일한 수준의 비추력을 보이는데, 액체산소/액체수소의 조합에 비해서 그 성능이 떨어진다. 사산화이질소/히드라진 계열의 조합은 추진제를 충전한 상태로 장시간 보관할 수 있다는 장점이 있는 반면, 독성이 매우 강한 사산화이질소의 끓는점이 상온에 가까워, 저장 온도의 관리를 필요로 하는 단점 또한 갖고 있다. 액체산소/케로신 계열의 조합은 안전성·취급성이 비교적 우수하지만, 액체산소는 발사 직전이 아니면 충전이 불가능하다.

추진제의 조합은 운용상의 제약조건을 고려해서 결정하게 된다. 표 4.1에 대표적인 액체로켓엔진의 추진제 조합, 비추력, 유효배기속도를 제시한다.

[표 4.1] 대표적인 액체로켓 엔진의 비추력 및 유효배기속도 (Isakowitz, 1991; A. Wilson ed., 1991)

엔진 (기체)	추진제 조합		추력 (N)	비추력 (s)	유효배기속도 (m/s)	비고 연소실 압력
	산화제	연료				
SSME (space shuttle)	LOX	LH_2	1.67×10^6 (sea level) 2.10×106 (vacuum)	363.2 (SL) 455.2 (VAC)	3,559(SL) 4, 461(VAC)	20.46×10^6 Pa 추력 65~104% 가변 엔진 3기가 한 세트 추력은 엔진 1기 분량
RL10A-3A (Centaur)	LOX	LH_2	73.39×10^3 (vacuum)	444.4 (VAC)	4,355 (VAC)	3.22×10^6 Pa 엔진 2기가 한 세트 추력은 엔진 1기 분량
LE-5A (H-II 2단)	LOX	LH_2	121.6×10^3 (vacuum)	452 (VAC)	4,430 (VAC)	3.82×10^6 Pa
LR87-AJ-II (Titan III 1단)	NTO	A50	2.44×10^6 (vacuum)	301 (VAC)	2,950 (VAC)	5.71×10^6 Pa 연소실과 노즐 각 2기가 한 세트, 추력은 2기 분량
Viking 5C (아리안4, 1단)	NTO	UH25	676.9×10^3 (sea level) 758.5×10^3 (vacuum)	248.5 (SL) 278.4 (VAC)	2,435(SL) 2,728(VAC)	5.85×10^6 Pa 엔진 4기가 한 세트 추력은 엔진 1기 분량
LE-7 (H-II 1단)	LOX	LH_2	1080×10^3 (vacuum)	445.6 (VAC)	4,370 (VAC)	12.7×10^6 Pa

SSME: Space Shuttle Main Engine
LOX : Liquid Oxygen의 약어, 액체산소
LH_2 : Liquid Hydrogen의 약어, 액체수소
NTO : Nitrogen Tetraoxide, N_2O_4의 약어, 사산화이질소
A50 : 히드라진(Hydrazine, N_2H_4) 50%, 비대칭 디메틸히드라진(UDMH: Unsymmetrical Dimenthylhydrazine, $NH_2 \cdot N(CH_3)_2$) 50%의 혼합물. Aerojet사에서 제작한 상품명. UDMH는 히드라진에 비교해서 끓는점이 높고, 융점이 낮아서 상온에서 안정되며, 히드라진과 혼합하면 비추력은 약간 떨어지나 안정된 연료를 얻을 수 있다.
UH25 : 히드라진 25%, UDMH 75%의 혼합물, NTO/A50의 조합에 비하면 비추력이 떨어지나 상온에서의 안정성은 높은 편이어서 취급성이 좋다.

발사체에 사용되는 고체추진제에는 복합재(Composite) 추진제가 있으며, 산화제로는 과염질산 암모늄, 바인더(점결제)로는 폴리부타디엔 계열, 연료(첨가제)로는 알루미늄을 사용하는 경우가 많다. 표 4.2에 대표적인 고체로켓 모터의 추진제(바인더), 비추력, 유효배기속도를 제시한다.

[표 4.2] 대표적인 고체로켓 모터의 비추력 및 유효배기속도 (Isakowitz, 1991; A. Wilson ed., 1991)

엔진 (기체)	추진제 (바인더)	추력 (N)	비추력 (s)	유효배기속도 (m/s)	연소실압력 2기가 한 세트 추력은 1기 분량
RSRM (Space Shuttle Booster)	PBAN	14.68×10^6 (sea level) 11.52×10^6 (vacuum)	267.3 (sea level)	2, 620	6.33×10^6 Pa
Titan III 제0단	PBAN	6.227×10^6 (vacuum)	271.6 (vacuum)	2, 662	6.44×10^6 Pa
H-II SRB (H-II 부스터)	HTPB	1.56×10^6 (sea level)	273 (vacuum)	2, 675	5.6×10^6 Pa

RSRM : Redesigned Solid Rocket Motor
PBAN : Poly-Butadiene Acril-Nitril
HTPB : Hydroxyl-terminated PolyButadiene(단말수염기화 폴리부타디엔)

예제 4.1 H -I 발사체,[1] 1단(추진제: 액체산소/RJ-1)의 데이터는 다음과 같다.

추진제 탑재중량 : 81.4 톤

추력 : 764 kN(해수면 기준)

비추력 : 253 s(해수면 기준)

노즐의 출구 면적 : 1.055×10^6 mm^2

특정 임무에 대해서,

1단 주엔진의 정지(MECO) 시간 : 269.6 s(이륙 후)

1 H-I 발사체의 1단 엔진(MB-3)은 추력을 담당하는 주엔진과 자세제어용 소형 엔진(추력 500 kg×2, 버니어 엔진)으로 구성되었다. 1단 엔진의 추진기관을 정지하는 것을 주엔진정지(MECO: Main Engine Cut-Off)라고 한다. 버니어 엔진은 MECO 후로부터 1/2단의 분리 직전까지 연소를 계속한다. MECO라는 용어는 MB-3에 한정된 것이 아니며, 일반적으로 1단 주엔진의 연소종료를 의미한다.

1단 주엔진의 정지(MECO) 고도 : 95.95 km(대기압 5.67×10^{-6} bar)

1단 주엔진, 노즐출구에서의 연소가스 압력이 해수면 대기압(1.013 bar)과 같지 않도록 노즐을 설계했다고 가정하고 다음 값을 계산하시오.

(a) 추진제 유량(중량유량)

(b) 해수면 유효배기속도

(c) 연소종료 직전의 추력

(d) 연소종료 직전의 비추력

해답 (a) 추진제 중량유량 $\dot{w}_p$은 엔진 연소 중 일정한 것으로 가정한다(실제 액체로켓의 경우, 일정하다고 보기 어렵다).

$$\dot{w}_p = \frac{\text{탑재추진제질량} \times g}{\text{연소시간}} = \frac{81.4 \times 10^3 \times g}{269.6} = 2.96 \times 10^3 (\mathrm{N}/s)$$

이다.

(b) 해수면 기준의 유효배기속도 u_0'는 식 (4.24)로부터 다음과 같이 계산된다.

$$u_0' = gI_{\mathrm{sp},0} = g \times 253 = 2.48 \times 10^3 (\mathrm{m}/s)$$

(c) 연소종료 직전의 추력을 P로 놓고 식 (4.21)을 이용해서,

$$\begin{aligned} P &= P_0 + S_e(p_0 - p) \\ &= 764 \times 10^3 + 1.055 \times 10^6 \times 10^{-6}(1.013 \times 10^5 - 5.67 \times 10^{-6} \times 10^5) \\ &= 871 \times 10^3 (\mathrm{N}) \end{aligned}$$

p_0에 비해서 p는 무시할 수 있는 수준이므로 $P \fallingdotseq P_\infty$이다.

(d) 연소종료 직전의 비추력 $\fallingdotseq I_{\mathrm{sp},\infty}$은 식 (4.16)에 (a)의 결과를 대입하면 다음과 같다.

$$I_{\mathrm{sp},\infty} = \frac{P_\infty}{\dot{w}_p} = \frac{871 \times 10^3}{2.96 \times 10^3} = 294\ (\mathrm{s})$$

5장

발사체의 운동

5.1 질량이 변하는 질점의 운동방정식

위성발사체는 페이로드를 궤도로 올리기 위해서 다량의 추진제를 단시간에 소모하므로 중량의 변화가 크다. 그러므로 고전 역학에서 다루는 질량이 일정한 질점(Point Mass)에 대한 운동방정식을 발사체에 그대로 적용할 수는 없다. 이 장에서는 발사체의 운동을 기술하기에 앞서 질량이 변하는 질점에 대한 운동방정식을 소개한다.

먼저 발사체를 하나의 질점으로 가정하자. 즉 무게 중심에 대한 발사체의 회전운동은 고려하지 않으며, 외력을 받은 질점이 관성 공간을 움직이며 그리게 되는 궤적을 기술한다. 질량이 변하는 동안 운동량도 시각 t와 $t+dt$ 사이의 시간 dt 동안 변하는 것으로 가정한다. 시각 t에서의 질점질량을 m으로 나타낸다.

시간 dt 동안 발생한 질량 변화 dm은

$$dm = dm_1 - dm_2 \tag{5.1}$$

여기서 dm_1은 증가한 질량(또는 추가된 질량)으로, dm_2는 감소한 질량(또는 제거된 질량)으로 정의한다. dm_1, dm_2는 모두 플러스 값이다.

질점의 속도 벡터를 시각 t와 $t+dt$에 대해서 각각 $\boldsymbol{v}$와 $\boldsymbol{v}+d\boldsymbol{v}$로 쓰고, 시각 t(질량 추가 및 제거가 발생하기 직전)에 추가된 질량 dm_1의 속도 벡터를 $\boldsymbol{w}_1$, 제거된 질량 dm_2의 속도 벡터를 $\boldsymbol{w}_2$로 가정한다. $\boldsymbol{v}$, $\boldsymbol{w}_1$, $\boldsymbol{w}_2$ 벡터는 모두 관성 공간에 대한 절대속도를 나타낸다. $\boldsymbol{w}_1$, $\boldsymbol{w}_2$가 상대속도가 아님에 주의하자. 추진기관이 공기를 흡입하는 경우 dm_1이 발생한다.

시각 t에서 질점이 갖는 운동량은

$$\boldsymbol{Q} = m\boldsymbol{v} \tag{5.2}$$

시각 $t+dt$에서의 운동량은

$$\boldsymbol{Q} + d\boldsymbol{Q} = (m + dm_1 - dm_2)(\boldsymbol{v} + d\boldsymbol{v}) \tag{5.3}$$

으로 표현되며, 위 식에서 미소량의 고차항을 제외하면 dt 동안 나타나는 질점 운동량의 변화는 다음과 같다.

$$dQ = md\boldsymbol{v} + (dm_1 - dm_2)\boldsymbol{v} \tag{5.4}$$

한편, 운동량의 변화는, 추가질량 dm_1에 의해서 증가된 $\boldsymbol{w}_1 dm_1$, 제거질량 dm_2에 의해서 감소된 $\boldsymbol{w}_2 dm_2$, 그리고 외력 $\boldsymbol{F}$의 작용에 의해서 발생한 $\boldsymbol{F}dt$를 이용하여 다음과 같이 표현할 수 있다.

$$d\boldsymbol{Q} = \boldsymbol{w}_1 dm_1 - \boldsymbol{w}_2 dm_2 + \boldsymbol{F}dt \tag{5.5}$$

식 (5.4)와 식 (5.5)로부터 다음 식을 얻을 수 있다.

$$m\frac{d\boldsymbol{v}}{dt} = \boldsymbol{F} + (\boldsymbol{w}_1 - \boldsymbol{v})\frac{dm_1}{dt} - (\boldsymbol{w}_2 - \boldsymbol{v})\frac{dm_2}{dt} \tag{5.6}$$

식 (5.6)은 질량이 변동하는 질점의 운동을 기술하는 기본식이며 메체루스키(Мешеский) 식이라고 불린다.

여기서 사용이 더 편리한 형태로 식 (5.6)을 다시 쓸 수 있다. $\boldsymbol{w}_1 - \boldsymbol{v}, \boldsymbol{w}_2 - \boldsymbol{v}$는 질량 변화가 발생하기 직전에, 부가될 질량과 제거될 질량의 질점에 대한 상대속도를 나타내므로, 이들을 다음과 같이 각각 $\boldsymbol{u}_1, \boldsymbol{u}_2$로 정의할 수 있다.

$$\boldsymbol{u}_1 = \boldsymbol{w}_1 - \boldsymbol{v}, \quad \boldsymbol{u}_2 = \boldsymbol{w}_2 - \boldsymbol{v} \tag{5.7}$$

식 (5.7)을 사용해서 식 (5.6)을 다시 쓰면 다음과 같다.

$$m\frac{d\boldsymbol{v}}{dt} = \boldsymbol{F} + \boldsymbol{u}_1\frac{dm_1}{dt} - \boldsymbol{u}_2\frac{dm_2}{dt} \tag{5.8}$$

여기서 $\boldsymbol{u}_1\frac{dm_1}{dt}$는 추가된 질량이 상대속도 방향의 가속력으로 작용함을 나타낸다. 또한, $-\boldsymbol{u}_2\frac{dm_2}{dt}$는 배출된 질량이 상대속도 반대 방향의 가속력으로 작용함을 나타낸다.

식 (5.8)은 발사체 추진시스템의 작동, 기체 분리 이벤트 등 질량이 변하는 경우에 다 성립되나, 본문에서는 발사체 추진시스템의 작동에 따른 운동량의 변화에 대해서만 논의한다. 이 경우는 제거된 질량만 고려하는 것이므로, 추가된 질량을 $dm_1 = 0$으로 놓고, 식 (5.8)을 다시 쓰면 다음과 같다.

$$m\frac{d\boldsymbol{v}}{dt} = \boldsymbol{F} - \boldsymbol{u}_2\frac{dm_2}{dt} \tag{5.9}$$

발사체 추진시스템이 작동하면 연소가스가 기체 후방으로 배출되나, $|\boldsymbol{w}_2| < |\boldsymbol{v}|$ 이고 $\boldsymbol{w}_2, \boldsymbol{v}$는 동일한 방향을 보이므로, 식 (5.7)에 의하면 $\boldsymbol{u}_2$는 항상 마이너스 방향을 향하게 되며, 식 (5.9)의 $-\boldsymbol{u}_2 \frac{dm_2}{dt}$는 항상 플러스 방향으로 작용하게 된다. 따라서 식 (5.9)는, 로켓 추진기관이 발사체의 현재 속도에 관계없이 발사체를 항상 가속시킴을 의미한다. 발사체의 속도가 느릴 경우, 배출 연소가스의 속도가 더 크므로 $|\boldsymbol{w}_2| > |\boldsymbol{v}|$이지만, 이때 $\boldsymbol{w}_2$는 마이너스 방향이므로 $\boldsymbol{u}_2$도 마이너스 방향을 가리키게 된다. dm_2는 정의에 의해서 항상 플러스가 된다. 또한, 외부에 고정된 관성좌표계에서 보면 배출 가스의 속도는 $\boldsymbol{v} + \boldsymbol{u}_2$이다. 즉 발사체의 속도가 달라지면 배출된 연소가스의 절대속도도 바뀌는 것이다. 로켓 추진에 의해서 발생하는 가속도는 발사체 관점에서 바라본 상대속도와 관련될 뿐, 외부 좌표계에서 어떻게 보이는지와는 무관하다.

식 (5.1)의 정의로부터, 질량 변화율을

$$\frac{dm}{dt} = \frac{dm_1}{dt} - \frac{dm_2}{dt} \tag{5.10}$$

과 같이 쓸 수 있다. 일반적인 발사체는 $dm_1 = 0$이므로

$$\frac{dm}{dt} = -\frac{dm_2}{dt} \tag{5.11}$$

그러므로 식 (5.9)를 다음과 같이 쓸 수 있다.

$$m\frac{d\boldsymbol{v}}{dt} = \boldsymbol{F} + \boldsymbol{u}_2\frac{dm}{dt}$$

여기서, 로켓 추진기관에서 배출된 연소가스의, 발사체에 대한 상대 배출속도를 $\boldsymbol{u}_2 = \boldsymbol{u}$로 표현하면 다음 식을 얻게 된다.

$$m\frac{d\boldsymbol{v}}{dt} = \boldsymbol{F} + \boldsymbol{u}\frac{dm}{dt} \tag{5.12}$$

식 (5.12)는 질량이 변하는 질점의 운동을 기술하는 데 편리한 식이다.

식 (5.11)에 의하면, 로켓 추진의 $\frac{dm}{dt}$는 항상 음수이다. $\dot{m}$으로 표기하는 경우도 있으나, 이 책에서의 $\dot{m}$은 절대값을 의미한다. 즉 $\dot{m} = \left|\frac{dm}{dt}\right|$으로 정의된다. 식 (5.7)에 의하면, 로켓

추진에 의해서 배출된 연소가스의 상대속도 $\boldsymbol{u}$도 항상 마이너스 방향을 가리키므로, 식 (5.12)의 우변 두 번째 항은 항상 전진하는 방향을 가리키게 되며, 우변 첫 번째 항 $\boldsymbol{F}$는 중력 및 대기로 인한 공기 저항 등으로 인해서 발사체에 작용하는 힘을 나타내는데, 보통 이들은 전진 방향의 반대 방향으로 작용한다.

로켓 추진력만 있고 다른 외력이 없는 경우(식 (5.12)에서 $\boldsymbol{F} = \boldsymbol{0}$인 경우)에 대해서 발사체의 운동을 고려해보자. 이 경우에 발사체는 직선 운동을 하므로, $\boldsymbol{v}$, $\boldsymbol{u}$를 벡터로 표기하는 대신 그 크기만으로 표현할 수 있다. 또한, 이때의 속도 u는 절대값을 의미한다. 상대속도 u는 발사체의 속도 v와 그 방향이 항상 반대이므로, 식 (5.12)의 우변에 음의 부호를 추가해서 다음과 같이 쓸 수 있다.

$$m\frac{dv}{dt} = -u\frac{dm}{dt} \tag{5.13}$$

이 식을 변환하면,

$$dv = -u\frac{dm}{m} \tag{5.14}$$

초기조건을 $v = v_0, m = m_0$으로 정의하면, 식 (5.14)로부터 속도를 다음과 같이 쓸 수 있다.

$$v - v_0 = -u\ \ln\frac{m}{m_0} \tag{5.15}$$

로켓 추진기관의 연소가 종료되는 시점에서 발사체 속도를 v_{f}, 발사체 질량을 m_{f}로 놓으면 v_{f}는 다음과 같이 표현된다.

$$v_{\mathrm{f}} = v_0 - u\ \ln\frac{m_{\mathrm{f}}}{m_0} \tag{5.16}$$

또는

$$v_{\mathrm{f}} = v_0 + u\ \ln\frac{m_0}{m_{\mathrm{f}}} \tag{5.17}$$

여기서 연소종료시점의 발사체 속도 v_{f}를 최종속도라고 부른다. 또한,

$$\mu_{\mathrm{f}} = \frac{m_{\mathrm{f}}}{m_0} \tag{5.18}$$

로 정의되는 μ_f는 질량비(Mass Ratio)라고 불린다.

사용추진제 질량을 m_p로 정의하면, 연소종료시점의 발사체 중량은 $m_f = m_0 - m_p$이므로 식 (5.16)과 식 (5.17)은

$$v_f = v_0 - u \ \ln\left(1 - \frac{m_p}{m_0}\right) \tag{5.19}$$

또는

$$v_f = v_0 + u \ \ln\left(1 + \frac{m_p}{m_f}\right) \tag{5.20}$$

이 된다.

$m_p/m_0 = 1 - \mu_f$는 추진제 질량비(Propellant Mass Fraction/Propellant Mass Ratio), 추진제 충전율(Propellant Loading Factor) 등으로 불린다.

임의의 시각에서의 질량비 μ(엄밀히 말하면 '순간 질량비'이나, '질량비'로 부르는 것이 일반적이며, 식 (5.18)에 정의된 질량비 μ_f와 상황에 따라 적절하게 혼용된다)를

$$\mu = \frac{m}{m_0} \tag{5.21}$$

로 정의하고, 식 (5.18)의 μ_f를 사용하면 식 (5.15)와 식 (5.16)은 각각

$$v = v_0 - u \ \ln\mu \tag{5.22}$$

$$v_f = v_0 - u \ \ln\mu_f \tag{5.23}$$

이 된다. 또한, 초기 속도가 0인 경우 식 (5.22)와 식 (5.23)은 다음과 같다.

$$v = -u \ \ln\mu \tag{5.24}$$

$$v_f = -u \ \ln\mu_f \tag{5.25}$$

로켓 추진 이외에 다른 외력이 작용하지 않을 경우 발사체의 최종속도를 구하는 문제를 치올코프스키의 제1문제라고 부르며 식 (5.15)를 치올코프스키 식이라고 한다.

5.2 1단형 발사체의 성능

5.1절에서는 추진력 외의 외력이 없다고 가정해서($\boldsymbol{F} = \mathbf{0}$) 식 (5.15)를 유도했으며, 이 절에서는 이 식을 실제 발사체에 적용해본다. 추진력 이외의 외력은 고려하지 않는다.

식 (5.15)의 u는 노즐을 빠져 나가는 질량이 로켓에 대해서 보이는 상대속도의 절대값이다. 발사체를 빠져 나간 질량은 기본적으로 연소가스 형태의 질량이므로, 식 (5.15)의 u를 4장에서 소개한 로켓엔진의 유효배기속 도 u'로 치환할 수 있다(u'는 노즐출구 주변 기압과의 압력 차이가 기체에 작용하는 힘, 즉 압력 추력으로 인한 가속 효과도 포함하므로, 유효배기속도를 사용하면 추진기관에서 발생하는 추력을 식 (5.15)에 전부 포함시킬 수 있다). 그러므로 지금부터는, 5.1절에서 유도한 식 (5.15)~(5.25)의 u에 u'을 대입해서 사용하기로 한다. 이것이 본문의 기본식이 된다.

식 (5.25)에서 $u = u'$로 치환하면 연소종료시점의 최종속도는

$$v_{\mathrm{f}} = -u' \ \ln\mu_{\mathrm{f}} \tag{5.26}$$

를 얻는다.

추진기관의 연소가 종료되는 시점에서 발사체의 속도를 최종속도로 정의하며, 위 식은 1단형 로켓이 외력 없이 비행할 때, 추진기관의 가속에 의한 최종속도가 추진기관의 유효배기속도와 질량비(이 경우의 질량비는 μ_{f})에 의해서 결정된다는 것을 보여준다. 간단한 식이지만 매우 중요한 의미를 갖고 있고 현실을 잘 반영하므로 널리 사용된다. 그림 5.1은 1단형 발사체의 질량비 μ_{f}와 최종속도의 관계를 유효배기속도 u'값에 따라 보여준다.

발사체가 지구궤도에 진입하려면 목표고도가 요구하는 궤도속도로 가속되어야 한다. 예를 들면, 고도 200 km인 원궤도의 궤도속도는 7.78 km/s이며, 공기 저항과 중력에 의한 속도 손실을 보상하기 위해서는 중력 및 공기 저항을 고려하지 않고 계산한 발사체의 이론적 최종속도가 이 궤도속도보다 커야 한다(11.5.3항 참조).

유효배기속도는 4장에서 기술한 것처럼 최고 성능의 추진제 조합을 사용하더라도 4,500 m/s 이하인 것으로 알려져 있다(표 4.1). 그림 5.1를 보면, 1단형 발사체를 사용해서 페이로드를 궤도에 올리려면, 획기적인 구조 재료를 기용해서 발사체의 최종 질량비가 0.1 수준에 이르도록 제작해야 함을 알 수 있다. 지상연소용 추진기관의 유효배기속도를 4,500 m/s에서

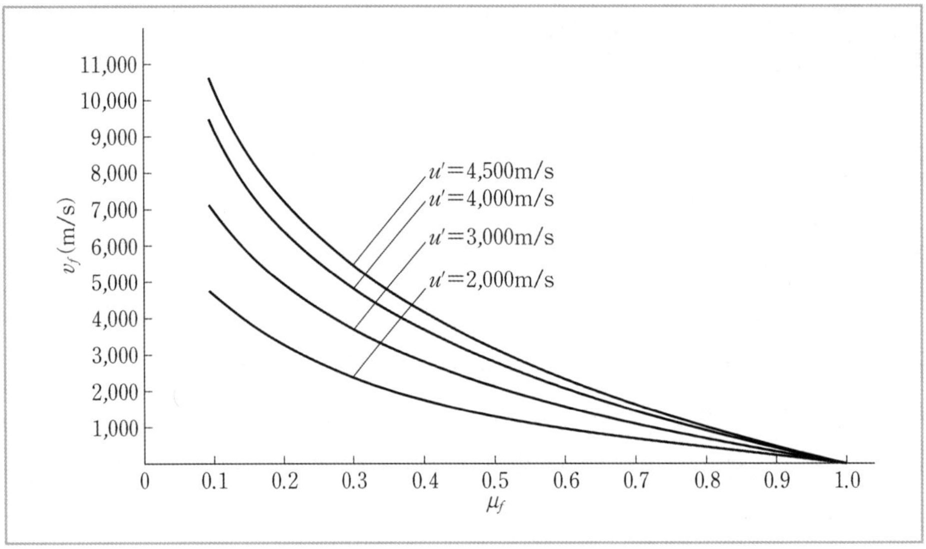

[그림 5.1] 유효배기속도, 질량비, 최종속도 사이의 관계

대폭 개선하기는 매우 어렵기 때문이다.

이번에는 발사체가 직선 운동을 한다는 가정하에, 1단형 발사체의 이동 거리 l을 구해보자. 앞서 기술한 것처럼 식 (5.22)를 $u = u'$로 치환하면

$$v = \frac{dl}{dt} = v_0 - u' \ \ln\mu \tag{5.27}$$

이로부터

$$l = l_0 + v_0 t - u' \int_0^t (\ln\mu)\, dt \tag{5.28}$$

이다. 여기서 발사체의 질량 m

$$m = m_0 f(t) \tag{5.29}$$

이 시간에 따라 변하는 것으로 가정하면, $\mu = f(t)$의 관계가 있으므로,

$$l = l_0 + v_0 t - u' \int_0^t \ln f(t)\, dt \tag{5.30}$$

이다. $f(t)$는 발사체의 연소 중 질량 변화를 나타내는데, 추진제 질량이 로켓 추진기관의

연소에 의해서 변화되는 값을 나타내는 함수이다.

액체로켓의 경우, 엔진 연소에 의한 질량 변화는 선형성을 보인다. 고체로켓 모터의 경우, 항상 선형적이지는 않으나 대략적인 검토를 위해서 선형으로 가정할 수 있다. 여기서는 질량의 변화가 선형적인 것으로 가정해서 식 (5.30)을 풀어보자. 질량 변화율을 α로 놓으면,

$$m = m_0(1 - \alpha t) \tag{5.31}$$

또는

$$f(t) = \frac{m}{m_0} = (1 - \alpha t) = \mu \tag{5.32}$$

$dm/dt = -\alpha m_0$로부터 $\dot{m} = \alpha m_0$이 되므로 4장의 식 (4.3)으로부터

$$\alpha = \frac{\dot{m}}{m_0} = \frac{P}{m_0 u'} \tag{5.33}$$

라는 관계가 성립된다.

식 (5.30)을 적분하면 이동 거리와 관련된 다음 식을 구할 수 있다.

$$l = l_0 + v_0 t + \frac{u'}{\alpha}[(1 - \alpha t)\ln(1 - \alpha t) + \alpha t] \tag{5.34}$$

μ를 이용해서 식 (5.27)을 다시 풀어 쓸 수도 있다. 식 (5.32)로부터

$$dt = -\frac{1}{\alpha}d\mu$$

위 식과 식 (5.27)에 의하면, 직선 이동 거리는

$$\begin{aligned} l &= \int_0^t v\,dt = \int_0^t (v_0 - u'\ln\mu)\,dt \\ &= -\frac{1}{\alpha}\int_1^\mu (v_0 - u'\ln\mu)d\mu \\ &= l_0 + \frac{1}{\alpha}[-v_0\mu + v_0 + u'(\mu\ln\mu - \mu + 1)] \end{aligned} \tag{5.35}$$

이다.

문제 5.1

식 (5.31)을 대신하는 다음 식을 이용해서 v, l을 구하시오.

$$m = m_0 \exp(-\alpha t)$$

5.3 다단형 발사체의 성능

1단형 발사체로 페이로드를 궤도로 올리려면, 5.2절에서 기술한 것처럼 높은 유효배기속도와 0.1 정도의 최종 질량비가 필요하다.

다단형 발사체는 하나 이상의 로켓 추진시스템을 연달아 연소하는 방식을 사용하는데(쌓아 올린 각각의 로켓을 단이라고 함), 발사체의 중량을 줄이기 위하여 연소가 종료된 단은 분리시키고, 순서대로 작동시킨 각 단의 추진기관을 통해서 가속도를 얻어, 최종적으로는 필요한 궤도속도를 달성한다는 개념이다. 각 단의 성능이 모두 동일할 필요가 없는 것이 그 특징이다. 발사체는 처음부터 다단형으로 개발되었으나, 액체수소와 액체산소를 사용하는 로켓엔진이 실용화 되고(유효배기속도가 4,000~4,500 m/s 수준), 재료 관련 기술이 발전하면서(발사체 각 단의 질량비가 0.2 이하인 수준) 단의 개수를 점차 줄여 나가고 있다.

이 절에서는 다단형 로켓의 성능(또는 최종속도)을 계산하는 방법에 대해서 설명한다. 먼저 그림 5.2를 사용해서 다음과 같은 용어와 기호를 정의한다.(그림에서는 3단형 발사체를 보여주고 있으나, 몇 단이든 용어와 기호는 동일한 방식으로 정의될 수 있다.)

- i단계 로켓: i단 자신과 상위 단을 모두 포함한 비행형상을 별도의 발사체로 보고, 그 형상(Configuration)을 'i단계 로켓'으로 정의한다. i단 추진기관이 연소 중인 발사체로 볼 수도 있다. 'i단계 로켓'이라는 개념이 필요한 이유는 식 (5.24)와 식 (5.25)를 사용해서 속도 증분을 계산할 때, 연소 중인 단과 상위 단을 모두 포함해서 하나의 발사체로 생각하여 최종 질량비를 계산해내고, 이로부터 속도 증분을 계산해야 하기 때문이다. 여기서 유효배기속도 u'은 i단 로켓과 'i단 연소구간의 발사체'에서 동일한 값을 갖는다. '단'과의 혼동을 피하기 위해서, 'i단계 로켓'에 대해서는 I, II, III을 써서 표기한다.

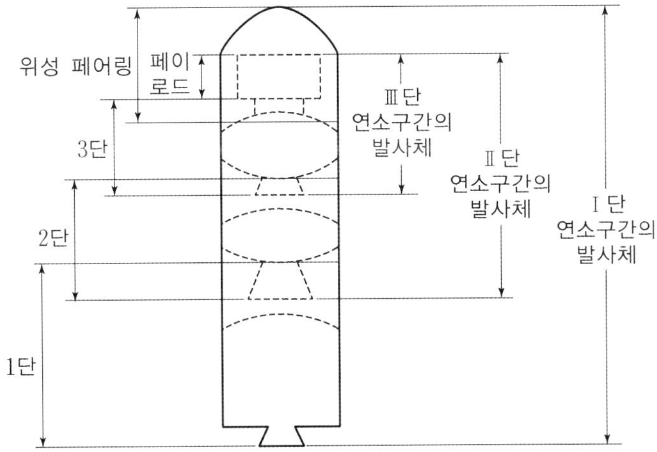

[그림 5.2] 다단형 발사체의 구성

아래에 $i = 1, \cdots, n$이지만, 각 단계의 로켓에 대해서는 $i = \mathrm{I}, \mathrm{II}, \cdots, N$으로 표기하는 식이나($n = N$).

- 단: 로켓의 각 단을 의미하는 일반적인 용어
- M_i : i단계 로켓의 초기질량
- m_i : 로켓 i단의 초기질량

로켓 i단의 초기질량은

$$m_i = M_i - M_{i+1} \tag{5.36}$$

또한, m_i를 다음과 같이 표현할 수 있다.

$$m_i = m_{\mathrm{d}i} + m_{\mathrm{p}i} \tag{5.37}$$

여기서, $m_{\mathrm{d}i}$는 i단의 건조(Dry) 질량이며, $m_{\mathrm{p}i}$는 i단의 추진제 질량이다.[1]

- $\mu_{\mathrm{f}i}$: i단계 로켓의 연소종료시점에서의 최종 질량비

1 여기서 M_i, m_i는 초기질량이므로 시간의 함수가 아닌 것에 주의하자.

식 (5.36)과 식 (5.37)의 정의를 사용하면

$$\mu_{\mathrm{f}i} = \frac{M_i - m_{\mathrm{p}i}}{M_i} \tag{5.38}$$

- u_i' : i단 추진기관의 유효배기속도
- v_i : i단 연소구간 발사체가 만들어 내는 속도 증분
- $v_{\mathrm{f}i}$: i단 추진기관 연소종료 시점에서의 i단 연소구간 발사체의 최종 속도
- v_{f} : 발사체 전체 시스템의 최종 속도
- ε_i : i단의 구조 질량비 또는 구조비로 다음과 같이 정의된다.

$$\varepsilon_i = \frac{m_{\mathrm{d}i}}{m_i} \tag{5.39}$$

- π_i : $(i+1)$단계 로켓과 i단계 로켓의 질량비로 다음과 같이 정의된다.

$$\pi_i = \frac{M_{i+1}}{M_i} \tag{5.40}$$

이상의 정의를 사용해서 i단계 로켓의 속도 증분과 최종 속도를 다음과 같이 쓸 수 있다.

$$\begin{aligned} v_i &= -u_i' \ln \mu_{\mathrm{f}i} \\ v_{\mathrm{f}i} &= -\sum_{j=1}^{i} u_j' \ln \mu_{\mathrm{f}j} \end{aligned} \tag{5.41}$$

그러면 2단 추진기관의 연소가 종료된 시점의 로켓 속도는

$$v_{\mathrm{f\,II}} = -u_1' \ln \mu_{\mathrm{f\,I}} - u_2' \ln \mu_{\mathrm{f\,II}}$$

마찬가지로 3단 추진기관의 연소가 종료된 시점의 로켓 속도는 다음과 같다.

$$v_{\mathrm{f\,III}} = -u_1' \ln \mu_{\mathrm{f\,I}} - u_2' \ln \mu_{\mathrm{f\,II}} - u_3' \ln \mu_{\mathrm{f\,III}}$$

n단 추진기관의 연소가 종료된 시점에서 n단계 로켓의 속도(추진제가 소모된 n단과 페이로드를 포함한 형상)는 다음과 같다.

$$v_{\mathrm{f}} = -\sum_{i=\mathrm{I}}^{N} u_i' \ln \mu_{fi} \tag{5.42}$$

추진기관의 유효배기속도가 단에 관계없이 동일할 경우,

$$u_1' = u_2' = \cdots = u'$$

이 되며, N단의 연소가 종료된 후, 로켓의 최종 속도는 다음과 같다.

$$v_{\mathrm{f}} = -\sum_{i=\mathrm{I}}^{N} u_i' \ln \mu_{fi} = -u' \sum_{i=\mathrm{I}}^{N} \ln \mu_{fi} = -u' \ \ln \prod_{i=\mathrm{I}}^{N} \mu_{fi} \tag{5.43}$$

이 경우, 총 질량비 μ_f를 다음과 같이 정의할 수 있다.

$$\mu_f = \prod_{i=\mathrm{I}}^{N} \mu_{fi} = \mu_{f\,\mathrm{I}} \cdot \mu_{f\,\mathrm{II}} \dots \mu_{f\,N} \tag{5.44}$$

그림 5.3은 $u_1' = u_2' = 3,000\ \mathrm{m/s}$, $\mu_{\mathrm{I}} = \mu_{\mathrm{II}} = 0.3$인 2단형 발사체의 속도 증분을 보여준다. 그림에 의하면 1단형으로 로켓을 구성할 경우에는 최종 속도 값이 3.7 km/s인 것에 비해서, 동일한 성능의 로켓을 2단형으로 구성하면 그 두 배인 최종 속도 7.4 km/s를 얻을 수 있다. 이는 그림에 제시된 것처럼, 총 질량비(0.09)가 0.1 이하이기 때문에 가능하다. 식 (5.44)를 보면, 로켓을 다단형으로 구성하면 총 질량비가 개선되는 것을 알 수 있다.

다음과 같이 실제 계산에 사용하기 편리한 방식으로 다시 써보자.
i단 연소구간 발사체의 최종 속도 증분은

$$v_{\mathrm{f}i} = -u_i' \ln \mu_{fi} = u_i' \ln \frac{M_i}{M_i - m_{\mathrm{p}i}}$$

π, ε을 이용해서 위 식을 다음과 같이 다시 쓸 수 있다.

$$v_{\mathrm{f}i} = u_i' \ln \frac{1}{\pi_i + \varepsilon_i(1 - \pi_i)} \tag{5.45}$$

따라서 N단계 로켓의 최종 속도(즉 발사체의 최종 속도)는 다음과 같다.

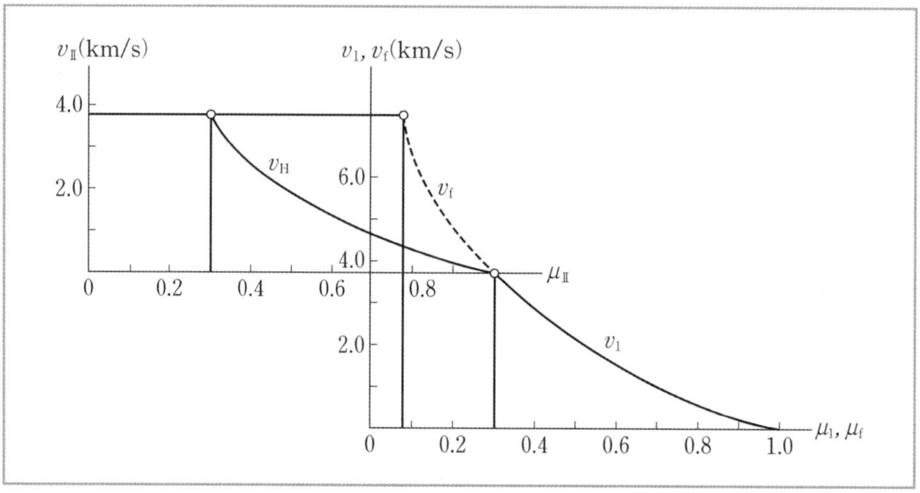

[그림 5.3] 다단형 발사체의 성능 계산 (Аппазов, 1987)

$$v_{\mathrm{f}} = \sum_{i=\mathrm{I}}^{N} v_{\mathrm{f}i} = \sum_{i=1}^{N} u_i' \ln \frac{1}{\pi_i + \varepsilon_i(1-\pi_i)} \tag{5.46}$$

앞서 제시한 식은 발사체의 속도 증분을 간단하게 계산하는 용도로는 편리하나, 보조 부스터를 사용할 경우에는 식을 수정할 필요가 있다. 보조 부스터의 연소 구간을 0단으로 두고 1단과의 복합 발사체로 다뤄야 한다.

예제 5.1 H-I 발사체의 속도 증분을 계산하시오. 질량과 추진기관의 성능 데이터는 다음 표에 제시된 값을 사용하고, 페이로드의 질량은 1.2톤으로 가정한다.

주요 목록		제원
총 길이 직경 이륙 질량 발사 능력		40.3 m 약 2.44 m 141.6톤(페이로드 1.2 톤 포함) 정지궤도위성 약 550 kg(원지점 킥모터와 케이스를 포함)
1단	추진제 추진제 질량 추력 비추력 1단 질량	LOX/RJ-1 81.4톤 764 kN(해수면), 851 kN(진공) 253 s(해수면), 288 s(진공) 86.3톤

주요 목록		제원
보조 부스터 (9기)	추진제	폴리부타디엔 복합재 고체추진제
	추진제 질량	3.75톤(1기)×9
	비추력	238 s(해수면), 258 s(진공)
	평균 추력	232 kN(해수면, 1기 분량), 253 kN(진공, 1기 분량)
	질량	4.47톤(1기)×9
2단	추진제	LOX/LH_2
	추진제 질량	8.48 톤
	추력	103 kN(진공)
	비추력	445 s(진공)
	2단 질량	11.2톤(스핀 테이블 포함)
3단	추진제	HTPB
	추진제 질량	1.9톤
	추력	78 kN(진공)
	비추력	288 s(진공)
	3단 질량	2.1톤(모터)
위성 페어링		0.6×10^3 kg

3단 연소가 종료되는 시점까지, 주요 이벤트를 다음과 같이 요약할 수 있다. H-I 발사체는 보조 부스터(SOB) 9기를 사용하는데 이 중 6기가 먼저 연소되고 나머지 3기가 연소된다. 연소가 종료된 부스터의 경우, 타고 남은 잔류구조체를 분리해서 투척함으로써 발사체의 무게를 줄일 수 있다. 6기의 부스터와 3기의 부스터를 나누어 연소하고, 타고 남은 9기를 한 번에 분리해서 투척하는데, 성능과 시스템 구성상의 이유로 이런 운용방식을 채택했다.

시간 (s)	이벤트
0.00	발사(주엔진의 연소 시작, SOB 6기의 점화)
39.00	SOB 3기의 점화
80.00	SOB 9기 잔류 구조체의 분리
280.00	1/2단 분리, 2단 엔진의 연소 시작, 위성 페어링의 분리
1,450.00	2/3단 분리, 3단 모터의 점화

또한, 추진기관의 유효배기속도는 표에 제시된 진공 값을 사용하며, 추진시스템의 진공특성을 바탕으로 해서 이상적인 속도 증분을 구한다. 11.5.3항에서 기술한 것처럼, 발사체의 발사성능을 간단하게 도출하는 용도로 이상적인 속도 증분을 사용할 수 있다.

해답 (SOB로 줄여서 표기) 지금까지 사용한 속도 증분 관련식(예를 들어 식 (5.41))으로는 보조 부스터를 직접 처리할 수 없기 때문에, SOB의 연소 중에는 1단 발사체와 보조 부스터가 함께 동작하는 별도의 '단'을 가정하기로 한다.

H-I 발사체의 경우, 1단 연소구간을 SOB 6기의 연소구간, SOB 3기의 연소구간, 1단 액체로켓 엔진(1단 주엔진)의 단독 연소구간, 이와 같이 세 단계로 나누어 생각하면 된다.

각 구간을 나타내는 파라미터에 다음과 같은 첨자를 붙여서 각 구간을 구분한다.

1A: SOB 6기의 연소구간
1B: SOB 3기의 연소구간
1C: 1단 주엔진의 단독 연소구간

처음 연소되는 SOB 군을 첨자 s1, 두 번째 연소되는 SOB 군을 첨자 s2를 사용해서 구분한다. SOB의 전체 질량을 m_{s1}(6기), m_{s2}(3기)로 나누어 쓴다.

$$m_{s1} = m_{\mathrm{d,s1}} + m_{\mathrm{p,s1}}$$
$$m_{s2} = m_{\mathrm{d,s2}} + m_{\mathrm{p,s2}}$$

여기서

$m_{\mathrm{d,s1}}, m_{\mathrm{d,s2}}$: SOB의 건조 중량
$m_{\mathrm{p,s1}}, m_{\mathrm{p,s2}}$: SOB의 추진제 중량

이다.

이번에는, 각 연소 구간에 대해서 엔진의 유효배기속도를 구한다. 사용할 변수를 다음과 같이 정의한다.

t_1 : 1단 주엔진의 연소 경과시간
$t_{s1},\ t_{s2}$: SOB의 연소 경과시간
P_1: 1단 주엔진의 추력
P_{s1}, P_{s2} : SOB의 추력

각 연소구간의 유효배기속도를 식 (4.3)을 이용해서 다음과 같이 계산한다.

$$u'_{1A} = \frac{P_{s1} + P_1}{\frac{m_{p,s1}}{t_{s1}} + \frac{m_{p,1}}{t_1}}$$

$$u'_{1B} = \frac{P_{s2} + P_1}{\frac{m_{p,s2}}{t_{s2}} + \frac{m_{p,1}}{t_1}}$$

$$u'_{1C} = u'_1$$

유효배기속도의 정의와 식 (5.45)로부터, 각 연소구간에서의 속도 증분을 계산할 수 있다. 여기서는 페이로드 질량을 m_u로 표기한다. 계산을 할 때 식 (5.38)과 식 (5.41)을 이용하는 것이 편리하고, 식 (5.45)는 컴퓨터로 대량의 데이터를 처리하거나 최적화 계산을 하는 데 더 적절하다.

(a) 부스터 6기의 연소구간(이 구간에서는 잔류 구조체의 분리가 없으므로 SOB가 추진제로만 구성된 것으로 가정해서, 잔류 구조체는 다음 구간에서 한 번에 고려한다. 즉 $m_{d1s1} = 0$)

$$t_{s1}(= t_{s2}) = \frac{m_{p,s1} g I_{sp}}{P_{s1}}, \quad t_1 = \frac{m_{p,1} g I_{sp}}{P_1}$$

$$\varepsilon_{1A} = \frac{m_{d,1A}}{m_{1A}} = \frac{0}{m_{p,s1} + m_{p,1}\frac{t_{s1}}{t_1}} = 0$$

$$\pi_{1A} = \frac{M_{1B}}{M_{1A}} = \frac{m_u + m_F + \sum_{j=1}^{3}(m_{d,j} + m_{p,j}) + m_{s2} + m_{d,s1} - m_{p1}\frac{t_{s1}}{t_1}}{m_u + m_F + \sum_{j=1}^{3}(m_{d,j} + m_{p,j}) + m_{s1} + m_{s2}}$$

$$v_{f,1A} = v'_{1A} \ln \frac{1}{\pi_{1A} + \varepsilon_{1A}(1 - \pi_{1A})}$$

(b) 부스터 3기의 연소구간(이 구간에서는 SOB 6기의 케이스 질량도 함께 고려한다)

$$\varepsilon_{1B} = \frac{m_{d,1B}}{m_{1B}} = \frac{m_{d,s1} + m_{d,s2}}{m_{d,s1} + m_{d,s2} + m_{p,s2} + m_{p,1}\frac{t_{s2}}{t_1}}$$

$$\pi_{1B} = \frac{M_{1C}}{M_{1B}}$$

$$= \frac{m_\mathrm{u} + m_\mathrm{F} + \sum_{j=2}^{3}\left(m_{\mathrm{d},j} + m_{\mathrm{p},j}\right) + m_{\mathrm{d},1} + m_{\mathrm{p},1} \times \frac{t_1 - (t_{\mathrm{s}1} + t_{\mathrm{s}2})}{t_1}}{m_\mathrm{u} + m_\mathrm{F} + \sum_{j=2}^{3}\left(m_{\mathrm{d},j} + m_{\mathrm{p},j}\right) + m_{\mathrm{d},1} + m_{\mathrm{d,s}1} + m_{\mathrm{s}2} + m_{\mathrm{p},1} \times \frac{t_1 - t_{\mathrm{s}1}}{t_1}}$$

$$v_{\mathrm{f,1B}} = u'_{\mathrm{1B}} \ln \frac{1}{\pi_{\mathrm{1B}} + \varepsilon_{\mathrm{1B}}(1 - \pi_{\mathrm{1B}})}$$

(c) 1단 주엔진의 단독 연소구간(SOB를 9기 모두 한 번에 분리)

$$\varepsilon_{\mathrm{1C}} = \frac{m_{\mathrm{d},1} + m_\mathrm{F}}{m_{\mathrm{d},1} + m_{\mathrm{p},1} \times \frac{t_1 - (t_{\mathrm{s}1} + t_{\mathrm{s}2})}{t_1} + m_\mathrm{F}}$$

$$\pi_{\mathrm{1C}} = \frac{M_2}{M_{\mathrm{1C}}}$$

$$= \frac{m_\mathrm{u} + \sum_{j=2}^{3}\left(m_{\mathrm{d},j} + m_{\mathrm{p},j}\right)}{m_\mathrm{u} + m_\mathrm{F} + \sum_{j=2}^{3}\left(m_{\mathrm{d},j} + m_{\mathrm{p},j}\right) + m_{\mathrm{d},1} + m_{\mathrm{p},1} \times \frac{t_1 - (t_{\mathrm{s}1} + t_{\mathrm{s}2})}{t_1}}$$

$$v_{\mathrm{f,1C}} = u'_{\mathrm{1C}} \ln \frac{1}{\pi_{\mathrm{1C}} + \varepsilon_{\mathrm{1C}}(1 - \pi_{\mathrm{1C}})}$$

2, 3단에 대한 식은 특별히 어렵지 않으므로 생략한다. 위 식에서 위성 페어링 질량을 m_F로 표기했다. 앞서 기술된 값들을 식에 대입해서 계산한 결과를 다음 표에 요약했다.

연소구간		속도 증분 (m/s)
1 단	SOB 6기 연소	0.717×10^3
	SOB 3기 연소	0.628×10^3
	주엔진 연소	3.87×10^3
2단 엔진 연소		3.83×10^3
3단 엔진 연소		2.42×10^3
속도 증분의 합		11.47×10^3

여기서 $t_{s1} = t_{s2} = 37.5\ \mathrm{s}, t_1 = 270\ \mathrm{s}$.

문제 5.2

(1) 1단의 추진제 중량이 k %만큼 변할 경우, 발사체의 최종 속도에 미치는 영향을 구하시오.

(2) 이륙질량 95톤, 1단의 추진제 질량 63톤, 1단 엔진의 유효배기속도 4,000 m/s인 발사체의 1단 연소종료 시점에서의 최종 속도를 구하시오. 또한, 1단 추진제 질량이 1 % 증가할 경우에 최종 속도의 증가분을 구하시오.

문제 5.3

발사체의 발사 직전에 1단의 추진제 중량을 제외한 다른 중량이 k % 변화된 것을 알게 되었다. 이 변화가 최종 속도에 미치는 영향을 구하시오. 1단의 추진제 중량이 변화된 경우와 비교해보시오.

문제 5.4

질량비가 0.2이고 추진기관의 유효배기속도가 4000 m/s인 1단형 발사체가 있다. 페이로드 질량은 발사체 건조질량의 20%를 차지하는 것으로 알려져 있다. 이 발사체의 추진제 중량이 1% 증가할 경우, 이 변화가 최종 속도에 미치는 영향을 구하시오. 페이로드 질량이 5% 증가할 경우, 최종속도에 대한 영향은 얼마인가?

5.4 다단형 발사체의 최적화

목표 속도 v_f와 다단형 발사체의 페이로드 질량 m_u가 주어지고, 구조비, 추진기관의 유효배기속도가 단별로 주어질 때, 발사이륙중량을 최소화 하는 각 단의 질량을 구하는 문제

(Staging)를 생각해보자.

식 (5.40)으로부터

$$\frac{m_u}{M_N} = \pi_n$$

$$\vdots$$

$$\frac{M_{i+1}}{M_i} = \pi_i$$

$$\vdots$$

$$\frac{M_{\mathrm{II}}}{M_{\mathrm{I}}} = \pi_1$$

발사체의 이륙중량에 대한 페이로드의 질량비 π_0은

$$\pi_0 = \frac{m_u}{M_{\mathrm{I}}} = \pi_n \dots \pi_1 \tag{5.47}$$

와 같이 쓸 수 있다.

'i단 연소구간의 발사체'의 질량비(식 (5.38))의 역수 z_i를 다음과 같이 정의한다.

$$z_i = \frac{M_i}{M_i - m_{\mathrm{p}i}} = \frac{1}{\mu_{\mathrm{f}i}}$$

각 단의 구조효율 s_i를 다음과 같이 정의한다(ε_i는 식 (5.39)와 동일).

$$s_i = \frac{m_i}{m_{\mathrm{d}i}} = \frac{1}{\varepsilon_i} \tag{5.48}$$

π_i를 s_i로 표시한다.

$$\begin{aligned} 1 - \pi_i = 1 - \frac{M_{i+1}}{M_i} &= \frac{M_i - M_{i+1}}{M_i} = \frac{m_{\mathrm{d}i} + m_{\mathrm{p}i}}{M_i} \\ &= \frac{m_{\mathrm{d}i} + m_{\mathrm{p}i}}{M_i} \frac{m_{\mathrm{d}i}}{m_{\mathrm{d}i}} \\ &= \frac{m_{\mathrm{d}i} + m_{\mathrm{p}i}}{m_{\mathrm{d}i}} \frac{m_{\mathrm{d}i}}{M_i} \\ &= s_i \frac{m_{\mathrm{d}i}}{M_i} \end{aligned} \tag{5.49}$$

한편,

$$\pi_i = \frac{M_i - m_i}{M_i} = \frac{M_i - m_{\mathrm{p}i} - m_{\mathrm{d}i}}{M_i}$$

$$= 1 - \frac{m_{\mathrm{p}i}}{M_i} - \frac{m_{\mathrm{d}i}}{M_i} = \frac{1}{z_i} - \frac{m_{\mathrm{d}i}}{M_i} \tag{5.50}$$

식 (5.49)와 식 (5.50)으로부터,

$$\frac{m_{\mathrm{d}i}}{M_i} = \frac{1 - \pi_i}{s_i} = \frac{1}{z_i} - \pi_i$$

그리고

$$\pi_i = \frac{s_i - z_i}{z_i(s_i - 1)} \tag{5.51}$$

식 (5.51)을 식 (5.47)에 대입하면 다음과 같이 발사체의 질량비가 $z_1 \ldots z_n$로 표현된다.

$$\pi_0 = \frac{(s_n - z_n) \ldots \ldots (s_1 - z_1)}{(z_n \ldots \ldots z_1)(s_n - 1) \ldots \ldots (s_1 - 1)} \tag{5.52}$$

여기서 주어진 문제를 다음과 같이 다시 정의할 수 있다. 즉,

"발사체를 구성하는 단의 개수 n과 페이로드의 최종 속도 v_{f}가 주어지고, 각 단의 구조 효율 s_i, 각 단의 추진기관의 유효배기속도 u_i'가 주어진 것으로 가정해서, n 단 발사체의 이륙시점 질량 M_{I}가 최소가 되는 $z_1 \ldots z_n$의 조합을 구하라."

이 문제 는 다음과 같은 문제로 대체할 수 있다.

"페이로드 질량 m_u 가 주어질 때, z_i 의 함수인 페이로드 질량비 $\pi_0 = \frac{m_u}{M_{\mathrm{I}}} = f(z_1, \ldots, z_n)$가 $v_{\mathrm{f}} = -\sum_{i=1}^{n} u_i' \ln \mu_{\mathrm{f}i} = \sum_{i=1}^{n} u_i' \ln z_i$라는 구속조건하에서 최대가 되도록 $z_1 \ldots z_n$의 조합을 구하라."

여기서, 라그랑주(Lagrange) 승수법을 적용한다. 이를 위해서 문제를 다음과 같이 추가로 변환한다.

$$“y = \ln \pi_0 = \ln(\pi_n \dots \pi_1) = \sum_{i=1}^{n} \ln \pi_i \tag{5.53}$$

을 극대화하는 z_i의 배합을

$$\varphi = v_{\mathrm{f}} - \sum_{i=1}^{n} u_i' \ln z_i = 0 \tag{5.54}$$

라는 제약조건하에서 구하라.”

φ를 라그랑주 함수로 λ를 라그랑주 승수로 정의하고

$$U = y - \lambda\varphi = \sum_{i=1}^{n} \ln \pi_i - \lambda\left(v_{\mathrm{f}} - \sum_{i=1}^{n} u_i' \ln z_i\right) \tag{5.55}$$

에서

$$\frac{\partial U}{\partial z_1} = 0, \dots, \quad \frac{\partial U}{\partial z_n} = 0 \tag{5.56}$$

이 되는 z_i의 조합을 구하면 된다.

$$\frac{\partial U}{\partial z_i} = \frac{1}{\pi_i}\frac{\partial \pi_i}{\partial z_i} + \lambda u_i' \frac{1}{z_i}$$

$$\frac{\partial \pi_i}{\partial z_i} = \frac{\partial}{\partial z_i}\frac{s_i - z_i}{z_i(s_i - 1)} = -\frac{s_i}{z_i^2(s_i - 1)}$$

이므로

$$\frac{\partial U}{\partial z_i} = -\frac{1}{\pi_i}\frac{s_i}{z_i^2(s_i - 1)} + \lambda u_i' \frac{1}{z_i}$$

$$= -\frac{s_i}{z_i(s_i - z_i)} + \lambda u_i' \frac{1}{z_i}$$

$\frac{\partial U}{\partial z_i} = 0$로 놓으면

$$z_i = s_i\left(1 - \frac{1}{\lambda u_i'}\right) = \frac{1}{\varepsilon_i}\left(1 - \frac{1}{\lambda u_i'}\right) \tag{5.57}$$

식 (5.57)을 식 (5.54)에 대입하면, 다음 식을 얻는다.

$$v_{\mathrm{f}} - \sum_{i=1}^{n} u_i' \left[\ln \frac{1}{\varepsilon_i} + \ln\left(1 - \frac{1}{\lambda u_i'}\right) \right] = 0 \tag{5.58}$$

식 (5.58)의 해로부터 라그랑주 승수 λ를 구할 수 있다. 식 (5.58)은 초월 방정식이며 다음 경우에만 해석적인 해를 갖는다.

(a) 각 단의 u_i', ε_i가 일정한 경우

식 (5.57)에 의해서 z_i는 각 단에서 동일한 값을 갖게 된다. 즉 각 단의 속도 증분이 일정한 경우에 대해서, π_0이 최대가 되는(또는 이륙시점의 질량 M_{I}가 최소가 되는) 해를 구하게 된다.

(b) 각 단의 u_i'은 동일하나 ε_i는 다를 경우, 식 (5.57)로부터

$$z_i \varepsilon_i = 1 - \frac{1}{\lambda u_i'} = \mathrm{const}$$

이 최적값을 제공한다.

가장 단순한 경우인 (a)에 대해서 그 해를 구해보자.

$$u_1' = \cdots = u_n' = u'$$
$$\varepsilon_1 = \cdots = \varepsilon_n = \varepsilon$$

로 놓는다. 식 (5.58)에 이를 적용해서

$$v_{\mathrm{f}} = nu' \left[\ln \frac{1}{\varepsilon} + \ln\left(1 - \frac{1}{\lambda u'}\right) \right]$$

로부터

$$\frac{v_{\mathrm{f}}}{nu'} - \ln \frac{1}{\varepsilon} = \ln\left[\varepsilon \exp\left(\frac{v_{\mathrm{f}}}{nu'}\right)\right] = \ln\left(1 - \frac{1}{\lambda u'}\right)$$

이 되며 λ는 다음과 같다.

$$\lambda = \frac{1}{u'\left[1 - \varepsilon \exp \frac{v_f}{nu'}\right]}$$

이 λ 값을 식 (5.57)에 대입해서 z 값을 구한다.

$$z = \frac{1}{\varepsilon}\left(1 - \frac{1}{\lambda u'}\right) = \exp \frac{v_f}{nu'} \tag{5.59}$$

식 (5.52)에 z를 대입해서 π_0을 구한다.

$$\pi_0 = \frac{m_u}{M_I} = \frac{(1 - \varepsilon z)^n}{z^n (1 - \varepsilon)^n} \tag{5.60}$$

마지막으로 M_I는 다음 식에서 구한다.

$$M_I = m_u z^n \frac{(1 - \varepsilon)^n}{(1 - \varepsilon z)^n} \tag{5.61}$$

예제 5.2 (a) 다음 조건을 사용해서, 질량 1,000 kg인 페이로드를 궤도에 올리는 3단형 발사체의 이륙중량을 최적화 하시오.

$$v_f = 10 \text{ km/s}$$
$$u' = u_1' = u_2' = u_3' = 2{,}800 \text{ m/s}$$
$$\varepsilon = \varepsilon_1 = \varepsilon_2 = \varepsilon_3 = 0.2$$

(b) 위 문제에서, ε이 $\varepsilon_1 = \varepsilon_2 = \varepsilon_3 = 0.1$로 주어지면 이륙중량의 최적 값은 어떻게 변하는가?

해답 (a) 식 (5.59)에 의하면,

$$z = \exp\left(\frac{v_f}{nu'}\right) = \exp\left(\frac{10}{3 \times 2.8}\right) = 3.29$$
$$\varepsilon z = 0.2 \times 3.29 = 0.66$$

식 (5.61)에 대입하면,

$$M_1 = m_u z^3 \frac{(1-\varepsilon)^3}{(1-\varepsilon z)^3}$$

$$= 10^3 \times (3.29)^3 \times \frac{(1-0.2)^3}{(1-0.66)^3} = 4.64 \times 10^5 \text{ kg}$$

즉, 이륙 중량은 464톤이 된다.

(b) $z = 3.29$는 변하지 않으나, εz는 $0.1 \times 3.29 = 0.33$이 된다. 그러므로,

$$M_1 = 10^3 \times (3.29)^3 \times \frac{(1-0.1)^3}{(1-0.33)^3} = 8.63 \times 10^4 \text{ kg}$$

즉, 86.3 톤이 되며, 이륙중량이 1/5 이하로 줄어든다.

구조 중량의 감소가 발사능력과 발사비용(이륙 중량에 비례하는 것으로 가정)에 더 큰 효과를 미치는 것을 알 수 있다.

예제 5.3 다단형 발사체를 최적화 하는 공식에, 다음 조건을 적용해서, 1단형, 2단형 및 3단형 발사체의 최종속도와 '(이륙 중량)/(페이로드 중량)' 사이의 관계를 그래프로 그려보시오.

(a) 일정한 각 단의 구조비(0.1, 0.2)

(b) 일정한 각 단의 유효배기속도($u' = 3,000, 4,500$ m/s)

(c) 일정한 페이로드 질량

해답 식 (5.59)와 식 (5.60)에 의해서

$$z = \exp\left(\frac{v_f}{nu'}\right)$$

$$\pi_0 = \frac{(1-\varepsilon z)^n}{z^n(1-\varepsilon)^n}$$

유효배기속도를 $u' = 4,500$ m/s로 고정하고, 단의 개수 ($n = 1, 2, 3$)와 $\varepsilon(\varepsilon = 0.1, 0.2)$를 파라미터로 해서 그린 그래프를 그림 5.4에 제시한다.

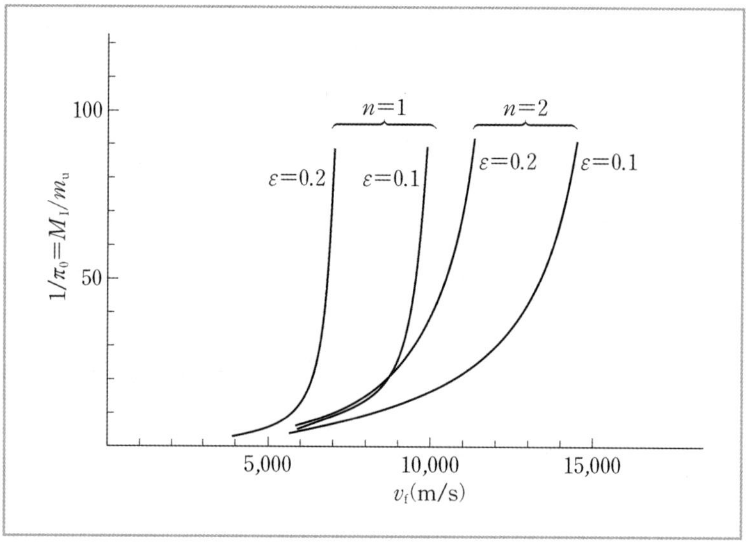

[그림 5.4] 최적 다단형 발사체의 최종속도(v_f)와 페이로드 비율(π_0)의 관계
$u' = 4500$ m/s로 놓고 단의 개수(n)과 구조비(ε)의 영향을 봄

또한, 구조비를 $\varepsilon = 0.1$ 로 고정하고, 단의 개수($n = 1, 2, 3$)와 $u'(u' = 3,000,$ $4,500$ m/s)를 파라미터로 해서 그린 그래프를 그림 5.5에 제시한다.

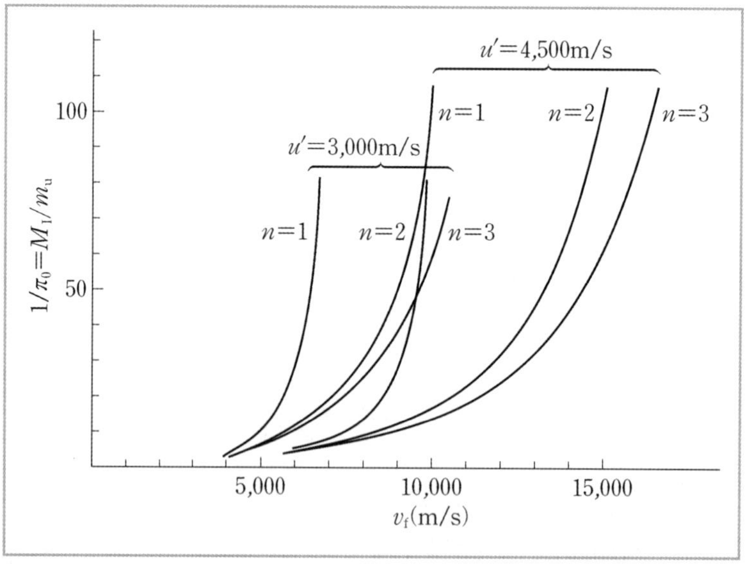

[그림 5.5] 최적 다단형 발사체의 최종속도(v_f)와 페이로드 비율(π_0)의 관계
$\varepsilon = 0.1$로 놓고 단의 개수 (n)과 유효배기속도(u')의 영향을 봄

6장

발사체의 위성투입운동

6.1 이륙점 고정 회전좌표계

발사체를 지표면에서 발사한 후 지상에서는 이륙점에 원점을 두고 지구와 함께 회전하는 직교좌표계로 발사체의 운동을 관찰하게 된다. 실제로 발사체는 관성 공간을 비행하고 있으나, 관찰자의 기준 좌표계가 지구와 함께 회전하는 것이다. 6장에서는 이처럼 발사체의 운동을 나타내는 운동방정식이 관찰자 관점에서 소개되는데, 이 절에서는 이를 위해 필요한 지구 중력의 표현법을 다룬다.

지구 중력의 표현에는 3.3절에 제시된 여러 좌표계 중 지구중심적도면 기준 회전좌표계 (e)가 주로 사용된다. 운동방정식을 기술하기 위해서는 추가로 이륙점에 고정된 회전좌표계 (L), 이륙점에 고정된 관성좌표계, 그리고 기체좌표계까지 총 네 가지의 좌표계가 필요하다. 엄밀하게는 발사체에 작용하는 공력을 기술하기 위해서는 발사체의 무게중심에 원점을 두고 속도 벡터의 방향이 x축인 좌표계를 추가한 다섯 개의 좌표계를 고려해야 하지만, 이 절은 운동방정식을 세우는 방식에 중점을 두고 있으므로 먼저 언급한 네 가지의 좌표계만 고려한다.

3.3.3에 소개된 지구중심적도면 기준 회전좌표계(X_e, Y_e, Z_e)와 이륙점 고정 회전좌표계 (X_L, Y_L, Z_L)를 고려하자. 이때 이륙점(O_L)의 경도와 위도를 각각 Ω_L, φ_L이라 한다. 3.3절의 각주 5에 기술한 것처럼 X_L축은 발사체의 비행방향, Y_L축은 발사장에 접하는 평면에 수직이고 하늘을 향하는 방향으로 정의된다($X_L - Z_L$ 평면은 O_L에서 지구와 접하게 된다.). 이때 X_L축의 방향은 북쪽으로부터 시계방향으로 측정한 각도로 정의되며, 이 각도를 발사방위각(Launch Azimuth) 또는 줄여서 방위각(Azimuth)이라고 부른다. 이 책에서는 발사방위각을 ψ_L로 나타낸다(그림 6.1 참조).

$(X_e,\ Y_e,\ Z_e)$와 $(X_L,\ Y_L,\ Z_L)$ 사이의 변환식을 한 번에 구하는 것은 복잡하므로 먼저 (X_e, Y_e, Z_e)을 Z_e축 주변으로 Ω_L(경도)만큼 회전시켜 $X - Z$ 면이 발사점을 포함하는 자오면과 일치하도록 하는 좌표계$(X_\omega, Y_\omega, Z_\omega)$를 정의하고 다시 이 좌표계와 (X_L, Y_L, Z_L) 사이의 좌표변환식을 구한다. 시간을 표현하기 위해 이륙점의 지역 평균시각(3.4절 참조)을 사용하는데, 이 시각을 그리니치 표준시를 기준으로 보정하여야 한다(관련 예시는 11장에서 다룬다.).

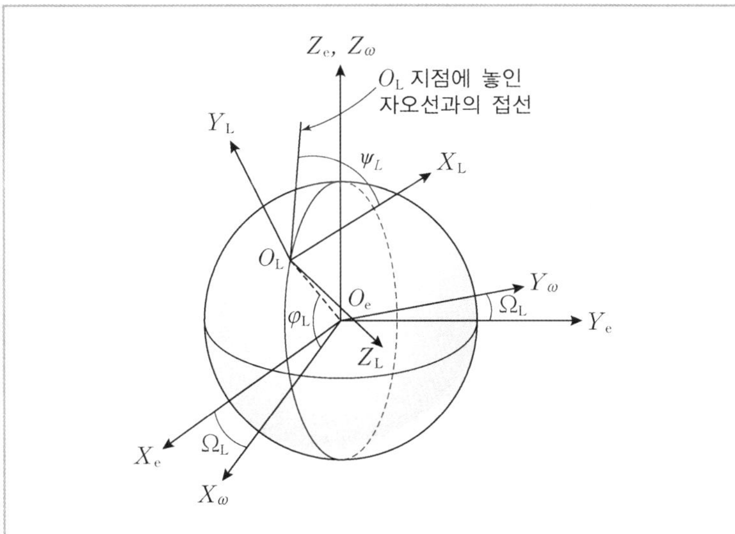

[그림 6.1] 지구중심 적도면 기준 회전좌표계(X_e, Y_e, Z_e)와 이륙점 고정 회전좌표계(X_L, Y_L, Z_L)의 관계

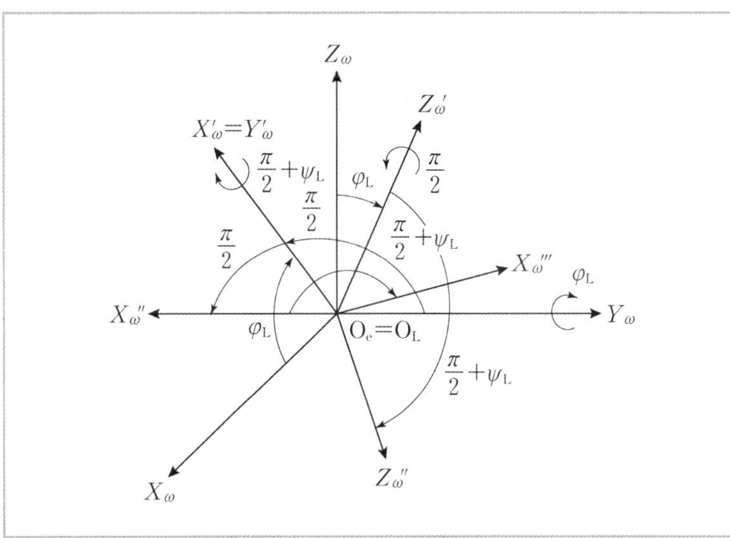

[그림 6.2] 좌표변환 관련 회전각 정의

좌표계 회전에 따른 관계식을 구하기 위해 O_L을 지구중심 O_e로 잠시 이동시킨다(관계식을 구한 후 다시 제자리로 이동). 다음 순서에 따라 좌표계($X_\omega, Y_\omega, Z_\omega$)로부터 좌표계($X_L, Y_L, Z_L$)로의 이동을 정의한다.

그림 6.2에서, Y_ω축을 중심으로 원점을 바라보면서 시계방향으로 위도 φ_L만큼 X_ω, Z_ω축을 회전시킨다. 이때, 반시계방향의 회전이 플러스 방향으로 정의되므로 회전각은 $-\varphi_\mathrm{L}$이고, X_ω축은 X'_ω축으로 Z_ω축은 Z'_ω축으로 이동한다. 그 다음 Z'_ω축을 중심으로 원점을 바라보면서 $\pi/2$만큼 시계방향으로 회전시킨다(회전각은 $-\pi/2$). 이에 따라 Y_ω축은 X'_ω축과 일치하는 Y'_ω축으로 이동하게 되고, Y'_ω축은 지표면에 수직이 된다. 추가로, Y'_ω축을 중심으로 원점을 바라보면서 $\psi_\mathrm{L} + \pi/2$만큼 회전시킨다(회전각 $-\psi_\mathrm{L} - \pi/2$). 이 회전으로 인해서 X''_ω축은 X'''_ω으로 이동하게 되는데 이 X'''_ω축이 비행방향을 나타낸다. 이 과정을 거쳐 얻어진 좌표계$(\mathrm{X}'''_\omega, \mathrm{Y}'_\omega, \mathrm{Z}''_\omega)$는 이륙점 고정 회전좌표계$(X_\mathrm{L}, Y_\mathrm{L}, Z_\mathrm{L})$와 일치하게 된다.

이상의 좌표변환을 식으로 표현하면 다음과 같다.

$$
\begin{aligned}
\begin{bmatrix} X_\mathrm{L} \\ Y_\mathrm{L} \\ Z_\mathrm{L} \end{bmatrix} &= \begin{bmatrix} -\sin\psi_\mathrm{L} & 0 & \cos\psi_\mathrm{L} \\ 0 & 1 & 0 \\ -\cos\psi_\mathrm{L} & 0 & -\sin\psi_\mathrm{L} \end{bmatrix} \begin{bmatrix} 0 & -1 & 0 \\ 1 & 0 & 0 \\ 0 & 0 & 1 \end{bmatrix} \begin{bmatrix} \cos\varphi_\mathrm{L} & 0 & \sin\varphi_\mathrm{L} \\ 0 & 1 & 0 \\ -\sin\varphi_\mathrm{L} & 0 & \cos\varphi_\mathrm{L} \end{bmatrix} \begin{bmatrix} X_\omega \\ Y_\omega \\ Z_\omega \end{bmatrix} \\
&= \begin{bmatrix} -\sin\psi_\mathrm{L} & 0 & \cos\psi_\mathrm{L} \\ 0 & 1 & 0 \\ -\cos\psi_\mathrm{L} & 0 & -\sin\psi_\mathrm{L} \end{bmatrix} \begin{bmatrix} 0 & -1 & 0 \\ \cos\varphi_\mathrm{L} & 0 & \sin\varphi_\mathrm{L} \\ -\sin\varphi_\mathrm{L} & 0 & \cos\varphi_\mathrm{L} \end{bmatrix} \begin{bmatrix} X_\omega \\ Y_\omega \\ Z_\omega \end{bmatrix} \\
&= \begin{bmatrix} -\cos\psi_\mathrm{L}\sin\varphi_\mathrm{L} & \sin\psi_\mathrm{L} & \cos\psi_\mathrm{L}\cos\varphi_\mathrm{L} \\ \cos\varphi_\mathrm{L} & 0 & \sin\varphi_\mathrm{L} \\ \sin\psi_\mathrm{L}\sin\varphi_\mathrm{L} & \cos\psi_\mathrm{L} & -\sin\psi_\mathrm{L}\cos\varphi_\mathrm{L} \end{bmatrix} \begin{bmatrix} X_\omega \\ Y_\omega \\ Z_\omega \end{bmatrix} \qquad (6.1)
\end{aligned}
$$

$(X_\mathrm{L}, Y_\mathrm{L}, Z_\mathrm{L})$ 좌표계의 원점을 $\mathrm{O_e}$에서 $\mathrm{O_L}$로 이동시키고 지구의 반경을 R_e로 표현하면,

$$
\begin{bmatrix} X_\mathrm{L} \\ Y_\mathrm{L} + R_\mathrm{e} \\ Z_\mathrm{L} \end{bmatrix} = \begin{bmatrix} -\cos\psi_\mathrm{L}\sin\varphi_\mathrm{L} & \sin\psi_\mathrm{L} & \cos\psi_\mathrm{L}\cos\varphi_\mathrm{L} \\ \cos\varphi_\mathrm{L} & 0 & \sin\varphi_\mathrm{L} \\ \sin\psi_\mathrm{L}\sin\varphi_\mathrm{L} & \cos\psi_\mathrm{L} & -\sin\psi_\mathrm{L}\cos\varphi_\mathrm{L} \end{bmatrix} \begin{bmatrix} X_\omega \\ Y_\omega \\ Z_\omega \end{bmatrix} \qquad (6.2)
$$

이 변환식을 사용해서 지구자전 각속도 벡터를 좌표계 $(X_\omega,\ Y_\omega,\ Z_\omega)$ 에서 좌표계 $(X_\mathrm{L},\ Y_\mathrm{L},\ Z_\mathrm{L})$ 로 변환한다. 지구자전 각속도 벡터를 좌표계 $(X_\omega,\ Y_\omega,\ Z_\omega)$ 에서 표현하면 $(0,\ 0,\ \omega_\mathrm{e})$이므로 식 (6.1)을 이용하면 다음과 같은 결과를 얻는다.

$$
\begin{aligned}
\begin{bmatrix} \omega_x \\ \omega_y \\ \omega_z \end{bmatrix} &= \begin{bmatrix} -\cos\psi_\mathrm{L}\sin\varphi_\mathrm{L} & \sin\psi_\mathrm{L} & \cos\psi_\mathrm{L}\cos\varphi_\mathrm{L} \\ \cos\varphi_\mathrm{L} & 0 & \sin\varphi_\mathrm{L} \\ \sin\psi_\mathrm{L}\sin\varphi_\mathrm{L} & \cos\psi_\mathrm{L} & -\sin\psi_\mathrm{L}\cos\varphi_\mathrm{L} \end{bmatrix} \begin{bmatrix} 0 \\ 0 \\ \omega_\mathrm{e} \end{bmatrix} \\
&= \begin{bmatrix} \omega_\mathrm{e}\cos\psi_\mathrm{L}\cos\varphi_\mathrm{L} \\ \omega_\mathrm{e}\sin\varphi_\mathrm{L} \\ -\omega_\mathrm{e}\sin\psi_\mathrm{L}\cos\varphi_\mathrm{L} \end{bmatrix} \qquad (6.3)
\end{aligned}
$$

이번에는 발사체에 작용하는 중력을 기술한다. 3.1절에 기술한 것처럼, 표준 중력장을 나타내는 중력 퍼텐셜에는 식 (3.12)에 제시된 부가 퍼텐셜 항 δU가 존재한다.

$$U = \frac{\mu_e}{r} + \delta U = \frac{\mu_e}{r} + \frac{\mu_e}{r} J_2 \left(\frac{R_e}{r}\right)^2 \frac{1 - 3\sin^2 \varphi_e}{2}$$

이 부가 퍼텐셜 항 δU에 의해서 단위 질량에 작용하는 힘은 방사(Radial) 방향 성분 f_r과 수직 방향 성분 f_m으로 나누어지는데, 이들은 각각 식 (3.14)와 (3.15)로 표현된다. 전체 중력 퍼텐셜에 의한 힘을 방사 방향 성분 f_{gr}과 자오면 내에서 f_{gr}에 수직인 성분 f_{gm}으로 나누면 다음과 같다.

$$f_{gr} = -\frac{\mu_e}{r^2} - \frac{3\mu_e}{2} J_2 \frac{R_e^2}{r^4} (1 - 3\sin^2 \varphi_e) \tag{6.4}$$

$$f_{gm} = -3\mu_e J_2 \frac{R_e^2}{r^4} \sin\varphi_e \cos\varphi_e \tag{6.5}$$

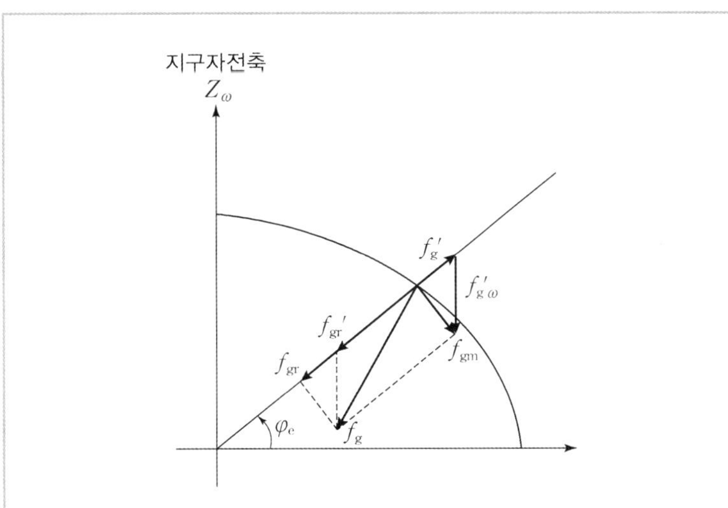

[그림 6.3] 표준 중력장에 의해 작용하는 힘

수직방향성분 f_{gm}을 다시 방사방향성분 f_g'와 지구자전축 방향성분 $f_{g\omega}'$로 나눌 수 있다. 이 두 벡터가 그림 6.3에 제시되었다.

그러면

$$f'_{\mathrm{g}} = f_{\mathrm{gm}} \tan \varphi_{\mathrm{e}} = -3\mu_{\mathrm{e}} J_2 \frac{R_{\mathrm{e}}^2}{r^4} \sin^2 \varphi_{\mathrm{e}}$$

이 되므로

$$f'_{\mathrm{gr}} = f_{\mathrm{gr}} - f'_{\mathrm{g}} = -\frac{\mu_{\mathrm{e}}}{r^2} - \frac{3\mu_{\mathrm{e}}}{2} J_2 \frac{R_{\mathrm{e}}^2}{r^4} (1 - 5\sin^2 \varphi_{\mathrm{e}}) \tag{6.6}$$

또한, 지구 자전축 Z_{ω} 방향의 성분은

$$f'_{\mathrm{g}\omega} = f_{\mathrm{gm}} \frac{1}{\cos \varphi_{\mathrm{e}}} = -3\mu_{\mathrm{e}} J_2 \frac{R_{\mathrm{e}}^2}{r^4} \sin \varphi_{\mathrm{e}} \tag{6.7}$$

이 된다.

6.2 이륙점 고정 회전좌표계와 기체좌표계 사이의 좌표변환

발사체가 이륙하는 순간에 정의된 이륙점 고정 회전좌표계와 기체좌표계 사이의 관계를 좌표 변환을 이용하여 나타낼 수 있다. 이를 위해서 먼저 이륙점 고정 회전좌표계와 이륙점 고정 관성좌표계 사이의 좌표변환식을 구하고 이어서 이륙점에 고정된 관성좌표계와 기체좌표계 사이의 좌표변환식을 구한 후, 마지막으로 두 변환식을 결합한다. 논의를 축소해서 각 좌표계의 원점을 한 점에 모아서 회전운동만 고려하자.

먼저, 6.1절에 사용된 좌표변환의 방식(좌표축을 원점에 대해 회전하는 방식)과는 다른 좌표전환 방법으로 지구와 함께 회전하는 이륙점고정 회전좌표계와 회전하지 않는 이륙점 관성좌표계 사이의 변환식을 구하기로 한다.[1]

이 변환식을 도출하기 위해, 주어진 좌표계 내에서 한 벡터를 임의의 축을 중심으로 회전하는 문제를 고려한다. 즉, 주어진 좌표계(x, y, z)에서 위치벡터 $\boldsymbol{r} = (r_x, r_y, r_z)$을 임의의

---

1 이륙점 고정 회전좌표계와 이륙점 고정 관성좌표계 사이의 좌표 변환에 대해서는, John L. Junkins and James D. Turner, 1986: Optimal Spacecraft Rotational Maneuver, Elsevier의 방법을 이용했다.

단위벡터 $\boldsymbol{n} = (n_x, n_y, n_z)$을 중심으로 ϕ만큼 회전한 벡터인 $\boldsymbol{r}'$을 구하는 문제를 고려한다. 이때 벡터 $\boldsymbol{n}$은 단위벡터이므로 $n_x^2 + n_y^2 + n_z^2 = 1$의 관계식이 성립한다.

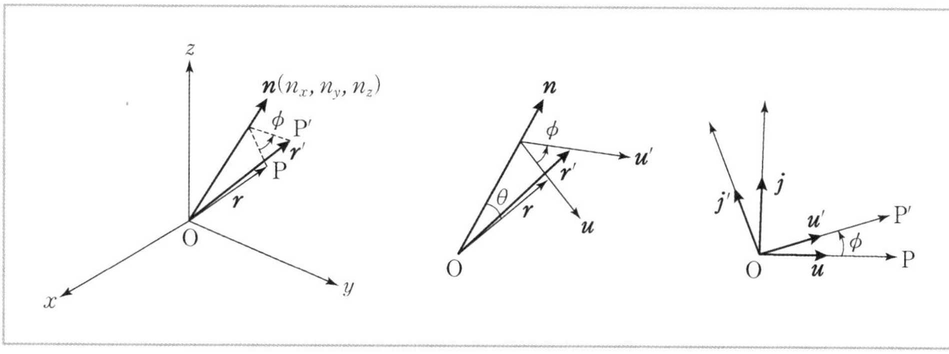

[그림 6.4] 벡터 $\boldsymbol{n}$을 중심으로 벡터 $\boldsymbol{r}$을 ϕ만큼 회전

회전 전후로 벡터의 크기에는 변화가 없으므로 그 크기를 $r = |\boldsymbol{r}| = |\boldsymbol{r}'|$로 정의하고, ϕ만큼 회전할 때 벡터 $\boldsymbol{r}$의 종점 P가 P′으로 이동한다고 하자. 벡터 $\boldsymbol{r}$, $\boldsymbol{r}'$이 회전축 벡터 $\boldsymbol{n}$과 이루는 각도를 θ, P와 P′을 벡터 $\boldsymbol{n}$ 위로 투영시킨 점으로부터 P, P′을 향하는 벡터의 단위 벡터를 각각 $\boldsymbol{u}$, $\boldsymbol{u}'$으로 정의한다(그림 6.4 참조).

$$\boldsymbol{r} = r\cos\theta\,\boldsymbol{n} + r\sin\theta\,\boldsymbol{u} \tag{6.8}$$

$$\boldsymbol{r}' = r\cos\theta\,\boldsymbol{n} + r\sin\theta\,\boldsymbol{u}' \tag{6.9}$$

$$\boldsymbol{u}' = \cos\phi\,\boldsymbol{u} + \sin\phi\,\boldsymbol{j} \tag{6.10}$$

$\boldsymbol{j}$는 벡터 $\boldsymbol{r}$과 $\boldsymbol{n}$이 이루는 면에 수직인 단위 벡터이며,

$$\boldsymbol{j} = \frac{\boldsymbol{n}\times\boldsymbol{r}}{|\boldsymbol{n}\times\boldsymbol{r}|} = \frac{\boldsymbol{n}\times\boldsymbol{r}}{r\sin\theta} \tag{6.11}$$

또한, $\boldsymbol{u}$는 $\boldsymbol{j}$와 $\boldsymbol{n}$이 이루는 면에 수직이므로

$$\begin{aligned}\boldsymbol{u} = \boldsymbol{j}\times\boldsymbol{n} &= \frac{1}{r\sin\theta}(\boldsymbol{n}\times\boldsymbol{r})\times\boldsymbol{n} \\ &= \frac{1}{r\sin\theta}[(\boldsymbol{n}\cdot\boldsymbol{n})\boldsymbol{r} - (\boldsymbol{n}\cdot\boldsymbol{r})\boldsymbol{n}] \\ &= \frac{1}{r\sin\theta}[\boldsymbol{r} - (\boldsymbol{n}\cdot\boldsymbol{r})\boldsymbol{n}]\end{aligned} \tag{6.12}$$

식 (6.10), (6.11), (6.12)에 의해서,

$$\boldsymbol{u}' = \frac{\cos\phi}{r\sin\theta}[\boldsymbol{r} - (\boldsymbol{n}\cdot\boldsymbol{r})\boldsymbol{n}] + \frac{\sin\phi}{r\sin\theta}\boldsymbol{n}\times\boldsymbol{r} \tag{6.13}$$

식 (6.13)을 식 (6.9)에 대입하면,

$$\begin{aligned}\boldsymbol{r}' &= r\cos\theta\,\boldsymbol{n} + r\sin\theta\left\{\frac{\cos\phi}{r\sin\theta}[\boldsymbol{r} - (\boldsymbol{n}\cdot\boldsymbol{r})\boldsymbol{n}] + \frac{\sin\phi}{r\sin\theta}\boldsymbol{n}\times\boldsymbol{r}\right\}\\ &= (\boldsymbol{r}\cdot\boldsymbol{n})\boldsymbol{n} + \cos\phi\,[\boldsymbol{r} - (\boldsymbol{n}\cdot\boldsymbol{r})\boldsymbol{n}] + \sin\phi\,\boldsymbol{n}\times\boldsymbol{r}\end{aligned} \tag{6.14}$$

성분을 이용해서 다시 쓰면,

$$\begin{aligned}(\boldsymbol{r}\cdot\boldsymbol{n})\boldsymbol{n} &= (r_x n_x + r_y n_y + r_z n_z)(n_x,\ n_y,\ n_z)^{\mathrm{T}}\\ &= (r_x n_x^2 + r_y n_x n_y + r_z n_x n_z,\ r_x n_x n_y + r_y n_y^2 + r_z n_y n_z,\ r_x n_x n_z + r_y n_y n_z + r_z n_z^2)^{\mathrm{T}}\\ \boldsymbol{n}\times\boldsymbol{r} &= (n_y r_z - n_z r_y,\ n_z r_x - n_x r_z,\ n_x r_y - n_y r_x)^{\mathrm{T}}\end{aligned}$$

이므로

$$\boldsymbol{r}' = \begin{bmatrix}(1-\cos\phi)(r_x n_x^2 + r_y n_x n_y + r_z n_z n_x) + r_x\cos\phi + (n_y r_z - n_z r_y)\sin\phi\\ (1-\cos\phi)(r_x n_x n_y + r_y n_y^2 + r_z n_y n_z) + r_y\cos\phi + (n_z r_x - n_x r_z)\sin\phi\\ (1-\cos\phi)(r_x n_x n_z + r_y n_y n_z + r_z n_z^2) + r_z\cos\phi + (n_x r_y - n_y r_x)\sin\phi\end{bmatrix}$$

r_x, r_y, r_z를 사용해서 정리하면,

$$\boldsymbol{r}' = \begin{bmatrix}[n_x^2 + (1-n_x^2)\cos\phi]r_x + [n_x n_y(1-\cos\phi) - n_z\sin\phi]r_y + [n_x n_z(1-\cos\phi) + n_y\sin\phi]r_z\\ [n_x n_y(1-\cos\phi) + n_z\sin\phi]r_x + [n_y^2 + (1-n_y^2)\cos\phi]r_y + [n_y n_z(1-\cos\phi) - n_x\sin\phi]r_z\\ [n_x n_z(1-\cos\phi) - n_y\sin\phi]r_x + [n_y n_z(1-\cos\phi) + n_x\sin\phi]r_y + [(1-n_z^2)\cos\phi + n_z^2]r_z\end{bmatrix}$$

최종적으로 다음 관계를 얻는다.

$$\boldsymbol{r}' = \boldsymbol{L}\boldsymbol{r}$$

여기서

$$\boldsymbol{L} = \begin{bmatrix}n_x^2 + (1-n_x^2)\cos\phi & n_x n_y(1-\cos\phi) - n_z\sin\phi & n_x n_z(1-\cos\phi) + n_y\sin\phi\\ n_x n_y(1-\cos\phi) + n_z\sin\phi & n_y^2 + (1-n_y^2)\cos\phi & n_y n_z(1-\cos\phi) - n_x\sin\phi\\ n_x n_z(1-\cos\phi) - n_y\sin\phi & n_y n_z(1-\cos\phi) + n_x\sin\phi & (1-n_z^2)\cos\phi + n_z^2\end{bmatrix} \tag{6.15}$$

위의 관계는 주어진 한 좌표계에 대해서 하나의 벡터를 임의의 축을 중심으로 회전한 경우에 성립한다. 벡터를 고정시키고 좌표계를 회전하는 경우, 위에서 기술한 행렬 $\boldsymbol{L}$에서 ϕ를 $-\phi$로 바꾸면 되는데, 이때 좌표 변환 행렬은 다음과 같다.

$$\boldsymbol{r}' = \boldsymbol{L}_1 \boldsymbol{r} \tag{6.16}$$

$$\boldsymbol{L}_1 = \begin{bmatrix} n_x^2 + (1 - n_x^2)\cos\phi & n_x n_y(1 - \cos\phi) + n_z \sin\phi & n_x n_z(1 - \cos\phi) - n_y \sin\phi \\ n_x n_y(1 - \cos\phi) - n_z \sin\phi & n_y^2 + \left(1 - n_y^2\right)\cos\phi & n_y n_z(1 - \cos\phi) + n_x \sin\phi \\ n_x n_z(1 - \cos\phi) + n_y \sin\phi & n_y n_z(1 - \cos\phi) - n_x \sin\phi & (1 - n_z^2)\cos\phi + n_z^2 \end{bmatrix} \tag{6.17}$$

이륙점 고정 회전좌표계를 나타내는 벡터에는 첨자 $_L$을, 이륙점 고정 관성좌표계를 나타내는 벡터에는 첨자 $_N$을 붙여서 표시하기로 한다. 그러면, 우리가 구하고자 하는 두 좌표계 사이의 변환식은 이륙점 고정 관성좌표계에서 정의된 지구자전축 벡터 $\boldsymbol{n}(n_x, n_y, n_z)$을 중심으로 각속도 ω_e로 회전하는 이륙점 고정 회전좌표계로의 변환을 나타내므로 식 (6.17)에 표현된 변환행렬 $\boldsymbol{L_1}$을 적용할 수 있다.

$$\boldsymbol{r}_\mathrm{L} = \boldsymbol{L}_1 \boldsymbol{r}_\mathrm{N} \tag{6.18}$$

역변환은,

$$\boldsymbol{r}_\mathrm{N} = \boldsymbol{L}\boldsymbol{r}_\mathrm{L} = \boldsymbol{L}_1^{-\boldsymbol{1}} \boldsymbol{r}_\mathrm{L} \tag{6.19}$$

$$\boldsymbol{L} = \boldsymbol{L}_1^{-\boldsymbol{1}}$$
$$= \begin{bmatrix} n_x^2 + (1 - n_x^2)\cos\phi & n_x n_y(1 - \cos\phi) - n_z \sin\phi & n_x n_z(1 - \cos\phi) + n_y \sin\phi \\ n_x n_y(1 - \cos\phi) + n_z \sin\phi & n_y^2 + \left(1 - n_y^2\right)\cos\phi & n_y n_z(1 - \cos\phi) - n_x \sin\phi \\ n_x n_z(1 - \cos\phi) - n_y \sin\phi & n_y n_z(1 - \cos\phi) + n_x \sin\phi & (1 - n_z^2)\cos\phi + n_z^2 \end{bmatrix} \tag{6.20}$$

여기서,

$$\phi = \phi_0 + \omega_\mathrm{e}(t - t_0) \tag{6.21}$$

인을 고려하면,

$$\frac{d\boldsymbol{L}}{dt} = \omega_\mathrm{e} \begin{bmatrix} -(1 - n_x^2)\sin\phi & n_x n_y \sin\phi - n_z \cos\phi & n_x n_z \sin\phi + n_y \cos\phi \\ n_x n_y \sin\phi + n_z \cos\phi & -\left(1 - n_y^2\right)\sin\phi & n_y n_z \sin\phi - n_x \cos\phi \\ n_x n_z \sin\phi - n_y \cos\phi & n_y n_z \sin\phi + n_x \cos\phi & -(1 - n_z^2)\sin\phi \end{bmatrix} \tag{6.22}$$

$$\frac{d^2\boldsymbol{L}}{dt^2} = \omega_\mathrm{e}^2 \begin{bmatrix} -(1-n_x^2)\cos\phi & n_x n_y \cos\phi + n_z \sin\phi & n_x n_z \cos\phi - n_y \sin\phi \\ n_x n_y \cos\phi - n_z \sin\phi & -(1-n_y^2)\cos\phi & n_y n_z \cos\phi + n_x \sin\phi \\ n_x n_z \cos\phi + n_y \sin\phi & n_y n_z \cos\phi - n_x \sin\phi & -(1-n_z^2)\cos\phi \end{bmatrix} \tag{6.23}$$

을 얻는다. 식 (6.20), (6.22), (6.23)에서

$$\phi = \phi_0 = 0 \tag{6.24}$$

로 놓으면

$$\boldsymbol{L} = \begin{bmatrix} 1 & 0 & 0 \\ 0 & 1 & 0 \\ 0 & 0 & 1 \end{bmatrix} \tag{6.25}$$

$$\frac{d\boldsymbol{L}}{dt} = \omega_\mathrm{e} \begin{bmatrix} 0 & -n_z & n_y \\ n_z & 0 & -n_x \\ -n_y & n_x & 0 \end{bmatrix} \tag{6.26}$$

$$\frac{d^2\boldsymbol{L}}{dt^2} = \omega_\mathrm{e}^2 \begin{bmatrix} -(1-n_x^2) & n_x n_y & n_x n_z \\ n_x n_y & -(1-n_y^2) & n_y n_z \\ n_x n_z & n_y n_z & -(1-n_z^2) \end{bmatrix} \tag{6.27}$$

이 된다. 이것은 변환행렬을 특정 시각에 고정시킨 경우인데, 발사체의 비행 중 위치 벡터의 각속도는 지구의 회전 각속도에 비교해서 매우 크므로, 근사적으로는 식 (6.25), (6.26), (6.27)을 이용하는 것이 가능하다.

여기까지는 두 좌표계의 원점을 일치시키고 있었는데, 지금부터는 원점을 일치시키지 않은 일반적인 경우에 대해 변환식을 유도한다. 발사점 중심 국부 회전좌표계의 단위 벡터를 $(\boldsymbol{e}_{\mathrm{L}x}, \boldsymbol{e}_{\mathrm{L}y}, \boldsymbol{e}_{\mathrm{L}z})$로 놓고, 발사점 중심 국부 관성좌표계의 단위 벡터를 $(\boldsymbol{e}_{\mathrm{N}x}, \boldsymbol{e}_{\mathrm{N}y}, \boldsymbol{e}_{\mathrm{N}z})$로 놓는다. 두 좌표계에서의 위치 벡터를 $\boldsymbol{r}_\mathrm{L}$, $\boldsymbol{r}_\mathrm{N}$로 표시하면 다음 식을 얻는다.

$$\boldsymbol{r}_\mathrm{L} = x_\mathrm{L}\boldsymbol{e}_{\mathrm{L}x} + y_\mathrm{L}\boldsymbol{e}_{\mathrm{L}y} + z_\mathrm{L}\boldsymbol{e}_{\mathrm{L}z} \tag{6.28}$$

$$\boldsymbol{r}_\mathrm{N} = x_\mathrm{N}\boldsymbol{e}_{\mathrm{N}x} + y_\mathrm{N}\boldsymbol{e}_{\mathrm{N}y} + z_\mathrm{N}\boldsymbol{e}_{\mathrm{N}z} \tag{6.29}$$

위 두 좌표계의 y축은 지구의 중심을 통과하므로, 위치 벡터를 지구의 중심을 기점으로 하는 벡터 $\boldsymbol{r}'_\mathrm{L}$, $\boldsymbol{r}'_\mathrm{N}$으로 다시 쓰면, 지구의 반경을 R_e로 하는 식 (6.28), (6.29)는 다음과 같이

된다.

$$\boldsymbol{r}'_{\mathrm{L}} = x_{\mathrm{L}}\boldsymbol{e}_{\mathrm{L}x} + (y_{\mathrm{L}} + R_{\mathrm{e}})\boldsymbol{e}_{\mathrm{L}y} + z_{\mathrm{L}}\boldsymbol{e}_{\mathrm{L}z} = \boldsymbol{r}_{\mathrm{L}} + \Delta\boldsymbol{r}_{\mathrm{L}} \tag{6.30}$$

$$\boldsymbol{r}'_{\mathrm{N}} = x_{\mathrm{N}}\boldsymbol{e}_{\mathrm{N}x} + (y_{\mathrm{N}} + R_{\mathrm{e}})\boldsymbol{e}_{\mathrm{N}y} + z_{\mathrm{N}}\boldsymbol{e}_{\mathrm{N}z} = \boldsymbol{r}_{\mathrm{N}} + \Delta\boldsymbol{r}_{\mathrm{N}} \tag{6.31}$$

여기서

$$\Delta\boldsymbol{r}_{\mathrm{L}} = R_{\mathrm{e}}\boldsymbol{e}_{\mathrm{L}y} \tag{6.32}$$

$$\Delta\boldsymbol{r}_{\mathrm{N}} = R_{\mathrm{e}}\boldsymbol{e}_{\mathrm{N}y} \tag{6.33}$$

이다. $\boldsymbol{n}$은 지구의 회전 벡터 $\boldsymbol{\omega}_{\mathrm{e}}$의 단위 벡터이므로,

$$\boldsymbol{\omega}_{\mathrm{e}} = \omega_{\mathrm{e}}\boldsymbol{n} = \omega_{\mathrm{e}}\left(n_x, n_y, n_z\right)^{\mathrm{T}} = \left(\omega_{\mathrm{e}x}, \omega_{\mathrm{e}y}, \omega_{\mathrm{e}z}\right)^{\mathrm{T}} \tag{6.34}$$

식 (6.30), (6.31)의 원점이 일치하므로, 여기에 식 (6.19)를 적용할 수 있으며,

$$\boldsymbol{r}'_{\mathrm{N}} = \boldsymbol{L}\boldsymbol{r}'_{\mathrm{L}} \tag{6.35}$$

식 (6.30), (6.31)을 적용하면,

$$\boldsymbol{r}_{\mathrm{N}} = \boldsymbol{L}(\boldsymbol{r}_{\mathrm{L}} + \Delta\boldsymbol{r}_{\mathrm{L}}) - \Delta\boldsymbol{r}_{\mathrm{N}} = \boldsymbol{L}\boldsymbol{r}_{\mathrm{L}} + \boldsymbol{L}\Delta\boldsymbol{r}_{\mathrm{L}} - \Delta\boldsymbol{r}_{\mathrm{N}} \tag{6.36}$$

$$\frac{d\Delta\boldsymbol{r}_{\mathrm{L}}}{dt} = 0, \frac{d\Delta\boldsymbol{r}_{\mathrm{N}}}{dt} = 0$$

인 것을 고려하면

$$\boldsymbol{v}_{\mathrm{N}} = \frac{d\boldsymbol{r}_{\mathrm{N}}}{dt} = \frac{d\boldsymbol{L}}{dt}\boldsymbol{r}_{\mathrm{L}} + \boldsymbol{L}\frac{d\boldsymbol{r}_{\mathrm{L}}}{dt} + \frac{d\boldsymbol{L}}{dt}\Delta\boldsymbol{r}_{\mathrm{L}} = \frac{d\boldsymbol{L}}{dt}\boldsymbol{r}'_{\mathrm{L}} + \boldsymbol{L}\boldsymbol{v}_{\mathrm{L}} \tag{6.37}$$

$$\begin{aligned}\frac{d\boldsymbol{v}_{\mathrm{N}}}{dt} &= \frac{d^2\boldsymbol{r}_{\mathrm{N}}}{dt^2} = \frac{d^2\boldsymbol{L}}{dt^2}\boldsymbol{r}_{\mathrm{L}} + 2\frac{d\boldsymbol{L}}{dt}\frac{d\boldsymbol{r}_{\mathrm{L}}}{dt} + \boldsymbol{L}\frac{d^2\boldsymbol{r}_{\mathrm{L}}}{dt^2} + \frac{d^2\boldsymbol{L}}{dt^2}\Delta\boldsymbol{r}_{\mathrm{L}} \\ &= \frac{d^2\boldsymbol{L}}{dt^2}\boldsymbol{r}'_{\mathrm{L}} + 2\frac{d\boldsymbol{L}}{dt}\boldsymbol{v}_{\mathrm{L}} + \boldsymbol{L}\frac{d\boldsymbol{v}_{\mathrm{L}}}{dt}\end{aligned} \tag{6.38}$$

식 (6.37), (6.38)은, 식 (6.25), (6.26), (6.27), (6.34)을 사용하면,

$$\boldsymbol{v}_{\mathrm{N}} = \boldsymbol{\omega}_{\mathrm{e}} \times \boldsymbol{r}'_{\mathrm{L}} + \boldsymbol{v}_{\mathrm{L}} \tag{6.39}$$

$$\frac{d\boldsymbol{v}_N}{dt} = \boldsymbol{\omega}_e \times (\boldsymbol{\omega}_e \times \boldsymbol{r}'_L) + 2\boldsymbol{\omega}_e \times \boldsymbol{v}_L + \frac{d\boldsymbol{v}_L}{dt} \tag{6.40}$$

라고 표현할 수 있으며, 식 (6.38)의 제1항은 원심력, 제2항은 코리올리 힘을 나타낸다.

즉,

$$\frac{d^2\boldsymbol{L}}{dt^2}\boldsymbol{r}'_L = \boldsymbol{\omega}_e \times (\boldsymbol{\omega}_e \times \boldsymbol{r}'_L)$$

$$\frac{d\boldsymbol{L}}{dt}\boldsymbol{v}_L = \boldsymbol{\omega}_e \times \boldsymbol{v}_L$$

여기서, $\boldsymbol{\omega}_e$의 각 성분은 식 (6.3)에 의해서,

$$\omega_x = \omega_e \cos\psi_L \cos\varphi_L$$

$$\omega_y = \omega_e \sin\varphi_L$$

$$\omega_z = -\omega_e \sin\psi_L \cos\varphi_L$$

따라서,

$$\boldsymbol{\omega}_e = \omega_e(\cos\psi_L \cos\varphi_L, \sin\varphi_L, -\sin\psi_L \cos\varphi_L)^T \tag{6.41}$$

이 되며, 식 (6.34)와 비교하면 다음 관계식을 얻는다.

$$\begin{aligned} n_x &= \cos\varphi_L \cos\psi_L \\ n_y &= \sin\varphi_L \\ n_z &= -\cos\varphi_L \sin\psi_L \end{aligned} \tag{6.42}$$

또한, 식 (6.21)에서 $t_0 = 0$으로 놓고

$$\phi_0 = 0 \tag{6.43}$$

라고 하면

$$\phi = \omega_e t \tag{6.44}$$

이 되는데, 3.1절에 의해서 $\omega_e = 0.72921 \times 10^{-4}$ rad/s이고, 로켓이 페이로드를 궤도에 투입하기까지의 비행 시간은 1,000초 정도이므로, $\omega_e t$ 값은 대략,

$$0.7291 \times 10^{-4} \times 10^{3} \fallingdotseq 0.1 \text{ rad}$$

정도이며,

$$\cos\phi \fallingdotseq 1 \qquad \sin\phi \fallingdotseq \omega_{\mathrm{e}} t \tag{6.45}$$

로 놓는 것이 가능해서, 식 (6.20)의 변환 행렬은 다음과 같이 근사할 수 있다.

$$\boldsymbol{L} \fallingdotseq \begin{bmatrix} 1 & -n_z\omega_{\mathrm{e}}t & n_y\omega_{\mathrm{e}}t \\ n_z\omega_{\mathrm{e}}t & 1 & -n_x\omega_{\mathrm{e}}t \\ -n_y\omega_{\mathrm{e}}t & n_x\omega_{\mathrm{e}}t & 1 \end{bmatrix} = \begin{bmatrix} 1 & -l_z & l_y \\ l_z & 1 & -l_x \\ -l_y & l_x & 1 \end{bmatrix} \tag{6.46}$$

여기서

$$\begin{aligned} l_x &= n_x\omega_{\mathrm{e}}t \\ l_y &= n_y\omega_{\mathrm{e}}t \\ l_z &= n_z\omega_{\mathrm{e}}t \end{aligned} \tag{6.47}$$

도 매우 작은 양이다.

이번에는 발사점 중심 국부 관성좌표계와 기체좌표계의 좌표 변환식을 구한다. 기체좌표계로 표시한 벡터에는 첨자 $_{\mathrm{R}}$을 붙여서 표시한다. 또한, 각도 변화도 첨자 R을 붙여서 구별한다. 좌표 변환식을 다음과 같이 표현한다.

$$\boldsymbol{r}_{\mathrm{R}} = N\boldsymbol{r}_{\mathrm{N}} \tag{6.48}$$

두 좌표계의 원점을 일치시켜서 생각한다. 변환은 다음과 같이 수행한다.

그림 6.5에서, Z_{N}축 중심으로 원점을 보고 반시계방향으로 γ_{R} 만큼 회전한다. 이때 좌표계는 $(X_{\mathrm{N}}', Y_{\mathrm{N}}', Z_{\mathrm{N}})$으로 이동한다. 이어서, Y_{N}'축 중심으로 원점을 보고 반시계방향으로 ψ_{R}만큼 회전하면, 좌표계는 $(X_{\mathrm{N}}'', Y_{\mathrm{N}}', Z_{\mathrm{N}}')$으로 이동한다. 마지막으로, X_{N}''축 중심으로 반시계방향으로 ϕ_{R} 만큼 회전하면 변환이 완료된다.

변환식은,

$$N_\gamma = \begin{bmatrix} \cos\gamma_{\mathrm{R}} & \sin\gamma_{\mathrm{R}} & 0 \\ -\sin\gamma_{\mathrm{R}} & \cos\gamma_{\mathrm{R}} & 0 \\ 0 & 0 & 1 \end{bmatrix}$$

$$N_\psi = \begin{bmatrix} \cos\psi_{\mathrm{R}} & 0 & -\sin\psi_{\mathrm{R}} \\ 0 & 1 & 0 \\ \sin\psi_{\mathrm{R}} & 0 & \cos\psi_{\mathrm{R}} \end{bmatrix}$$

$$N_\phi = \begin{bmatrix} 1 & 0 & 0 \\ 0 & \cos\phi_R & \sin\phi_R \\ 0 & -\sin\phi_R & \cos\phi_R \end{bmatrix}$$

이 되며,

$$N = N_\phi N_\psi N_\gamma$$

$$= \begin{bmatrix} \cos\psi_R\cos\gamma_R & \cos\psi_R\sin\gamma_R & -\sin\psi_R \\ -\cos\phi_R\sin\gamma_R + \sin\phi_R\sin\psi_R\cos\gamma_R & \cos\phi_R\cos\gamma_R + \sin\phi_R\sin\psi_R\sin\gamma_R & \sin\phi_R\cos\psi_R \\ \sin\phi_R\sin\gamma_R + \cos\phi_R\sin\psi_R\cos\gamma_R & -\sin\phi_R\cos\gamma_R + \cos\phi_R\sin\psi_R\sin\gamma_R & \cos\phi_R\cos\psi_R \end{bmatrix} \tag{6.49}$$

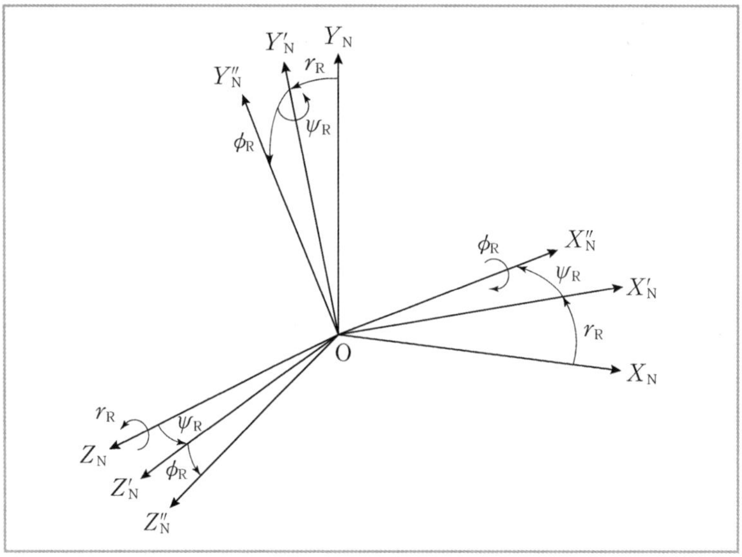

[그림 6.5] 발사점 중심 국부 관성좌표계와 기체좌표계 사이의 좌표변환

역변환은,

$$\boldsymbol{r}_N = N^{-1}\boldsymbol{r}_R \tag{6.50}$$

이므로,

$$N^{-1} =$$

$$\begin{bmatrix} \cos\psi_R\cos\gamma_R & -\cos\phi_R\sin\gamma_R + \sin\phi_R\sin\psi_R\cos\gamma_R & \sin\phi_R\sin\gamma_R + \cos\phi_R\sin\psi_R\cos\gamma_R \\ \cos\psi_R\sin\gamma_R & \cos\phi_R\cos\gamma_R + \sin\phi_R\sin\psi_R\sin\gamma_R & -\sin\phi_R\cos\gamma_R + \cos\phi_R\sin\psi_R\sin\gamma_R \\ -\sin\psi_R & \sin\phi_R\cos\psi_R & \cos\phi_R\cos\psi_R \end{bmatrix} \tag{6.51}$$

이다. 여기서 γ_R는 기체축 고각, ψ_R은 기체축 방위각, ϕ_R은 롤각에 해당한다. 로켓의 상승

운동에서는, 보통 ψ_R과 ϕ_R는 매우 작다고 가정해도 되므로(6.3절 참조),

$$\begin{aligned} \cos\psi_R &\fallingdotseq 1 \quad \sin\psi_R \fallingdotseq \psi_R \\ \cos\phi_R &\fallingdotseq 1 \quad \sin\phi_R \fallingdotseq \phi_R \end{aligned}$$

로 2차 이상의 고차항을 생략하고 근사하면

$$N = \begin{bmatrix} \cos\gamma_R & \sin\gamma_R & -\psi_R \\ -\sin\gamma_R & \cos\gamma_R & \phi_R \\ \phi_R\sin\gamma_R + \psi_R\cos\gamma_R & -\phi_R\cos\gamma_R + \psi_R\sin\gamma_R & 1 \end{bmatrix} \tag{6.52}$$

이 된다. 발사점 중심 국부 회전좌표계로부터 기체좌표계로의 좌표 변환식은, 식 (6.19), (6.48)을 이용해서,

$$\boldsymbol{r}_R = N\boldsymbol{r}_N = N(L\boldsymbol{r}_L) = (NL)\boldsymbol{r}_L \tag{6.53}$$

L에 대해서는 식 (6.46), N에 대해서는 식 (6.52)를 사용하며, 2차 이상의 고차항을 생략하면

$$\begin{aligned} [NL] &= \begin{bmatrix} \cos\gamma_R & \sin\gamma_R & -\psi_R \\ -\sin\gamma_R & \cos\gamma_R & \phi_R \\ \phi_R\sin\gamma_R + \psi_R\cos\gamma_R & -\phi_R\cos\gamma_R + \psi_R\sin\gamma_R & 1 \end{bmatrix} \times \begin{bmatrix} 1 & -l_z & l_y \\ l_z & 1 & -l_x \\ -l_y & l_x & 1 \end{bmatrix} \\ &\fallingdotseq \begin{bmatrix} \cos\gamma_R + l_z\sin\gamma_R & -l_z\cos\gamma_R + \sin\gamma_R & l_y\cos\gamma_R - l_x\sin\gamma_R - \psi_R \\ -\sin\gamma_R + l_z\cos\gamma_R & l_z\sin\gamma_R + \cos\gamma_R & -l_y\sin\gamma_R - l_x\cos\gamma_R + \phi_R \\ \phi_R\sin\gamma_R + \psi_R\cos\gamma_R - l_y & -\phi_R\cos\gamma_R + \psi_R\sin\gamma_R + l_x & 1 \end{bmatrix} \end{aligned} \tag{6.54}$$

이 된다.

기체 고정좌표계로부터 발사점 중심 국부 회전좌표계로의 좌표변환은,

$$\boldsymbol{r}_L = [NL]^{-1}\boldsymbol{r}_R \tag{6.55}$$

$$[NL]^{-1} = \begin{bmatrix} \cos\gamma_R + l_z\sin\gamma_R & -\sin\gamma_R + l_z\cos\gamma_R & \phi_R\sin\gamma_R + \psi_R\cos\gamma_R - l_y \\ \sin\gamma_R - l_z\cos\gamma_R & \cos\gamma_R + l_z\sin\gamma_R & -\phi_R\cos\gamma_R + \psi_R\sin\gamma_R + l_x \\ l_y\cos\gamma_R - l_x\sin\gamma_R - \psi_R & -l_y\sin\gamma_R - l_x\cos\gamma_R + \phi_R & 1 \end{bmatrix} \tag{6.56}$$

이 된다.

6.3 발사체 위성투입운동의 방정식

이 절에서는 6.1과 6.2에서 기술한 내용을 사용해서 이륙점 고정 회전좌표계에 대한 발사체의 운동방정식을 구한다. 여기서 사용한 가정은 다음과 같다.

- 발사체를 질점으로 가정한다.
- 추진기관이 정상적으로 작동하고 있다고 가정한다.
- 대기로 인한 공기 저항을 고려한다. 속도 벡터에 대한 발사체 기체의 각도(받음 각)의 변화는 XY 평면 내(피치 면)에서의 값만 고려한다.
- 유도 · 제어를 위한 제어력을 고려하지 않는다.
- 발사체 기체가 이륙점에 고정된 회전좌표계의 각 축에 대해서 갖는 각도 변위 중에 X축을 중심으로 하는 회전각과 Y축을 중심으로 하는 회전각은 일반적으로 매우 작은 값이다. 여기서 좌표계의 XZ 평면이 주어진 지점에서의 수평면이 되도록 좌표계를 선정하는 것으로 생각하면 된다. 이 좌표계를 사용하면 기체의 비행경로각은 Z축 중심의 각도 변위가 된다.
- 지구 중력장은 표준 중력장으로 모델링 한다.

6.3.1 발사체 운동의 수식화 및 발사체에 작용하는 힘 모델링

다음으로 이륙점 고정 관성좌표계를 사용해서 발사체의 운동을 정식화 한다. 이 좌표계는 발사와 동시에 회전하기를 멈추며 발사체의 궤적면에 대해서 일정한 방향을 유지한다. 먼저 이륙점 고정 관성좌표계를 이용해서 운동방정식을 세우고 이를 식 (6.37), (6.38) 또는 식 (6.39), (6.40)을 이용해서 지구와 함께 회전하는 좌표계로 변환하기로 한다. 식 (6.40)은,

$$\boldsymbol{q}_{\mathrm{e}} = \boldsymbol{\omega}_{\mathrm{e}} \times (\boldsymbol{\omega}_{\mathrm{e}} \times \boldsymbol{r}'_{\mathrm{L}}) \tag{6.57}$$

$$\boldsymbol{q}_{\mathrm{c}} = 2\boldsymbol{\omega}_{\mathrm{e}} \times \frac{\mathrm{d}\boldsymbol{r}_{\mathrm{L}}}{dt} \tag{6.58}$$

로 놓으면,

$$\frac{d\boldsymbol{v}_{\mathrm{N}}}{dt} = \frac{d^2\boldsymbol{r}_{\mathrm{N}}}{d^2t} = \frac{d^2\boldsymbol{r}_{\mathrm{L}}}{d^2t} + \boldsymbol{q}_{\mathrm{e}} + \boldsymbol{q}_{\mathrm{c}} \tag{6.59}$$

이 된다. 이 값이 외력과 균형을 이루는데 외력을 $\boldsymbol{F}$라 하면 운동방정식을 다음과 같이 표현할 수 있다($\boldsymbol{F}$는 이륙점 고정 회전좌표계에서 측정한다).

$$m\left(\frac{d^2\boldsymbol{r}_{\mathrm{L}}}{d^2t}+\boldsymbol{q}_{\mathrm{e}}+\boldsymbol{q}_{\mathrm{c}}\right)=\boldsymbol{F} \tag{6.60}$$

식 (6.60)을 성분으로 표시하면 다음과 같다.

$$\begin{aligned}\ddot{x}_{\mathrm{L}}+q_{ex}+q_{cx}&=f_x=f_{\mathrm{g}x}+f_{\mathrm{p}x}+f_{\mathrm{d}x}\\ \ddot{y}_{\mathrm{L}}+q_{ey}+q_{cy}&=f_y=f_{\mathrm{g}y}+f_{\mathrm{p}y}+f_{\mathrm{d}y}\\ \ddot{z}_{\mathrm{L}}+q_{ez}+q_{cz}&=f_z=f_{\mathrm{g}z}+f_{\mathrm{p}z}+f_{\mathrm{d}z}\end{aligned} \tag{6.61}$$

여기서,

$f_{\mathrm{g}x}$, $f_{\mathrm{g}y}$, $f_{\mathrm{g}z}$는 중력의 x, y, z축 성분 (단위질량당)
$f_{\mathrm{p}x}$, $f_{\mathrm{p}y}$, $f_{\mathrm{p}z}$는 추진력의 x, y, z축 성분 (단위질량당)
$f_{\mathrm{d}x}$, $f_{\mathrm{d}y}$, $f_{\mathrm{d}z}$는 공기저항의 x, y, z축 성분 (단위질량당)

이다. 또한, 좌표계 (X_{L}, Y_{L}, Z_{L})을 이용해서 v_x, v_y, v_z, γ, ψ를 그림 6.6과 같이 정의한다(여기서의 γ, ψ는 속도 벡터가 발사점에 정의된 궤적면과 이루는 각도인데, γ를 비행경로각으로 부르며 ψ를 비행방위각으로 부른다). 그러면,

$$v_x=\dot{x}_{\mathrm{L}},\qquad v_y=\dot{y}_{\mathrm{L}},\qquad v_z=\dot{z}_{\mathrm{L}} \tag{6.62}$$

$$v=\sqrt{v_x^2+v_y^2+v_z^2} \tag{6.63}$$

v_x, v_y, v_z는

$$\begin{aligned}v_x&=v\cos\psi\cos\gamma\\ v_y&=v\cos\psi\sin\gamma\\ v_z&=-v\sin\psi\end{aligned}$$

ψ는 매우 작은 값이므로

$$\cos\psi \doteqdot 1 \quad \sin\psi \doteqdot \psi$$

그러므로

$$v_x = v\cos\gamma$$
$$v_y = v\sin\gamma \tag{6.64}$$
$$v_z = -v\psi$$

이다.

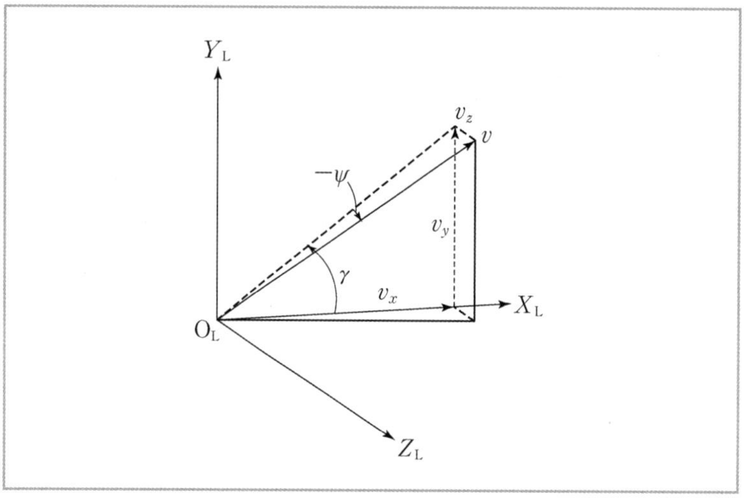

[그림 6.6] 이륙점 고정 회전좌표계에서 표현된 발사체 속도 벡터의 비행경로각 γ, 비행방위각 ψ의 정의 (γ, ψ 모두 회전축의 플러스 방향에서 바라볼 때 반시계 방향의 회전을 플러스로 정의)

다음에는 방정식 (6.61)에 표현된 여러 힘들을 각각 정의하기로 한다.

A. 중력

발사점 중심 국부 회전좌표계에서 한 점 (x, y, z)에 있는 단위 질량의 질점에 작용하는 중력은 식 (6.6)과 (6.7)의 f'_{gr}, $f'_{g\omega}$로 표현되어 있으며, 이 힘의 각 축 성분을 다음에 제시하였다.

	X_L 방향	Y_L 방향	Z_L 방향
f'_{gr}	$\dfrac{x_L - x_c}{r}$	$\dfrac{y_L - y_c}{r}$	$\dfrac{z_L - z_c}{r}$
$f'_{g\omega}$	$\dfrac{\omega_{ex}}{\omega_e}$	$\dfrac{\omega_{ey}}{\omega_e}$	$\dfrac{\omega_{ez}}{\omega_e}$

여기에, x_L, y_L, z_L은 발사점 중심 국부 회전좌표계 내의 질점(로켓)의 위치 x_c, y_c, z_c는 동

일한 좌표계 내에서 측정한 지구 중심의 위치, r은 지구 중심에서부터 측정한 질점까지의 거리이다.

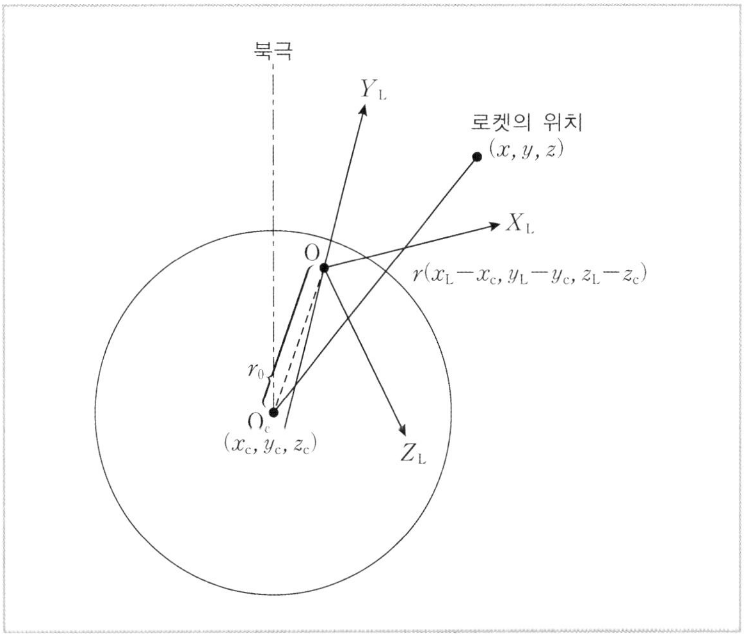

[그림 6.7] 발사점 중심 국부 회전좌표계에서의 로켓의 위치와 지구 중심과의 관계
(O_L에서의 수직선이 반드시 지구중심을 통과하도록 제한되는 것은 아님)

지구 중심에서 좌표계의 원점, 즉 발사점까지의 거리를 r_0으로 표현하기로 한다(그림 6.7). 또한, 임의의 위치에 놓인 로켓의 위도(회전 좌표계이므로 지구와 동시에 회전하고 있어서, 지구 중심 위도가 된다)를 φ_e, 로켓의 순간 비행 방위각(북쪽 방향을 기준으로 하는 로켓의 비행 방위각)을 ψ_e라 하면, 다음 관계식이 성립한다(α는 편평률, 3.1.1 참조).

$$r_0 = R_e(1 - \alpha \sin^2 \varphi_e) \tag{6.65}$$

$$\begin{aligned} x_c &= R_e \alpha \sin 2\varphi_e \cos \psi_e \\ y_c &= -R_e(1 - \alpha \sin^2 \varphi_e) \\ z_c &= -R_e \alpha \sin 2\varphi_e \sin \psi_e \end{aligned} \tag{6.66}$$

$$r = \sqrt{(x_L - x_c)^2 + (y_L - y_c)^2 + (z_L - z_c)^2} \tag{6.67}$$

ω_{ex}, ω_{ey}, ω_{ez}에 대해서는, 식 (6.3)의, $_L$을 $_e$로 읽어서 적용한다(식 (6.3)은 발사점에서의

값이며, 여기서는 순간적인 로켓 위치에서의 값이 필요).

이상의 식들로부터, 단위질량당 중력의 X_L, Y_L, Z_L 축방향 성분 f_{gx}, f_{gy}, f_{gz}는 다음과 같이 된다.

$$f_{gx} = \left\{-\frac{\mu_e}{r^2} - \frac{3}{2}\mu_e J_2 \frac{R_e^2}{r^4}(1 - 5\sin^2\varphi_e)\right\}\frac{x_L - x_c}{r} - 3\mu_e J_2 \frac{R_e^2}{r^4}\sin\varphi_e \frac{\omega_{ex}}{\omega_e} \tag{6.68}$$

$$f_{gy} = \left\{-\frac{\mu_e}{r^2} - \frac{3}{2}\mu_e J_2 \frac{R_e^2}{r^4}(1 - 5\sin^2\varphi_e)\right\}\frac{y_L - y_c}{r} - 3\mu_e J_2 \frac{R_e^2}{r^4}\sin\varphi_e \frac{\omega_{ey}}{\omega_e} \tag{6.69}$$

$$f_{gz} = \left\{-\frac{\mu_e}{r^2} - \frac{3}{2}\mu_e J_2 \frac{R_e^2}{r^4}(1 - 5\sin^2\varphi_e)\right\}\frac{z_L - z_c}{r} - 3\mu_e J_2 \frac{R_e^2}{r^4}\sin\varphi_e \frac{\omega_{ez}}{\omega_e} \tag{6.70}$$

B. 추진력

로켓의 추진력 P는 기체좌표계에서 $(P, 0, 0)$으로 표현되며(기축 방향을 X_R축으로 하고 있음), 이것을 발사점 중심 국부 회전좌표계로 표현하기 위해서는 식 (6.55), (6.56)을 이용해서 변환해야 한다. 발사점 중심 국부 회전좌표계에서 측정한 단위질량당 추력을 f_p라 하면,

$$\boldsymbol{f}_p = \begin{bmatrix} \cos\gamma_R + l_z\sin\gamma_R & -\sin\gamma_R + l_z\cos\gamma_R & \phi_R\sin\gamma_R + \psi_R\cos\gamma_R - l_y \\ \sin\gamma_R - l_z\cos\gamma_R & \cos\gamma_R + l_z\sin\gamma_R & -\phi_R\cos\gamma_R + \psi_R\sin\gamma_R + l_x \\ l_y\cos\gamma_R - l_x\sin\gamma_R - \psi_R & -l_y\sin\gamma_R - l_x\cos\gamma_R + \phi_R & 1 \end{bmatrix}\begin{bmatrix} \frac{P}{m} \\ 0 \\ 0 \end{bmatrix}$$

$$= \frac{P}{m}\left(\cos\gamma_R + l_z\sin\gamma_R, \sin\gamma_R - l_z\cos\gamma_R, l_y\cos\gamma_R - l_x\sin\gamma_R - \psi_R\right)^T$$

따라서,

$$\begin{aligned} f_{px} &= \frac{P}{m}(\cos\gamma_R + n_z\omega_e t\ \sin\gamma_R) \\ f_{py} &= \frac{P}{m}(\sin\gamma_R - n_z\omega_e t\ \cos\gamma_R) \\ f_{pz} &= \frac{P}{m}\left(-\psi_R + n_y\omega_e t\ \cos\gamma_R - n_x\omega_e t\ \sin\gamma_R\right) \end{aligned} \tag{6.71}$$

이 된다.

C. 공기저항

여기서는 제어와 받음각 변화에 따른 공력은 고려하지 않으며, 속도 벡터의 방향과 반대

방향으로 작용하는 공기 저항만을 고려한다. 로켓의 단위질량당 공기 저항력 $\boldsymbol{f}_{\mathrm{d}}$의 성분 $f_{\mathrm{d}x}, f_{\mathrm{d}y}, f_{\mathrm{d}z}$은 다음과 같다.

$$
\begin{aligned}
f_{\mathrm{d}x} &= -\frac{1}{m}qSC_{\mathrm{D}}\frac{v_x}{v} = -\frac{1}{m}qSC_{\mathrm{D}}\cos\gamma \\
f_{\mathrm{d}y} &= -\frac{1}{m}qSC_{\mathrm{D}}\frac{v_y}{v} = -\frac{1}{m}qSC_{\mathrm{D}}\sin\gamma \\
f_{\mathrm{d}z} &= -\frac{1}{m}qSC_{\mathrm{D}}\frac{v_z}{v} = \frac{1}{m}qSC_{\mathrm{D}}\psi
\end{aligned}
\tag{6.72}
$$

여기서, q는 동압, S는 기준 면적, C_{D}는 저항계수이다.

D. 원심력

식 (6.57)

$$\boldsymbol{q}_{\mathrm{e}} = \boldsymbol{\omega}_{\mathrm{e}} \times (\boldsymbol{\omega}_{\mathrm{e}} \times \boldsymbol{r}'_{\mathrm{L}})$$

을, 식 (6.3), (6.30)에 의해 계산하면,

$$
\begin{aligned}
\boldsymbol{\omega}_{\mathrm{e}} &= \left(\omega_x, \omega_y, \omega_z\right)^{\mathrm{T}} \\
&= \omega_{\mathrm{e}}(\cos\varphi_{\mathrm{L}}\cos\psi_{\mathrm{L}}, \sin\varphi_{\mathrm{L}}, -\cos\varphi_{\mathrm{L}}\sin\psi_{\mathrm{L}})^{\mathrm{T}} \\
\boldsymbol{r}'_{\mathrm{L}} &= (x_{\mathrm{L}}, y_{\mathrm{L}} + R_{\mathrm{e}}, z_{\mathrm{L}})^{\mathrm{T}}
\end{aligned}
$$

이 되어,

$$
\begin{aligned}
q_{\mathrm{e}x} &= (R_\omega\cos\varphi_{\mathrm{L}}\cos\psi_{\mathrm{L}} - x_{\mathrm{L}})\omega_{\mathrm{e}}^2 \\
q_{\mathrm{e}y} &= (R_\omega\sin\varphi_{\mathrm{L}} - R_{\mathrm{e}} - y_{\mathrm{L}})\omega_{\mathrm{e}}^2 \\
q_{\mathrm{e}z} &= (-R_\omega\cos\varphi_{\mathrm{L}}\sin\psi_{\mathrm{L}} - z_{\mathrm{L}})\omega_{\mathrm{e}}^2
\end{aligned}
\tag{6.73}
$$

여기서,

$$R_\omega = x_{\mathrm{L}}\cos\varphi_{\mathrm{L}}\cos\psi_{\mathrm{L}} + (R_{\mathrm{e}} + y_{\mathrm{L}})\sin\varphi_{\mathrm{L}} - z_{\mathrm{L}}\cos\varphi_{\mathrm{L}}\sin\psi_{\mathrm{L}} \tag{6.74}$$

이다.

E. 코리올리 힘

식 (6.58)

$$\boldsymbol{q}_{\mathrm{c}} = 2\boldsymbol{\omega}_{\mathrm{e}} \times \frac{d\boldsymbol{r}_{\mathrm{L}}}{dt}$$

에 ψ는 매우 작다는 가정을 적용하면 식 (6.63), (6.64), (6.3)으로부터 다음 식을 얻는다.

$$\begin{aligned} q_{cx} &= (\omega_y \dot{z}_{\mathrm{L}} - \omega_z \dot{y}_{\mathrm{L}}) = 2\omega_{\mathrm{e}}(v_z \sin\varphi_{\mathrm{L}} + v_y \cos\varphi_{\mathrm{L}} \sin\psi_{\mathrm{L}}) \\ &= 2\omega_{\mathrm{e}} v(-\psi \sin\varphi_{\mathrm{L}} + \sin\gamma \cos\varphi_{\mathrm{L}} \sin\psi_{\mathrm{L}}) \\ q_{cy} &= (\omega_z \dot{x}_{\mathrm{L}} - \omega_x \dot{z}_{\mathrm{L}}) = 2\omega_{\mathrm{e}}(-v_x \cos\varphi_{\mathrm{L}} \sin\psi_{\mathrm{L}} - v_z \cos\psi_{\mathrm{L}} \cos\varphi_{\mathrm{L}}) \\ &= 2\omega_{\mathrm{e}} v(-\cos\gamma \cos\varphi_{\mathrm{L}} \sin\psi_{\mathrm{L}} + \psi \cos\psi_{\mathrm{L}} \cos\varphi_{\mathrm{L}}) \\ q_{cz} &= (\omega_x \dot{y}_{\mathrm{L}} - \omega_y \dot{x}_{\mathrm{L}}) = 2\omega_{\mathrm{e}}(v_y \cos\varphi_{\mathrm{L}} \sin\psi_{\mathrm{L}} - v_x \sin\varphi_{\mathrm{L}}) \\ &= 2\omega_{\mathrm{e}} v(\sin\gamma \cos\varphi_{\mathrm{L}} \cos\psi_{\mathrm{L}} - \cos\gamma \sin\varphi_{\mathrm{L}}) \end{aligned} \tag{6.75}$$

6.3.2 운동방정식

여기까지 얻어진 결과를 각 축 성분으로 정리하면 다음과 같다.

(a) X_{L}축 방향

원심력 : $(R_\omega \cos\varphi_{\mathrm{L}} \cos\psi_{\mathrm{L}} - x_{\mathrm{L}})\omega_{\mathrm{e}}^2$

코리올리 힘 : $2\omega_{\mathrm{e}} v(-\psi \sin\varphi_{\mathrm{L}} + \sin\gamma \cos\varphi_{\mathrm{L}} \sin\psi_{\mathrm{L}})$

중력 : $\left\{-\frac{\mu_e}{r^2} - \frac{3}{2}\mu_e J_2 \frac{R_e^2}{r^4}(1 - 5\sin^2\varphi_e)\right\}\frac{x_{\mathrm{L}} - x_{\mathrm{c}}}{r} - 3\mu_e J_2 \frac{R_e^2}{r^4} \sin\varphi_e \cos\varphi_{\mathrm{e}} \cos\psi_{\mathrm{c}}$

추진력 : $\frac{P}{m}(\cos\gamma_{\mathrm{R}} + n_z \omega_{\mathrm{e}} t\ \sin\gamma_{\mathrm{R}})$

공기저항력 : $-\frac{1}{m} q S C_{\mathrm{D}} \cos\gamma$

(b) Y_{L}축 방향

원심력 : $(R_\omega \sin\varphi_{\mathrm{L}} - R_{\mathrm{e}} - y_{\mathrm{L}})\omega_{\mathrm{e}}^2$

코리올리 힘 : $2\omega_{\mathrm{e}} v(-\cos\gamma \cos\varphi_{\mathrm{L}} \sin\psi_{\mathrm{L}} + \psi \cos\psi_{\mathrm{L}} \cos\varphi_{\mathrm{L}})$

중력 : $\left\{-\frac{\mu_e}{r^2} - \frac{3}{2}\mu_e J_2 \frac{R_e^2}{r^4}(1 - 5\sin^2\varphi_e)\right\}\frac{y_{\mathrm{L}} - y_{\mathrm{c}}}{r} - 3\mu_e J_2 \frac{R_e^2}{r^4} \sin^2\varphi_e$

추진력 : $\frac{P}{m}(\sin\gamma_{\mathrm{R}} - n_z \omega_{\mathrm{e}} t\ \cos\gamma_{\mathrm{R}})$

공기저항력 : $-\frac{1}{m} q S C_{\mathrm{D}} \sin\gamma$

(c) Z_{L}축 방향

원심력 : $(-R_\omega \cos\varphi_{\mathrm{L}} \sin\psi_{\mathrm{L}} - z)\omega_{\mathrm{e}}^2$

코리올리 힘 : $2\omega_e v(\sin\gamma\cos\varphi_L\cos\psi_L - \cos\gamma\sin\varphi_L)$

중력 : $\left\{-\frac{\mu_e}{r^2} - \frac{3}{2}\mu_e J_2\frac{R_e^2}{r^4}(1-5\sin^2\varphi_e)\right\}\frac{z_L - z_c}{r} + 3\mu_e J_2\frac{R_e^2}{r^4}\sin\varphi_e\cos\varphi_e\sin\psi_e$

추진력 : $\frac{P}{m}\left(-\psi_R - n_x\omega_e t\ \sin\gamma_R + n_y\omega_e t\ \cos\gamma_R\right)$

공기저항력 : $\frac{1}{m}qSC_D\psi$

이들을 식 (6.61)에 넣으면 최종적으로 다음 운동방정식을 얻는다.

$$\begin{aligned}\ddot{x}_L = \dot{v}_x = {} & \omega_e^2\,(x_L - R_\omega\cos\varphi_L\cos\psi_L) + 2\omega_e v(\psi\sin\varphi_L - \sin\gamma\cos\varphi_L\sin\psi_L)\\ & -\left\{\frac{\mu_e}{r^2} + \frac{3}{2}\mu_e J_2\frac{R_e^2}{r^4}(1-5\sin^2\varphi_e)\right\}\frac{x_L - x_c}{r} - 3\mu_e J_2\frac{R_e^2}{r^4}\sin\varphi_e\cos\varphi_e\sin\psi_e\\ & +\frac{P}{m}(\cos\gamma_R + n_z\omega_e t\ \sin\gamma_R) - \frac{1}{m}qSC_D\cos\gamma\end{aligned} \tag{6.76}$$

$$\begin{aligned}\ddot{y}_L = \dot{v}_y = {} & \omega_e^2\,(y_L + R_e - R_\omega\sin\varphi_L)\\ & -2\omega_e v(-\cos\gamma\cos\varphi_L\sin\psi_L + \psi\cos\psi_L\cos\varphi_L)\\ & -\left\{\frac{\mu_e}{r^2} + \frac{3}{2}\mu_e J_2\frac{R_e^2}{r^4}(1-5\sin^2\varphi_e)\right\}\frac{y_L - y_c}{r} - 3\mu_e J_2\frac{R_e^2}{r^4}\sin^2\varphi_e\\ & +\frac{P}{m}(\sin\gamma_R - n_z\omega_e t\ \cos\gamma_R) - \frac{1}{m}qSC_D\sin\gamma\end{aligned} \tag{6.77}$$

$$\begin{aligned}\ddot{z}_L = \dot{v}_z = {} & \omega_e^2\,(z_L + R_\omega\cos\varphi_L\sin\psi_L)\\ & -2\omega_e v(\sin\gamma\cos\varphi_L\cos\psi_L - \cos\gamma\sin\varphi_L)\\ & -\left\{\frac{\mu_e}{r^2} + \frac{3}{2}\mu_e J_2\frac{R_e^2}{r^4}(1-5\sin^2\varphi_e)\right\}\frac{z_L - z_c}{r} + 3\mu_e J_2\frac{R_e^2}{r^4}\sin\varphi_e\cos\varphi_e\sin\psi_e\\ & +\frac{P}{m}\left(-\psi_R - n_x\omega_e t\ \sin\gamma_R + n_y\omega_e t\ \cos\gamma_R\right) + \frac{1}{m}qSC_D\psi\end{aligned} \tag{6.78}$$

식 (6.76) ~ (6.78)을 v, γ, ψ의 관계식을 이용해서 정리하면 더 간략화 할 수 있다.
식 (6.64)에 의해서,

$$\dot{x}_L = v\cos\gamma,\quad \dot{y}_L = v\sin\gamma,\quad \dot{z}_L = -v\psi$$

이것으로부터,

$$\ddot{x}_\mathrm{L} = \dot{v}\cos\gamma - v\dot{\gamma}\sin\gamma$$
$$\ddot{y}_\mathrm{L} = \dot{v}\sin\gamma + v\dot{\gamma}\cos\gamma \tag{6.79}$$
$$\ddot{z}_\mathrm{L} = -\dot{v}\psi - v\dot{\psi}$$

식 (6.79)에 의해서,

$$\dot{v} \;= \ddot{x}_\mathrm{L}\cos\gamma + \ddot{y}_\mathrm{L}\sin\gamma$$
$$v\dot{\gamma} = -\ddot{x}_\mathrm{L}\sin\gamma + \ddot{y}_\mathrm{L}\cos\gamma \tag{6.80}$$
$$v\dot{\psi} = -\ddot{z}_\mathrm{L} - \dot{v}\psi$$

식 (6.80)에 직교좌표로 표시된 식 (6.76), (6.77), (6.78)을 넣고 정리하면 다음과 같다(ψ에 대한 식은 생략한다. 또한, 여기서부터는 x, y, z의 첨자 $_\mathrm{L}$을 생략하기로 한다. 운동을 기술하는 좌표계가 이륙점 고정 회전좌표계에 있는 것이 자명하기 때문이다).

$$\begin{aligned}\frac{dv}{dt} &= \omega_\mathrm{e}^2\,[x\cos\gamma + (y + R_\mathrm{e})\sin\gamma] \\ &-\omega_\mathrm{e}^2 R_\omega(\cos\varphi_\mathrm{L}\cos\psi_\mathrm{L}\cos\gamma + \sin\varphi_\mathrm{L}\sin\gamma) \\ &+2\omega_\mathrm{e} v\psi(\sin\varphi_\mathrm{L}\cos\gamma - \cos\psi_\mathrm{L}\cos\varphi_\mathrm{L}\sin\gamma) \\ &-\left[\frac{\mu_e}{r^2} + \frac{3}{2}\mu_e J_2\frac{R_e^2}{r^4}(1 - 5\sin^2\varphi_e)\right]\left(\frac{x-x_\mathrm{c}}{r}\cos\gamma + \frac{y-y_\mathrm{c}}{r}\sin\gamma\right) \\ &-3\mu_e J_2\frac{R_e^2}{r^4}\sin\varphi_e\,(\cos\varphi_\mathrm{e}\cos\psi_\mathrm{e}\cos\gamma + \sin\varphi_e\sin\gamma) \\ &+\frac{P}{m}[\cos(\gamma_\mathrm{R} - \gamma) + n_z\omega_\mathrm{e} t\ \sin(\gamma_\mathrm{R} - \gamma)] - \frac{1}{m}qSC_\mathrm{D}\end{aligned} \tag{6.81}$$

$$\begin{aligned}v\frac{d\gamma}{dt} &= \omega_\mathrm{e}^2\,[-x\sin\gamma + (y + R_\mathrm{e})\cos\gamma] \\ &+\omega_\mathrm{e}^2 R_e(\cos\varphi_\mathrm{L}\cos\psi_\mathrm{L}\sin\gamma - \sin\varphi_\mathrm{L}\cos\gamma) \\ &+2\omega_\mathrm{e} v[\cos\varphi_\mathrm{L}\sin\psi_\mathrm{L} - \psi\,(\cos\psi_\mathrm{L}\cos\varphi_\mathrm{L}\cos\gamma + \sin\varphi_\mathrm{L}\sin\gamma)] \\ &+\left[\frac{\mu_e}{r^2} + \frac{3}{2}\mu_e J_2\frac{R_e^2}{r^4}(1 - 5\sin^2\varphi_e)\right]\left(\frac{x-x_\mathrm{c}}{r}\sin\gamma + \frac{y-y_\mathrm{c}}{r}\cos\gamma\right) \\ &+3\mu_e J_2\frac{R_e^2}{r^4}\sin\varphi_e\,(\cos\varphi_\mathrm{e}\cos\psi_\mathrm{e}\sin\gamma - \sin\varphi_e\cos\gamma) \\ &+\frac{P}{m}[\sin(\gamma_\mathrm{R} - \gamma) - n_z\omega_\mathrm{e} t\ \cos(\gamma_\mathrm{R} - \gamma)]\end{aligned} \tag{6.82}$$

식 (6.81)과 (6.82)가 구하려던 운동방정식인데, 이 식들을 더 간략화하기 위해서 식 (6.81)과 (6.82)를 다음과 같이 근사화한다.

(1) $x_c = 0, z_c = 0, y_c = -R_e$로 가정한다.

이것은 지구를 구로 근사화 하는 것이다.

(2) 중력 퍼텐셜의 부가 항으로 인한 힘을 생략한다.

이것도 지구를 회전타원체가 아닌 구로 근사화 하는 것을 의미한다.

(3) ω_e가 들어 있는 항은 크기가 상대적으로 작으므로 생략한다.

이렇게 간략화 가정을 수행하고,

$$\mu_e / r^2 = g$$

$$\gamma_R - \gamma = \alpha_t$$

로 놓으면(α_t는 진행 방향에 대한 발사체의 받음각) 다음 식을 얻는다.

$$\frac{dv}{dt} = -g\,\frac{x}{r}\cos\gamma - g\frac{y+R_e}{r}\sin\gamma + \frac{P}{m}\cos\alpha_t - \frac{1}{m}qSC_D \tag{6.83}$$

$$v\frac{d\gamma}{dt} = g\,\frac{x}{r}\sin\gamma - g\frac{y+R_e}{r}\cos\gamma + \frac{P}{m}\sin\alpha_t \tag{6.84}$$

추가로, 다음과 같은 근사화를 수행한다.

(4) x/r은 발사체의 운동을 지구 근궤도로 한정하면 작은 값이 되므로 생략할 수 있다.

(5) 발사체의 운동을 지구 저궤도로 한정하면,

$$\frac{R_e + y}{r} \risingdotseq 1$$

이것을 이용해서, 식 (6.83), (6.84)를 정리해서 쓰면 다음 식을 얻는다.

$$\frac{dv}{dt} = -g\,\sin\gamma + \frac{P}{m}\cos\alpha_t - \frac{1}{m}qSC_D \tag{6.85}$$

$$v\frac{d\gamma}{dt} = -g\,\cos\gamma + \frac{P}{m}\sin\alpha_t \tag{6.86}$$

간단한 계산을 위해서는 식 (6.83), (6.84)이나 식 (6.85), (6.86)의 어느 쪽도 운동방정식으로 충분하다.

식 (6.83), (6.84)를 이용하는 경우, R_e, g, m, P, q, S, C_D, α_t 등은 주어진 것으로 가정하면, 미지수는 v, x, y, γ, r의 다섯 개가 되어서, 이 밖에 다음 세 개의 식이 필요하다.

$$\frac{dx}{dt} = v\cos\gamma \tag{6.87}$$

$$\frac{dy}{dt} = v\sin\gamma \tag{6.88}$$

$$r^2 = x^2 + (y + R_e)^2 \tag{6.89}$$

식 (6.85), (6.86)을 이용한 경우, 미지수는 v, x, y, γ의 네 개가 되고 이 밖에 다음 두 식이 필요하게 된다.[2]

$$\frac{dx}{dt} = v\ \cos\gamma \tag{6.90}$$

$$\frac{dy}{dt} = v\ \sin\gamma \tag{6.91}$$

식 (6.83)~(6.91)을 풀어서 얻어진 x, y, v_x, v_y, γ 는 모든 이륙점에 고정된 회전좌표계에 대한 값이다. 이것을 발사점 중심 국부 관성좌표계의 값으로 변환하기 위해서는 식 (6.36), (6.37), (6.39)를 이용하면 된다. 그 방법을 다음 예제 6.1에서 살펴보기로 한다.

예제 6.1 어느 발사체의 1단 엔진 연소종료 시점에서 비행 파라미터는 다음과 같다.

발사 후 시간	271.2 s
고도	96.7 km
지표면 거리	297.6 km
기체위치 지심 위도	30.1°
기체위치 경도	134.1°
상대속도(지표면에 대한)	3, 583.0 m/s
상대속도 비행경로각	12.2°
상대속도 비행방위각	94.8°

---

2 상승 운동을 최적화 하는 γ의 변화를 유도법칙을 이용하여 결정할 수 있는데, 이 책에서는 자세히 다루지 않는다. 흥미가 있는 독자는《공학적 최적 제어》(加藤寬一郎, 1988)를 참조하기 바란다.

또한, 발사 장소는 타네가 섬 우주센터(동경 130°58′, 북위 30°24′), 발사 시점의 비행방위각은 90°이다(우주개발사업단, CS-3a/H 18F 비행계획서에 의함). 관성속도, 관성속도 비행경로각, 관성속도 비행방위각을 구하시오.

해답 상대속도, 상대속도 비행 상하각, 상대속도 비행 방위각은 발사점 중심 국부 회전좌표계에 대한 속도, 그리고 그 기준 좌표계에 대한 경사각이다. 또한, 관성속도, 관성속도 비행 상하각, 관성속도 비행 방위각은 발사점 중심 국부 관성좌표계에서의 속도 및 그 기준 축에 대한 경사각이다. 비행경로각을 γ로, 비행방위각을 ψ로 하면 식 (6.62), (6.63), (6.64)에 의해서,

$$v = \sqrt{v_x^2 + v_y^2 + v_z^2}$$

$$v_x = v\cos\gamma$$

$$v_y = v\sin\gamma$$

$$v_z = -v\psi$$

회전계와 관성계 사이의 변환에는 식 (6.39)를 사용하고 관성계에서의 값에는 첨자 $_{\mathrm{N}}$, 회전계로 표시할 때에는 첨자 $_{\mathrm{L}}$을 붙이기로 한다. 그러면 식 (6.39)에 의해서,

$$\boldsymbol{v}_{\mathrm{N}} = \boldsymbol{\omega}_{\mathrm{e}} \times \boldsymbol{r}'_{\mathrm{L}} + \boldsymbol{v}_{\mathrm{L}}$$

여기서,

$$\boldsymbol{v}_{\mathrm{N}} = (v_{\mathrm{N}x}, v_{\mathrm{N}y}, v_{\mathrm{N}z})^{\mathrm{T}}$$

$$\boldsymbol{\omega}_{\mathrm{e}} = (\omega_x, \omega_y, \omega_z)^{\mathrm{T}}$$

$$\boldsymbol{r}'_{\mathrm{L}} = (x_{\mathrm{L}}, y_{\mathrm{L}} + R_e, z_{\mathrm{L}})^{\mathrm{T}}$$

$$\boldsymbol{v}_{\mathrm{L}} = (v_{\mathrm{L}x}, v_{\mathrm{L}y}, v_{\mathrm{L}z})^{\mathrm{T}}$$

이며,

$$v_{\mathrm{N}} = \sqrt{v_{\mathrm{N}x}^2 + v_{\mathrm{N}y}^2 + v_{\mathrm{N}z}^2}$$

$$v_{\mathrm{N}x} = v_{\mathrm{N}}\cos\gamma_{\mathrm{N}}\,, v_{\mathrm{N}y} = v_{\mathrm{N}}\sin\gamma_{\mathrm{N}}\,, v_{\mathrm{N}z} = -v_{\mathrm{N}}\varphi_{\mathrm{N}}$$

$$v_{\mathrm{L}} = \sqrt{v_{\mathrm{L}x}^2 + v_{\mathrm{L}y}^2 + v_{\mathrm{L}z}^2}$$

$$v_{Lx} = v_L \cos\gamma_L\,, v_{Ly} = v_L \sin\gamma_L\,, v_{Lz} = -v_L\psi_L$$

또한, 식 (6.3)에 의해서,

$$\omega_x = \omega_e \cos\psi_L \cos\varphi_L$$

$$\omega_y = \omega_e \sin\varphi_L$$

$$\omega_z = -\omega_e \sin\psi_L \cos\varphi_L,$$

식 (6.39)에 의해서, 관성속도는 다음과 같이 구해진다.

$$v_{Nx} = \omega_e z_L \sin\varphi_L + \omega_e(y_L + R_e)\sin\psi_L \cos\varphi_L + v_{Lx}$$

$$v_{Ny} = -\omega_e x_L \sin\psi_L \cos\varphi_L - \omega_e z_L \cos\psi_L \cos\varphi_L + v_{Ly}$$

$$v_{Nz} = \omega_e(y_L + R_e)\cos\psi_L \cos\varphi_L - \omega_e x_L \sin\varphi_L + v_{Lz}$$

$$v_N = \sqrt{v_{Nx}^2 + v_{Ny}^2 + v_{Nz}^2}$$

관성속도 비행경로각 γ_N 및 관성속도 비행방위각 ψ_N은 각각,

$$\tan\gamma_N = \frac{v_{Ny}}{v_{Nx}}$$

$$\sin\psi_N = \frac{v_{Nz}}{v}$$

로부터 구할 수 있다.

위 식에 수치를 대입하면,

$$v_{Nx} = 3,909 \ \text{m/s}$$

$$v_{Ny} = 738 \ \text{m/s}$$

$$v_{Nz} = 278 \ \text{m/s}$$

$$v_N = 3,988 \ \text{m/s}$$

$\tan\gamma_N = \frac{v_{Ny}}{v_{Nx}} = 0.189$로부터 $\gamma_N = 10.7^\circ$

$-\frac{v_{Nz}}{v_N} = -0.0752$로부터 $\psi_N = 90 + 4.3 = 94.3^\circ$

이 된다. φ_L, ψ_L은 발사점에서의 값을 이용한 것에 주의하자.

추력 비행구간에서 로켓의 운동을 예로 들면, 식 (6.85)와 (6.86)으로 근사적으로 해를 구

하고, 종단 조건에 이 변환을 적용해서 관성 공간의 값으로 바꾼 후, 이 값을 초기 값으로 하여 9장에서 기술한 타원 이론을 사용해서 궤도 투입까지의 운동을 근사적으로 푸는 것이 가능하다.

7장

케플러 운동

7.1 케플러 운동과 원궤도

지구 궤도에서 움직이는 우주비행체에 작용하는 힘에는 지구의 중력, 대기로 인한 항력, 태양의 중력, 달 및 행성의 중력, 태양풍에 의한 압력 등이 있다. 이들 중에서는 지구 중력의 영향이 압도적으로 크기 때문에 지구 중력을 우주비행체에 작용하는 유일한 힘으로 가정해도 여러 모로 활용이 가능한 근사식들을 도출할 수 있다.

두 물체에 상대방의 중심을 향해서 작용하는 중력만이 존재할 때의 운동을 이체문제(Two Body Problem)라 부른다. 또한, 지구 궤도에서 움직이는 우주비행체의 경우처럼 하나의 질점이 큰 질량을 갖는 또 하나의 물체로부터 떨어진 거리의 제곱에 반비례하는 힘에 의해서 움직이는 운동을 특수 이체문제라고 한다. 특히 이 비행체가 타원 형태를 그리며 움직이면 케플러(Kepler) 운동이라고 한다. 지구 주위를 회전하는 우주비행체의 운동을 케플러 운동으로 가정하는 데 필요한 전제조건은 다음과 같다.

- 우주비행체는 추력을 내지 않는다.
- 지구는 균일한 물질로 이루어진 반경 R_e의 이상적인 구형이다.
- 우주비행체에는 지구와 비행체의 질량중심 간의 거리로 결정되는 만유인력(뉴턴력)만 외력으로 작용한다.
- 우주비행체의 질량은 지구의 질량에 비해 매우 작으므로 비행체가 지구를 중심으로 운동한다고 가정한다.
- 우주비행체의 운동은 중력 벡터와 비행체의 속도 벡터에 의해 정의되는 2차원 평면에서 이루어진다.

지구 궤도(Earth Orbit) 중 원궤도(Circular Orbit)가 가장 단순하므로, 이 절에서는 지구를 중심으로 원을 그리는 우주비행체의 운동에 대하여 생각해보기로 한다.

지구중심으로부터의 거리가 r인 원궤도상에 있는 비행체의 속도를 v라 하자. 지구의 반지름은 R_e, 비행체의 고도를 H라고 표현하면 다음과 같은 관계식이 성립된다.

$$r = R_e + H \tag{7.1}$$

우주비행체에 작용하는 지구의 중력은 식 (3.3)으로부터 다음과 같이 표현된다.

$$\frac{GMm}{r^2}$$

또한, 비행체의 원궤도를 유지시키는 구심력은

$$\frac{mv^2}{r} \tag{7.2}$$

으로 표현된다. 이때, 지구 중력의 크기는 구심력과 같으므로 다음 식이 성립된다.

$$\frac{GMm}{r^2} = \frac{mv^2}{r}$$

지구의 중력 파라미터 GM을 μ_e로 정의하면 비행체의 원궤도 속도(circular velocity) v_c는 다음과 같이 정의된다.

$$v_c = \sqrt{\frac{\mu_e}{r}} \tag{7.3}$$

원궤도의 각속도 ω_c, 주기 T_c는 각각 다음과 같이 표현된다.

$$\omega_c = \frac{v_c}{r} = \sqrt{\frac{\mu_e}{r^3}} \tag{7.4}$$

$$\mathrm{T}_c = \frac{2\pi}{\omega_c} = \frac{2\pi}{\sqrt{\mu_e}} r^{\frac{3}{2}} \tag{7.5}$$

우주비행체의 고도가 증가하면 r도 증가하므로 원궤도 속도는 감소하고 주기는 증가한다. 원궤도의 주기가 23시간 56분 04초이면 우주비행체의 주기가 지구자전 주기와 동일하므로 비행체가 항상 동일한 자오면 위에 있게 된다. 특별히 궤도가 적도 위에 있을 경우에는 지구상에서 비행체가 한 점에 정지된 것으로 보이므로 이 궤도를 지구정지궤도(GEO, Geostationary Orbit)라고 부른다. 지구정지궤도의 고도는 식 (7.5)을 이용해서 지구중심으로부터의 거리 r을 계산하면 구할 수 있다.

$$r = \sqrt[3]{\frac{T_c^2 \times \mu_e}{(2\pi)^2}} = 42,164 \text{ km}$$

여기서 지구반경 6,378 km를 빼면, 지구정지궤도의 고도는 다음과 같다.

$$H = 42{,}164\ \text{km} - 6{,}378\text{km} = 35{,}786\ \text{km}$$

또한 이때 궤도속도는 식 (7.3)으로부터

$$v_c = 3.075\ \text{km/s}$$

지구중심 원궤도의 주기 및 속도를 고도에 따라 계산한 결과를 그림 7.1에 제시했다.

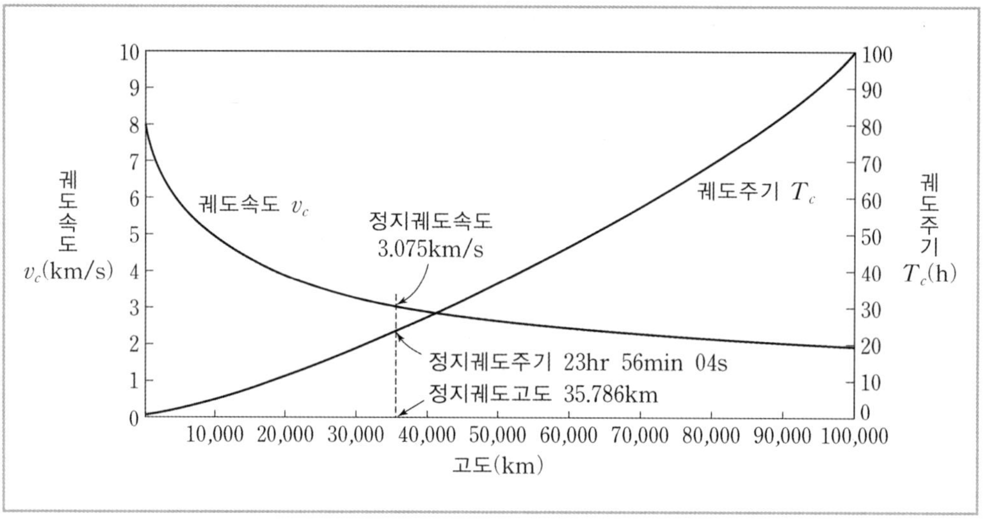

[그림 7.1] 고도에 따른 지구중심 원궤도의 궤도속도 및 궤도주기

문제 7.1

지구, 달, 화성, 금성, 목성에서 궤도고도 $H = 100, 200, 500, 1{,}000, 5{,}000, 10{,}000$ km일 때의 원궤도 속도와 주기를 구하시오. 여기서 모든 천체의 반경과 질량은 표 7.1의 데이터를 사용하시오.

[표 7.1] 천체 데이터 (林忠四郎 外, 1978)

행성	궤도반경 (천문단위)	공전주기 (년)	질량 (지구단위)	반경 (지구단위)	평균밀도 (g/cm^3)	위성 숫자
수성	0.39	0.24	0.05	0.380	5.2	0
금성	0.72	0.62	0.81	0.966	5.0	0
지구	1	1	1	1	5.5	1
화성	1.52	1.88	0.11	0.532	3.9	2
소행성 (평균)	2.8	4.5				
목성	5.2	11.9	318	11.2	1.3	12
토성	9.54	29.5	95.1	9.36	0.6	10
천왕성	19.3	84.0	14.5	3.72	1.6	5
해왕성	30.2	165	17.5	3.50	2.3	2
명왕성*	39.8	248	1.0(?)	0.47(?)	?	0
달			0.012	0.283	3.3	

7.2 운동방정식과 불변량

7.2.1 운동방정식

지구를 중심으로 하는 임의의 관성좌표계를 고려하자. 이때, 비행체의 질량을 m, 지구중심을 기준으로 하는 비행체의 위치벡터를 $\boldsymbol{r}$로 정의한다. 비행체에 작용하는 힘 벡터 $\boldsymbol{F}$와 가속도 벡터 $\ddot{\boldsymbol{r}}$은 뉴턴의 제2법칙으로부터 다음 식을 만족한다.

$$\boldsymbol{F} = m\ddot{\boldsymbol{r}} \tag{7.6}$$

식 (3.5)와 (3.8)로부터 만유인력에 의해 작용하는 힘 $\boldsymbol{F}$는 다음과 같다.

$$\boldsymbol{F} = m \operatorname{grad} U = -m\frac{\mu_e}{r^2}\frac{\boldsymbol{r}}{r} \tag{7.7}$$

식 (7.6)과 (7.7)을 조합하면 $\boldsymbol{r}$의 시간에 대한 2차 미분방정식을 다음과 같이 얻게 된다.

* 역자 주: 명왕성은 2006년에 행성이 아닌 것으로 판명되었다.

$$\ddot{\boldsymbol{r}} + \frac{\mu_e}{r^3}\boldsymbol{r} = \boldsymbol{0} \tag{7.8}$$

이 식이 우주비행체의 케플러 운동(Kepler Motion)을 기술하는 운동방정식이다.

7.2.2 궤도면 벡터

운동방정식 (7.8)을 적분하면 궤도면의 위치와 방향을 결정하는 관성 공간에 대한 주요 불변량(Invariant)들을 도출할 수 있다. 이 항에서는 궤도면 벡터에 대해서 기술한다.

식 (7.8)과 위치벡터 $\boldsymbol{r}$의 외적(Cross Product)을 취하면 다음과 같다.

$$\boldsymbol{r} \times \ddot{\boldsymbol{r}} + \boldsymbol{r} \times \frac{\mu_e}{r^3}\boldsymbol{r} = \boldsymbol{r} \times \ddot{\boldsymbol{r}} = \boldsymbol{0} \tag{7.9}$$

한편, 다음 관계식을 고려하자.

$$\frac{d}{dt}(\boldsymbol{r} \times \dot{\boldsymbol{r}}) = \boldsymbol{r} \times \ddot{\boldsymbol{r}} + \dot{\boldsymbol{r}} \times \dot{\boldsymbol{r}} = \boldsymbol{r} \times \ddot{\boldsymbol{r}} \tag{7.10}$$

식 (7.9)와 (7.10)으로부터 다음 식을 유도할 수 있다.

$$\frac{d}{dt}(\boldsymbol{r} \times \dot{\boldsymbol{r}}) = \frac{d}{dt}(\boldsymbol{r} \times \boldsymbol{v}) = \boldsymbol{0} \tag{7.11}$$

이 식을 적분하면 다음이 성립된다.

$$\boldsymbol{r} \times \dot{\boldsymbol{r}} = \boldsymbol{r} \times \boldsymbol{v} = \boldsymbol{c} \tag{7.12}$$

여기서 상수 벡터인 $\boldsymbol{c}$는 $\boldsymbol{r}$과 $\boldsymbol{v}$에 의해서 결정되는 평면에 수직이 된다. $\boldsymbol{r}$과 $\boldsymbol{v}$로 결정되는 평면에 수직인 벡터가 상수라는 것은 비행체가 우주공간의 고정된 동일 평면 내에서 움직이고 있음을 의미한다. 비행체가 움직이고 있는 이 평면을 궤도면이라고 정의하고 $\boldsymbol{c}$를 '궤도면 벡터'로 부른다.

한편, 움직이고 있는 물체의 각운동량 벡터는 다음과 같이 표현된다.

$$\boldsymbol{r} \times (m\dot{\boldsymbol{r}}) = m(\boldsymbol{r} \times \dot{\boldsymbol{r}})$$

식 (7.12)를 위 식에 대입하면 각운동량도 상수 벡터이므로 우주비행체의 각운동량이 보존됨을 알 수 있다. 제시된 결과를 다시 정리해보면 우주비행체는 관성 공간을 기준으로 방향이 고정된 평면 안에 놓인 중력 중심점 주위를 회전하며, 비행체의 각운동량은 보존된다.

추가적인 분석을 위해서 관성좌표계 각 축의 단위 벡터를 $\boldsymbol{i}, \boldsymbol{j}, \boldsymbol{k}$라 하자. 이를 이용해 비행체의 위치벡터, 속도벡터, 그리고 궤도면 벡터를 각각 다음과 같이 표현할 수 있다.

$$\boldsymbol{r} = x\boldsymbol{i} + y\boldsymbol{j} + z\boldsymbol{k}, \quad \dot{\boldsymbol{r}} = \dot{x}\boldsymbol{i} + \dot{y}\boldsymbol{j} + \dot{z}\boldsymbol{k}, \quad \boldsymbol{c} = c_x\boldsymbol{i} + c_y\boldsymbol{j} + c_z\boldsymbol{k} \tag{7.13}$$

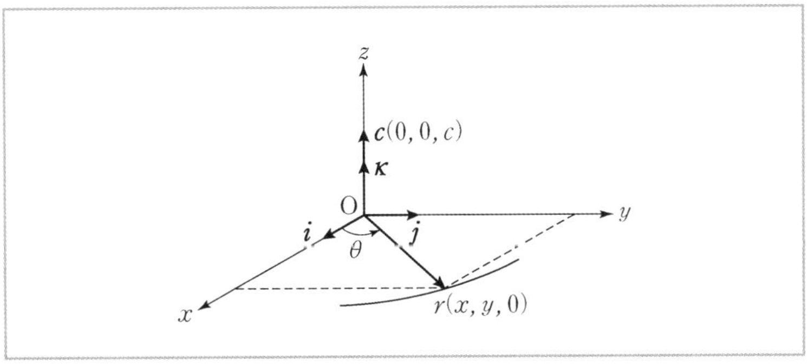

[그림 7.2] xy 평면에 놓인 궤도면

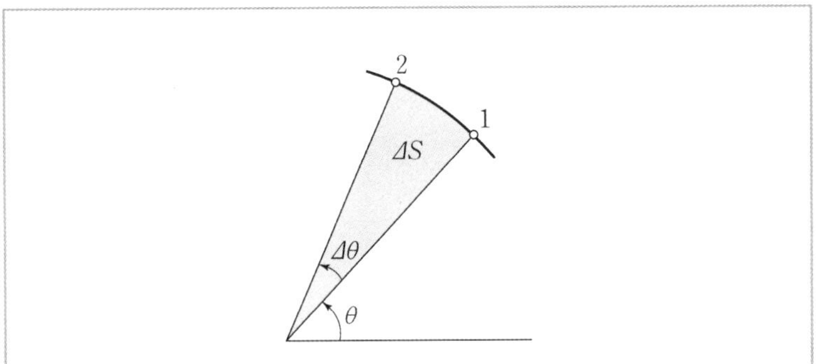

[그림 7.3] 위치벡터가 쓸고 간 면적

그림 7.2와 같이 편의상 궤도면을 xy 평면으로 가정해도 일반성을 잃지 않는다. 위치벡터가 xy 평면 위에서 움직일 때 x축에서 측정한 $\boldsymbol{r}$의 각도를 θ로 정의하자. 우주비행체의 위치벡터, 속도벡터, 궤도면 벡터는 각각 다음과 같이 표현된다.

$$\boldsymbol{r} = (x, y, 0)^{\mathbf{T}}, \quad \dot{\boldsymbol{r}} = (\dot{x}, \dot{y}, 0)^{\mathbf{T}}, \quad \boldsymbol{c} = (0, 0, c)^{\mathbf{T}}$$

벡터 $\boldsymbol{c}$는

$$\boldsymbol{c} = \boldsymbol{r} \times \frac{d\boldsymbol{r}}{dt} = (y\dot{z} - \dot{y}z)\boldsymbol{i} + (\dot{x}z - x\dot{z})\boldsymbol{j} + (x\dot{y} - \dot{x}y)\boldsymbol{k}$$

와 같이 표현할 수 있는데, 그림 7.2의 좌표계를 사용할 때는 z축 성분만 남게 되며 궤도면 벡터의 크기는 다음과 같다.

$$c = x\dot{y} - \dot{x}y = rcos\theta\left(\dot{r}sin\theta + r\dot{\theta}cos\theta\right) - \left(\dot{r}cos\theta - r\dot{\theta}sin\theta\right)rsin\theta = r^2\dot{\theta}$$

즉, 좌표중심점에서 비행체까지의 거리 r과 x축에서 측정한 각도 θ에 대하여 다음과 같은 식이 성립된다.

$$c = r^2\dot{\theta} = r^2\frac{d\theta}{dt} = \text{const} \tag{7.14}$$

그림 7.3의 위치벡터가 Δt 동안 위치 1에서 2까지 $\Delta\theta$만큼 이동하면서 그 사이에 쓸고 지나간 면적(Swept Area) ΔS는 다음과 같이 표현할 수 있다.

$$\Delta S = \frac{1}{2}r^2\Delta\theta$$

위 식의 양변을 Δt로 나누고 극한을 취하면 다음과 같은 관계를 얻을 수 있다.

$$\lim_{\Delta t \to 0}\frac{\Delta S}{\Delta t} = \frac{dS}{dt} = \frac{1}{2}r^2\dot{\theta} = \frac{1}{2}c$$

$$S = \int_{t_1}^{t_2} dS = \int_{t_1}^{t_2}\frac{1}{2}c\,dt = \frac{1}{2}c(t_2 - t_1)$$

이는 동일한 시간 동안 행성의 위치 벡터가 쓸고 지나가는 면적이 늘 일정함을 의미하며 이를 케플러의 제2법칙이라고 한다.

7.2.3 라플라스 벡터

다음으로 소개할 궤도의 불변량은 궤도면 내의 운동의 방향을 결정하는 라플라스(Laplace) 벡터이다. 다음과 같이 $\ddot{\boldsymbol{r}}$과 $\boldsymbol{c}$ 벡터의 외적을 전개해보자.

$$\ddot{\boldsymbol{r}} \times \boldsymbol{c} = -\frac{\mu_e}{r^3}\boldsymbol{r} \times (\boldsymbol{r} \times \dot{\boldsymbol{r}})$$

$$= -\frac{\mu_e}{r^3}[\boldsymbol{r}(\boldsymbol{r} \cdot \dot{\boldsymbol{r}}) - \dot{\boldsymbol{r}}(\boldsymbol{r} \cdot \boldsymbol{r})]$$

$$= -\frac{\mu_e}{r^2}\left[\frac{\boldsymbol{r}(\boldsymbol{r} \cdot \dot{\boldsymbol{r}})}{r} - \frac{\dot{\boldsymbol{r}}(\boldsymbol{r} \cdot \boldsymbol{r})}{r}\right]$$

위에서 $\ddot{\boldsymbol{r}}$과 $\boldsymbol{c}$는 식 (7.8)과 (7.12)와 같이 표현된다.

$$\ddot{\boldsymbol{r}} = -\frac{\mu_e}{r^3}\boldsymbol{r}, \quad \boldsymbol{c} = \boldsymbol{r} \times \dot{\boldsymbol{r}}$$

또한,

$$\frac{(\boldsymbol{r} \cdot \boldsymbol{r})}{r} = \frac{r^2}{r} = r, \qquad (\boldsymbol{r} \cdot \dot{\boldsymbol{r}}) = \frac{1}{2}\frac{d}{dt}(\boldsymbol{r} \cdot \boldsymbol{r}) = r\dot{r}$$

이므로

$$\ddot{\boldsymbol{r}} \times \boldsymbol{c} = -\mu_e \frac{\dot{r}\boldsymbol{r} - r\dot{\boldsymbol{r}}}{r^2}$$

여기서

$$-\frac{\dot{r}\boldsymbol{r} - r\dot{\boldsymbol{r}}}{r^2} = \frac{d}{dt}\left(\frac{\boldsymbol{r}}{r}\right), \qquad \ddot{\boldsymbol{r}} \times \boldsymbol{c} = \frac{d}{dt}(\dot{\boldsymbol{r}} \times \boldsymbol{c})$$

임을 고려하면($\boldsymbol{c}$는 상수 벡터이므로 $\dot{\boldsymbol{c}} = \boldsymbol{0}$)

$$\frac{d}{dt}(\dot{\boldsymbol{r}} \times \boldsymbol{c}) - \mu_e \frac{d}{dt}\left(\frac{\boldsymbol{r}}{r}\right) = \boldsymbol{0}$$

이다. 위 식을 시간에 대해서 적분하면 다음을 얻는다.

$$\dot{\boldsymbol{r}} \times \boldsymbol{c} - \mu_e \frac{\boldsymbol{r}}{r} = \boldsymbol{f} \tag{7.15}$$

여기서 도출된 상수 벡터 $\boldsymbol{f}$를 라플라스-룬지-렌즈(Laplace-Runge-Lenz)벡터[2] 또는 간단

2 라플라스-룬지-렌즈 벡터에 대해서는 벡터에 대해서는 瀨川富士 外(1983)를 참조하라.

히 라플라스(Laplace) 벡터라고 부른다.

또한, 궤도면 벡터 $\boldsymbol{c}$와 라플라스 벡터 $\boldsymbol{f}$의 내적(Inner Product)을 취하면 다음을 얻는다.

$$(\boldsymbol{c}\cdot\boldsymbol{f}) = \boldsymbol{c}\cdot(\dot{\boldsymbol{r}}\times\boldsymbol{c}) - \frac{\mu_e}{r}(\boldsymbol{c}\cdot\boldsymbol{r})$$

$\dot{\boldsymbol{r}}\times\boldsymbol{c}$ 와 $\boldsymbol{r}$은 $\boldsymbol{c}$와 수직이므로 라플라스 벡터와의 내적이 0이 된다. 따라서,

$$(\boldsymbol{c}\cdot\boldsymbol{f}) = 0$$

이 결과들로부터 $\boldsymbol{f}$는 불변량이고 궤도면 내에 위치하는 벡터임을 알 수 있다. 라플라스 벡터는 물리적으로 타원궤도의 장반경 방향(또한, 근점 방향)을 나타내게 되는데 이에 대해서는 다음 절에서 논하기로 한다.

7.2.4 에너지 적분

식 (7.8)과 $2\dot{\boldsymbol{r}}$의 내적을 계산하면 다음과 같다.

$$2(\dot{\boldsymbol{r}}\cdot\ddot{\boldsymbol{r}}) + \frac{2\mu_e}{r^3}(\dot{\boldsymbol{r}}\cdot\boldsymbol{r}) = 0$$

여기서

$$\frac{d}{dt}(\dot{\boldsymbol{r}}\cdot\dot{\boldsymbol{r}}) = 2(\dot{\boldsymbol{r}}\cdot\ddot{\boldsymbol{r}}),\quad \frac{d}{dt}(\boldsymbol{r}\cdot\boldsymbol{r}) = 2(\dot{\boldsymbol{r}}\cdot\boldsymbol{r})$$

임과 $(\dot{\boldsymbol{r}}\cdot\dot{\boldsymbol{r}}) = (\boldsymbol{v}\cdot\boldsymbol{v}) = v^2, (\boldsymbol{r}\cdot\boldsymbol{r}) = r^2$을 이용해서 다음 관계식을 얻을 수 있다.

$$\frac{d}{dt}(v^2) + \frac{\mu_e}{r^3}\frac{d}{dt}(r^2) = \frac{d}{dt}(v^2) - \frac{d}{dt}\left(\frac{2\mu_e}{r}\right) = 0$$

이 식을 시간에 대하여 적분하면

$$v^2 - \frac{2\mu_e}{r} = h \tag{7.16}$$

식 (7.16)을 에너지 적분이라 하고 h는 에너지 적분 상수라고 부른다. 이 식을 다시 정리하면,

$$v^2 = h + \frac{2\mu_e}{r} \tag{7.17}$$

$v^2 \geqq 0$이므로

$$h + \frac{2\mu_e}{r} \geqq 0$$

이제, h의 범위에 따라서 r, v가 변하는 범위를 다음과 같이 구할 수 있다.

$-\frac{2\mu_e}{r} \leqq h < 0$인 경우 $r \leqq \frac{2\mu_e}{|h|}$ (즉, 위치벡터의 범위가 한정됨.)

$h = 0$인 경우 $r \to \infty$이면 $v = 0$

$h > 0$인 경우 $r \to \infty$이면 $v = \sqrt{h}$

다음 절에 기술하고 있는 것처럼 에너지 적분 상수는 위치벡터 $\boldsymbol{r}$이 그리는 2차 곡선에 대응하는데, $-\frac{2\mu_e}{r} \leqq h < 0$는 원을 포함한 타원, $h = 0$은 포물선, $h > 0$은 쌍곡선에 해당한다. 식 (7.17)은 궤도 위 임의의 점에서 비행체의 속도를 구하는 데 사용된다.

문제 7.2

$\boldsymbol{r} = (x, y, z)^{\mathrm{T}}$, $\dot{\boldsymbol{r}} = (\dot{x}, \dot{y}, \dot{z})^{\mathrm{T}}$, $\boldsymbol{c} = (c_x, c_y, c_z)^{\mathrm{T}}$, $\boldsymbol{f} = (f_x, f_y, f_z)^{\mathrm{T}}$로 가정하고 다음을 수행하시오.

(1) c_x, c_y, c_z를 $\boldsymbol{r}$, $\dot{\boldsymbol{r}}$의 성분으로 표현하라.

(2) 라플라스 벡터 $\boldsymbol{f}$를 성분으로 나타내어라.

(3) $(\boldsymbol{c} \cdot \boldsymbol{f}) = 0$, 즉 $c_x f_x + c_y f_y + c_z f_z = 0$임을 보여라.

7.3 궤도 방정식

다음과 같이 위치 벡터 $\boldsymbol{r}$과 식 (7.15)의 내적을 고려하자.

$$\boldsymbol{r}\cdot(\dot{\boldsymbol{r}}\times\boldsymbol{c})-\mu_e\frac{(\boldsymbol{r}\cdot\boldsymbol{r})}{r}=\boldsymbol{r}\cdot\boldsymbol{f} \tag{7.18}$$

여기서

$$\boldsymbol{r}\cdot(\dot{\boldsymbol{r}}\times\boldsymbol{c})=\boldsymbol{c}\cdot(\boldsymbol{r}\times\dot{\boldsymbol{r}})=\boldsymbol{c}\cdot\boldsymbol{c}=c^2$$

이 된다. 추가로, $\boldsymbol{r}$ 과 $\boldsymbol{f}$가 이루는 각을 θ로 정의하면

$$c^2-\mu_e r=rf\cos\theta \tag{7.19}$$

식 (7.19)를 r에 대해서 정리하면

$$r=\frac{c^2}{\mu_e+f\cos\theta}=\frac{\frac{c^2}{\mu_e}}{1+\frac{f}{\mu_e}\cos\theta} \tag{7.20}$$

을 얻는다. 여기서 다음 변수를 도입해서

$$p=\frac{c^2}{\mu_e} \tag{7.21}$$

$$e=\frac{f}{\mu_e} \tag{7.22}$$

궤도 방정식을 다음과 같이 얻을 수 있다.

$$r=\frac{p}{1+e\cos\theta} \tag{7.23}$$

이 궤도 방정식은 위치벡터 $\boldsymbol{r}$이 그리는 궤도를 라플라스 벡터 $\boldsymbol{f}$를 기준으로 하는 극좌표로 나타낸 것이다(그림 7.4 참조). p를 반직현(Semi-latus Rectum)이라 정의하는데 식 (7.21)에서 알 수 있듯이 반직현의 크기는 궤도면 벡터의 크기로부터 결정된다. 한편, e는 이심률(Eccentricity)로 불리며 그 크기는 라플라스 벡터의 크기에 의해 결정된다(식 7.22

참조). θ는 진근점각(True Anomaly)이라고 불린다.

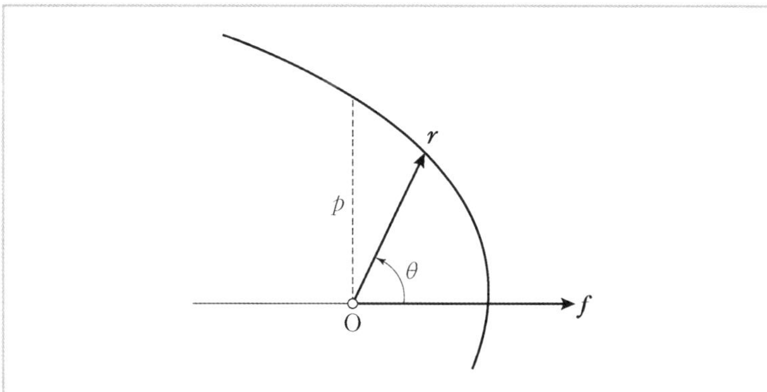

[그림 7.4] 궤도 방정식에 사용된 기호의 정의

원점으로부터 거리가 r인 위치 벡터의 변위각 θ는 라플라스 벡터 $\boldsymbol{f}$의 방향을 기준으로 측정한다. 반직현 p는 $\theta = \pi/2$일 때 위치 벡터의 절대값에 해당한다.

궤도를 2차 곡선으로 가정하고 $p \neq 0$이라고 하면

$e = 0$ 이면	원
$0 < e < 1$이면	타원
$e = 1$이면	포물선
$e > 1$이면	쌍곡선

이 된다.

식 (7.23)에 따르면 원점에서 궤도까지의 거리는 $\theta = 0$에서 최소가 된다. 즉, 2차 곡선의 경우에 라플라스 벡터 $\boldsymbol{f}$의 방향이 근점(Periapsis)의 방향과 일치하게 된다.

궤도의 특정 지점을 정의하는 용어 중에 원점까지의 거리가 최소인 지점을 근심점(Pericenter)이라고 부르는데 지구를 회전하는 궤도의 경우 근지점(Perigee)이라 한다. 또한, 거리가 최대가 되는 지점은 일반적으로는 원심점(Apocenter)이라 하며 지구궤도의 경우에는 원지점(Apogee)이라고 부른다. 여기서는 지구궤도를 주로 다루므로 지금부터는 근지점/원지점이라는 용어를 사용하기로 한다.

근지점 거리 r_p는 식 (7.23)에 $\theta = 0$을 대입하여 다음과 같이 구한다.

$$r_p = \frac{p}{1+e} \tag{7.24}$$

원지점 거리 r_a도 유사한 방법으로 $\theta = \pi$일 때 다음과 같다.

$$r_a = \frac{p}{1-e} \tag{7.25}$$

다음에는 f, e, c, h 사이의 관계를 구해보자. 이를 위해 식 (7.15)를 사용해서 라플라스 벡터끼리의 내적을 구한다.

$$\begin{aligned} \boldsymbol{f} \cdot \boldsymbol{f} = f^2 &= \left(\dot{\boldsymbol{r}} \times \boldsymbol{c} - \mu_e \frac{\boldsymbol{r}}{r}\right) \cdot \left(\dot{\boldsymbol{r}} \times \boldsymbol{c} - \mu_e \frac{\boldsymbol{r}}{r}\right) \\ &= (\dot{\boldsymbol{r}} \times \boldsymbol{c}) \cdot (\dot{\boldsymbol{r}} \times \boldsymbol{c}) - \frac{2\mu_e}{r}\big(\boldsymbol{r} \cdot (\dot{\boldsymbol{r}} \times \boldsymbol{c})\big) + \mu_e^2 \frac{(\boldsymbol{r} \cdot \boldsymbol{r})}{r^2} \end{aligned} \tag{7.26}$$

벡터 연산법칙을 이용하면 위 식의 항들에 대한 다음 관계식들을 구할 수 있다.

$$\begin{aligned} &(\dot{\boldsymbol{r}} \times \boldsymbol{c}) \cdot (\dot{\boldsymbol{r}} \times \boldsymbol{c}) = |\dot{\boldsymbol{r}} \times \boldsymbol{c}|^2 = (\dot{\boldsymbol{r}} \cdot \dot{\boldsymbol{r}})(\boldsymbol{c} \cdot \boldsymbol{c}) - (\dot{\boldsymbol{r}} \cdot \boldsymbol{c})^2 = v^2 c^2 \\ &\boldsymbol{r} \cdot (\dot{\boldsymbol{r}} \times \boldsymbol{c}) = \dot{\boldsymbol{r}} \cdot (\boldsymbol{c} \times \boldsymbol{r}) = \boldsymbol{c} \cdot (\boldsymbol{r} \times \dot{\boldsymbol{r}}) = c^2 \\ &\boldsymbol{r} \cdot \boldsymbol{r} = r^2 \end{aligned}$$

위의 결과를 식 (7.26)에 대입하면 다음 결과를 얻는다.

$$f^2 = v^2 c^2 - \frac{2\mu_e}{r} c^2 + \mu_e^2 = \left(v^2 - \frac{2\mu_e}{r}\right) c^2 + \mu_e^2 = hc^2 + \mu_e^2 \tag{7.27}$$

식 (7.22)의 정의로부터 $f = e\mu_e$이므로

$$\mu_e^2 (e^2 - 1) = hc^2 \tag{7.28}$$

식 (7.27)과 (7.28)은 f, e, c, h 사이의 관계를 제시한다. 이 식으로부터 e와 h 사이의 관계를 다음과 같이 정리할 수 있다.

$$\begin{aligned} &0 \leqq e < 1 \text{ 이면} \quad h < 0 \text{ (원 또는 타원)} \\ &e = 1 \text{ 이면} \quad h = 0 \text{ (포물선)} \\ &e > 1 \text{ 이면} \quad h > 0 \text{ (쌍곡선)} \end{aligned} \tag{7.29}$$

$e = 0$(원궤도)인 경우, 식 (7.28)에 의해서 h는 다음과 같다.

$$h = -\frac{\mu_e^2}{c^2} \tag{7.30}$$

7.4 궤도속도의 관계식

다음으로 궤도속도에 관한 몇몇 관계식을 유도하자.

7.4.1 궤도속도

다음 식 (7.16)으로부터 알 수 있는 것처럼

$$h = v^2 - \frac{2\mu_e}{r}$$

에너지 적분상수 h와 궤도속도 v 사이에는 특별한 관계가 있다. 이를 조금 더 살펴보자.

$e = 0$일 때(원궤도의 경우), 식 (7.23)으로부터 $r = p$이므로 식 (7.21)은 다음과 같이 정리할 수 있다.

$$\mu_e r = c^2 \tag{7.31}$$

식 (7.17)에 식 (7.30)과 (7.31)을 대입하면

$$v^2 = -\frac{\mu_e^2}{c^2} + \frac{2\mu_e}{r} = \frac{\mu_e}{r}$$

그러므로

$$v = \sqrt{\frac{\mu_e}{r}}$$

이는 7.1절의 식 (7.3)에서 구한 원궤도 속도와 일치한다.

식 (7.17)로 표현된 v와 h의 관계식에 식 (7.28)과 (7.30)의 관계를 사용해서 v를 h로 표현하고, 7.2절에서 기술한 h와 2차 곡선의 모양과의 대응을 v와 2차 곡선과의 관계로 정리해 보면 다음과 같다.

$h = -\frac{\mu_e^2}{c^2}$이면 $e = 0$이므로 원궤도의 속도는

$$v = \sqrt{\frac{\mu_e}{r}}$$

$-\frac{\mu_e^2}{c^2} < h < 0$이면 $e < 1$이므로 궤도는 타원궤도가 되며 그 궤도속도는

$$\sqrt{\frac{\mu_e}{r}} < v < \sqrt{\frac{2\mu_e}{r}}$$

이 된다.

$h = 0$이면 $e = 1$이므로 궤도는 포물선을 그리게 되며 그 궤도속도는

$$v = \sqrt{\frac{2\mu_e}{r}}$$

이다.

$h > 0$이면 $e > 1$이므로 궤도는 쌍곡선을 그리게 되며 그 궤도속도는

$$v > \sqrt{\frac{2\mu_e}{r}}$$

$v = \sqrt{\frac{\mu_e}{r}}$와 $v = \sqrt{\frac{2\mu_e}{r}}$는 궤도의 모양이 바뀌는 속도이며 다음과 같이 불린다.

(1) $v = \sqrt{\mu_e/r}$: 원궤도 속도 또는 제1우주속도

즉, 지표면에서 발사된 비행체가 지구로 다시 떨어지지 않고 원을 그리며 지구를 돌게 만드는 속도이다. 비행체의 속도가 $v = \sqrt{\mu_e/r}$를 넘어서면 원궤도에서 타원궤도로 바뀌게 되며 v가 $\sqrt{2\,\mu_e/r}$에 도달하기까지 타원의 이심률이 점차 커진다.

제1우주속도는 지구중심에서부터 거리(r)에 따라 변하며, 지표면에서의 값은 7.91 km/s이다.

(2) $v = \sqrt{2\,\mu_e/r}$: 포물선궤도 속도, 탈출속도(Escape Velocity) 또는 제2우주속도

이 속도에 도달하면 타원궤도의 원지점이 무한대가 되고 포물선 궤도를 그리게 되는데, 이 속도를 넘어가면 지구궤도에서 나와서 다시 지구로 돌아오지 않는다. 지구궤도를 탈출한다는 의미로 이 속도를 탈출속도라고 부른다. 탈출속도는 지구중심에서의 거리(r)에 의해서 달라지게 되며, 지표면에서의 값은 11.19 km/s이다.

7.4.2 속도벡터와 위치벡터의 관계

속도벡터 $\boldsymbol{v}$와 위치벡터 $\boldsymbol{r}$이 주어지면 궤도면 벡터는 그 외적으로 정의된다.

$$\boldsymbol{c} = \boldsymbol{r} \times \boldsymbol{v}$$

그림 7.5에서 궤도의 위치벡터와 수직을 이루는 방향이 속도벡터와 이루는 각도 β는

$$\beta = \frac{\pi}{2} - \cos^{-1}\frac{\boldsymbol{r}\cdot\boldsymbol{v}}{|\boldsymbol{r}||\boldsymbol{v}|} \tag{7.32}$$

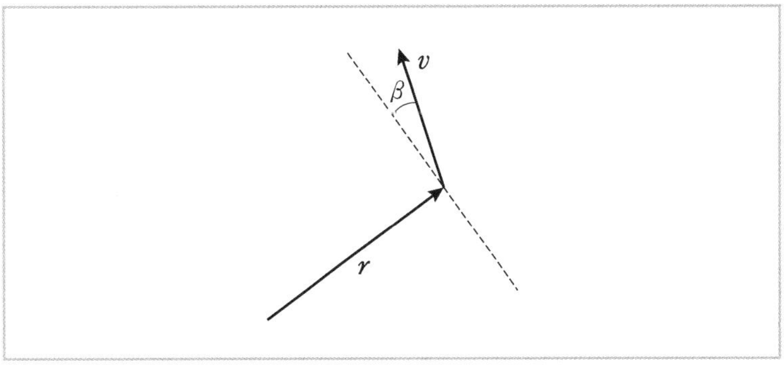

[그림 7.5] 위치벡터와 속도벡터의 관계

식 (7.14)와 그림 7.5를 참조해서,

$$c = r^2\dot{\theta} = r(r\dot{\theta}) = rv\cos\beta \tag{7.33}$$

식 (7.21)에 식 (7.33)을 사용하면

$$p = \frac{c^2}{\mu_e} = \frac{1}{\mu_e}r^2v^2\cos^2\beta \tag{7.34}$$

식 (7.28)에 식 (7.33) 그리고 식 (7.16)을 이용해서,

$$\mu_e^2(e^2-1) = hr^2v^2\cos^2\beta = \left(v^2 - \frac{2\mu_e}{r}\right)r^2v^2\cos^2\beta$$

이로부터

$$e^2 = 1 + \frac{1}{\mu_e^2}\left(v^2 - \frac{2\mu_e}{r}\right) r^2 v^2 \cos^2 \beta$$

그러므로

$$e = \sqrt{1 + \frac{1}{\mu_e^2}\left(v^2 - \frac{2\mu_e}{r}\right) r^2 v^2 \cos^2 \beta} \tag{7.35}$$

궤도의 한 지점에서 초기값 r_0, v_0, β_0이 알려져 있으면 식 (7.34)와 (7.35)로부터 p와 e를 정할 수 있다.

$$p = \frac{1}{\mu_e} r_0^2 v_0^2 \cos^2 \beta_0 \tag{7.36}$$

$$e = \sqrt{1 + \frac{1}{\mu_e^2}\left(v_0^2 - \frac{2\mu_e}{r_0}\right) r_0^2 v_0^2 \cos^2 \beta_0} \tag{7.37}$$

초기 위치가 갖는 거리 값 r_0에서의 원궤도 속도 $v_c = \sqrt{\mu_e / r_0}$를 이용해서 비행체의 에너지 지표(ν_0)를 다음과 같이 정의하면

$$\nu_0 = \frac{r_0 v_0^2}{\mu_e} = \frac{v_0^2}{v_c^2} \tag{7.38}$$

p와 e를 에너지 지표를 사용해서 다음과 같이 쓸 수 있다.

$$p = r_0 \nu_0 \cos^2 \beta_0$$

$$e = \sqrt{1 + (\nu_0 - 2)\nu_0 \cos^2 \beta_0} \tag{7.39}$$

$\nu_0 = 1$ 이면 초기 속도는 그 지점에서의 원궤도 속도와 동일하게 되며 여기에 다시 $\beta_0 = 0$이면 위치벡터가 그리는 궤도는 원을 그리게 된다($\nu_0 = 1$일지라도 $\beta_0 \neq 0$이면 궤도는 타원을 그리게 된다). ν_0 값과 궤도의 모양의 관계는 다음과 같다 이다($\nu_0 < 1$이면 지상으로 떨어지는 탄도비행이 된다).

$2 > \nu_0 \geqq 1$	원궤도 또는 타원궤도
$\nu_0 = 2$	포물선궤도

$$\nu_0 > 2 \qquad\qquad \text{쌍곡선궤도}$$

7.4.3 비행체 속도의 분해

비행체의 속도벡터를 궤도상 임의의 점에서 그림 7.6에 제시된 것처럼 위치벡터 방향의 속도 성분 v_r과 이에 수직인 속도 성분 v_n으로 나누어서 v_r, v_n과 궤도방정식의 관계를 구해 보자.

식 (7.14)와 식 (7.21)에 의해서,

$$\dot{\theta} = \frac{c}{r^2}, \qquad c^2 = \mu_e p$$

위 식과 그림 7.6의 정의를 참조하면

$$v_r = \dot{r} = \frac{pe\dot{\theta}\sin\theta}{(1 + e\cos\theta)^2} = \sqrt{\frac{\mu_e}{p}}\, e\sin\theta \tag{7.40}$$

$$v_n = r\dot{\theta} = \frac{c}{r} = \sqrt{\frac{\mu_e}{p}}(1 + e\cos\theta) \tag{7.41}$$

$$v = \sqrt{v_r^2 + v_n^2} = \sqrt{\frac{\mu_e}{p}(1 + 2e\cos\theta + e^2)} \tag{7.42}$$

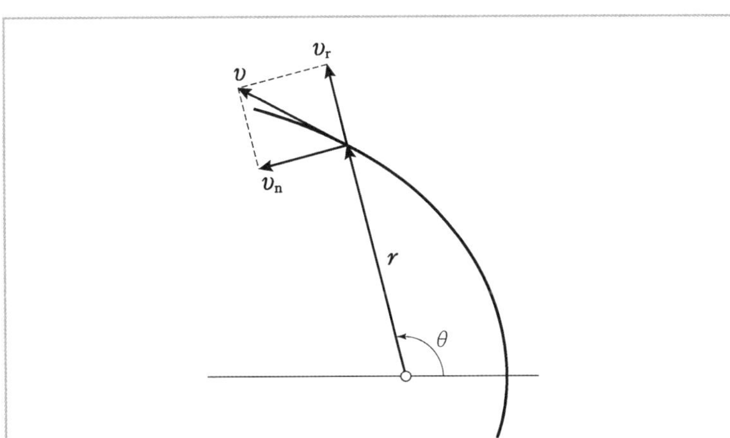

[그림 7.6] 궤도속도의 두 성분

근지점($\theta = 0$)에서 궤도속도의 최댓값 $v_{\max}$(=v_p, 근지점 속도)이 나타나며 그 값은 다음과 같다.

$$v_p = \sqrt{\frac{\mu_e}{p}}(1+e) \tag{7.43}$$

또한, 원지점($\theta = \pi$)에서 궤도속도의 최솟값 $v_{\min}$(= v_{a}, 원지점 속도)이 나타나며 그 값은 다음과 같다.

$$v_a = \sqrt{\frac{\mu_e}{p}}(1-e) \tag{7.44}$$

식 (7.40)과 (7.41)로부터

$$v_r = \sqrt{\frac{\mu_e}{p}} e \sin\theta, \quad v_n - \sqrt{\frac{\mu_e}{p}} = \sqrt{\frac{\mu_e}{p}} e \cos\theta \tag{7.45}$$

두 속도의 제곱을 합하면 다음 식을 얻는다.

$$v_r^2 + \left(v_n - \sqrt{\frac{\mu_e}{p}}\right)^2 = \left(\sqrt{\frac{\mu_e}{p}} e\right)^2$$

v_n 을 가로축으로, v_r 을 세로축으로 하는 좌표계에 이 식을 그려보면 가로축 위의 $\left(\sqrt{\frac{\mu_e}{p}},\ 0\right)$에 중심을 갖는 반경 $R = \sqrt{\frac{\mu_e}{p}} e$의 원으로 표현된다. 이것을 속도의 호도그래프(Hodograph)라고 한다.

7.5 타원궤도

지구를 도는 비행체의 실제 궤도는 타원 형태이다. 타원궤도는 고정된 두 점으로부터의 거리의 합이 일정한 점들의 집합이며, 두 점 가운데 어느 한쪽이 초점이고 다른 한쪽은

허초점이다. 타원궤도를 정의하는 모든 요소들과 그 기호를 그림 7.7에 제시하였다. 여기서 F_1이 초첨이고 F_2가 허초점이다. 참고로 허초점 기준의 타원방정식은 $r = \frac{p}{1-e\cos\theta}$이 된다.

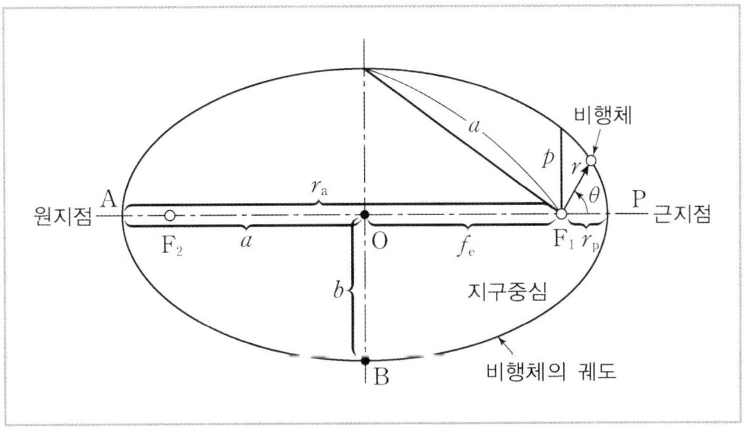

[그림 7.7] 타원 궤도의 요소

타원의 장반경 a는 다음과 같이 표현된다.

$$a = \frac{r_a + r_p}{2} \tag{7.46}$$

식 (7.24)와 (7.25)로부터 원지점 및 근지점의 거리는

$$r_a = \frac{p}{1-e} \quad r_p = \frac{p}{1+e}$$

이므로

$$a = \frac{p}{1-e^2} \tag{7.47}$$

즉, p는 a 와 e를 이용하여 다음과 같이 표현할 수 있다.

$$p = a(1-e^2) \tag{7.48}$$

타원의 중심 O에서 초점 F_1까지의 거리 f_e(초점 거리)는

$$f_e = \overline{\mathrm{OF_1}} = \overline{\mathrm{OP}} - \overline{\mathrm{F_1P}} = a - r_p = a - \frac{p}{1+e}$$
$$= a - \frac{a(1-e^2)}{1+e} = ae \tag{7.49}$$

이로부터

$$e = \frac{f_e}{a} \tag{7.50}$$

타원상의 점은 두 초점으로부터의 거리의 합이 일정$(=2a)$하므로, 그림의 $\overline{\mathrm{BF_1}} = a$이 되며,

$$b = \sqrt{a^2 - f_e^2} = a\sqrt{1-e^2} = \sqrt{ap} = \frac{p}{\sqrt{1-e^2}} \tag{7.51}$$

또한, 식 (7.24), (7.25)에 식 (7.48)을 적용하면,

$$p = a(1-e^2) = r_\mathrm{a}(1-e) = r_p(1+e)$$

에 의해서 다음 관계식을 얻을 수 있다.

$$r_\mathrm{a} = a(1+e) \tag{7.52}$$

$$r_p = a(1-e) \tag{7.53}$$

다음과 같이 주어진 r_a, r_p값으로부터 궤도 파라미터를 구할 수도 있다. 식 (7.24), (7.25)를 변형하면,

$$1 + e = \frac{p}{r_p} \tag{7.54}$$

$$1 - e = \frac{p}{r_a} \tag{7.55}$$

이 되며, 이로부터

$$p = \frac{2r_a r_p}{r_a + r_p} \tag{7.56}$$

$$e = \frac{r_a - r_p}{r_a + r_p} \tag{7.57}$$

또한, r_a, r_p를 이용해서 근지점과 원지점에서 속도를 구하는 것 또한 가능하다. 식 (7.43), (7.44)에 식 (7.54), (7.55)를 적용하고, 추가로 식 (7.56)을 적용하면, 근지점 속도 v_p, 원지점 속도 v_{a}는

$$v_p = \sqrt{\frac{\mu_e}{p}}(1+e) = \sqrt{\frac{\mu_e p}{r_p^2}} = \sqrt{\frac{\mu_e}{r_p}} \cdot \sqrt{\frac{2r_a}{r_p + r_a}} \tag{7.58}$$

$$v_{\mathrm{a}} = \sqrt{\frac{\mu_e}{p}}(1-e) = \sqrt{\frac{\mu_e p}{r_a^2}} = \sqrt{\frac{\mu_e}{r_a}} \cdot \sqrt{\frac{2r_p}{r_p + r_a}} \tag{7.59}$$

$\sqrt{\mu_e/r_p}$, $\sqrt{\mu_e/r_a}$는 각각 근지점과 원지점거리를 반지름으로 갖는 원궤도의 속도이기도 하다. 이것을 각각 v_{cp}, v_{ca}로 표현하면,

$$v_p = v_{cp}\sqrt{\frac{2r_a}{r_p + r_a}} \tag{7.60}$$

$$v_u = v_{cu}\sqrt{\frac{2r_p}{r_p + r_a}} \tag{7.61}$$

으로도 쓸 수 있다.

식 (7.16)에 의해서,

$$v_p^2 = h + \frac{2\mu_e}{r_p}$$

v_p에 식 (7.58)과 (7.46)을 적용해서,

$$h = \frac{2\mu_e r_a}{r_p(r_p + r_a)} - \frac{2\mu_e}{r_p} = -\frac{2\mu_e}{r_p + r_a} = -\frac{\mu_e}{a} \tag{7.62}$$

이 결과를 식 (7.16)에 대입하면,

$$v^2 = \mu_{\mathrm{e}}\left(\frac{2}{r} - \frac{1}{a}\right) \tag{7.63}$$

점 B에서의 속도를 식 (7.63)을 이용해서 구하면, $r = a$이므로

$$v_B^2 = \frac{\mu_e}{a}$$

즉, 반지름이 a인 원궤도의 속도와 같다.

예제 7.1 근지점에서 속도를 v_p, 원지점에서 속도를 v_a라 할 때,

$$v_p r_p = v_a r_a$$

임을 보이시오.

해답 식 (7.58), (7.59)에 의해서,

$$v_\text{p} = \frac{\sqrt{\mu_e p}}{r_p}, \quad v_a = \frac{\sqrt{\mu_e p}}{r_a}$$

이로부터

$$v_p r_p = v_a r_a = \sqrt{\mu_e p}$$

이 된다.

문제 7.3

해왕성 궤도의 장반경은 30.2 천문단위(1천문단위는 지구와 태양의 평균거리이며, 약 1.496×10^8 km), 이심률은 0.009이다. 명왕성 궤도의 장반경은 39.8 천문단위이며, 이심률은 0.25이다. 근일점에서 어느 쪽이 태양에 가까운가?

문제 7.4

태양 중심의 지구궤도의 장반경은 약 1.496×10^8 km이며 이심률은 1/60이다. 태양과 지구의 사이의 최대 거리와 최소 거리를 구하시오.

문제 7.5

근지점이 북반구에 있는 인공위성은 북반구, 남반구 중 어느 쪽의 상공에 있는 시간이 긴가?

문제 7.6

인공위성 CS-3a를 발사할 때의 천이궤도의 계획값은 다음과 같았다.

$$\text{근지점 반지름: } 6,578\ \text{km}$$

$$\text{원지점 반지름: } 43,574\ \text{km}$$

이 궤도의 장반경, 단반경, 이심률을 구하시오.

문제 7.7

비행체가, 근지점 고도 h_p, 원지점 고도 h_a의 타원궤도상에서 움직이고 있다. 지구 표면에서 관측한 비행체의 속도의 최댓값과 최솟값을 구하시오(단, 지구의 자전은 무시한다.).

문제 7.8

2기의 비행체가 동일한 평면 위에서, 고도 h_1, h_2의 원궤도 위를 같은 방향으로 진행하고 있다. 최초에 두 비행체의 각도 차이(지구 중심 기준)는 λ_0이며, 서로를 볼 수 있는 위치 관계에 있었다. 얼마나 오랜 시간 후에 서로 볼 수 없게 되는가? 대기의 영향은 무시한다($h_1 > h_2$로 가정한다.).

7.6 위치와 시간과의 관계: 케플러 방정식

비행체의 초기 위치와 속도 값이 주어진 경우, 임의의 시각에 우주비행체의 위치를 타원 궤도상에서 구하는 방법에 대해서 기술하기로 한다.

식 (7.14)로부터

$$dt = \frac{r^2}{c} d\theta \tag{7.64}$$

비행체의 위치는 지구중심(타원궤도의 초점)으로부터의 거리와 진근점각으로 결정되므로, 식 (7.64)를 적분해서 이 두 값과 시간과의 관계를 구한다.

비행체가 근지점을 통과하는 시각을 t_p로 정의하면

$$t - t_p = \frac{1}{c}\int_0^\theta r^2\, d\theta \tag{7.65}$$

식 (7.21)과 (7.23)을 이용하면,

$$c = \sqrt{\mu_e p}$$

$$r = p/(1 + e\cos\theta)$$

이므로,

$$t - t_p = \frac{p^{\frac{3}{2}}}{\sqrt{\mu_e}}\int_0^\theta \frac{d\theta}{(1 + e\cos\theta)^2} \tag{7.66}$$

식 (7.66)은 이 형태 그대로는 적분을 할 수 없다. 그래서, 그림 7.8에 제시된 것처럼 새로운 변수인 E(Eccentric Anomaly, 이심 근점각)을 도입한다. 그림 7.8에서 타원의 중심을 O, 초점을 F_1, F_2로 표기한다. 점 P, 점 A는 각각 근지점과 원지점, 점 M은 시각 t에서의 비행체의 위치를 나타낸다. 타원의 장반경을 a로 정의한다.

점 O를 중심으로 반경이 a인 원 C를 그린다. 점 M을 통과하고 x축(타원의 장축)에 수직인 선을 그리고 이 수직선과 원 C와의 교점을 M′으로 정의한다. x축과 선분 OM′이 이루는 각을 E라고 정의한다.

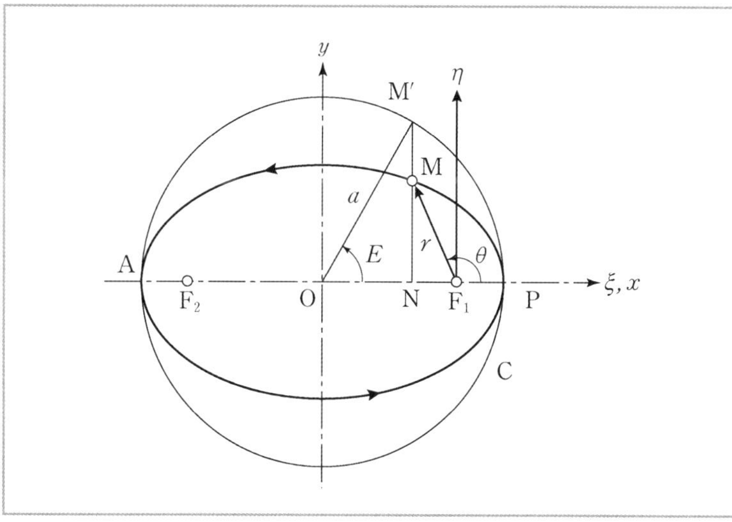

[그림 7.8] 진근점각 θ와 이심근점각 E의 관계

진근점각과 이심근점각은 0°(360°)와 180°에서 일치한다. 그림 7.8로부터

$$\overline{OF_1} = \overline{ON} + \overline{NF_1}$$

전 절의 식 (7.49)에 의해서

$$\overline{OF_1} = ae$$

또한

$$\overline{ON} = a\cos E, \quad \overline{NF_1} = r\cos(\pi - \theta) = -r\cos\theta$$

이므로

$$ae = a\cos E - r\cos\theta$$

궤도 식 (7.23)을 이용해서

$$\frac{p\cos\theta}{1 + e\cos\theta} = a(\cos E - e)$$

p에 식 (7.48)을 넣고 정리하면 다음 관계식을 얻는다.

$$\cos\theta = \frac{\cos E - e}{1 - e\cos E} \tag{7.67}$$

또한

$$\overline{\text{M}'\text{N}} = a \sin E \,, \overline{\text{MN}} = r \sin\theta$$

여기서

$$\frac{\overline{\text{MN}}}{\overline{\text{M}'\text{N}}} = \frac{b}{a}$$

으로 표현되는데, 그 이유는 그림 7.8의 원은,

$$x^2 + y^2 = a^2$$

이고, 타원은

$$\frac{x^2}{a^2} + \frac{y^2}{b^2} = 1$$

이때 $x = \overline{\text{ON}}$에 대해서 $\overline{\text{MN}}, \overline{\text{M}'\text{N}}$은 각각,

$$\overline{\text{MN}}^2 = b^2\left(1 - \frac{\overline{\text{ON}}^2}{a^2}\right) = \frac{b^2}{a^2}(a^2 - \overline{\text{ON}}^2)$$

$$\overline{\text{M}'\text{N}} = a^2 - \overline{\text{ON}}^2$$

그러므로

$$\frac{\overline{\text{MN}}}{\overline{\text{M}'\text{N}}} = \frac{b}{a}$$

이 되기 때문이다.

한편, 식 (7.51)를 이용하여 *b*/*a*를 표현하면

$$\frac{b}{a} = \sqrt{1 - e^2}$$

그러므로

$$\frac{\overline{\text{MN}}}{\overline{\text{M}'\text{N}}} = \frac{r \sin\theta}{a \sin E} = \frac{b}{a} = \sqrt{1 - e^2}$$

로부터

$$r\sin\theta = a\sqrt{1-e^2}\sin E$$

이 된다. 여기에 (7.23)과 (7.67)을 사용하면

$$\sin\theta = \frac{a}{p}\sqrt{1-e^2}\left[1+\frac{e(\cos E-e)}{1-e\cos E}\right]\sin E$$

이 되고, 이를 정리하면 다음 식을 얻는다.

$$\sin\theta = \frac{\sqrt{1-e^2}\sin E}{1-e\cos E} \tag{7.68}$$

또한, 위 식으로부터 다음과 같은 관계식을 도출할 수 있다.

$$\tan\frac{\theta}{2} = \frac{\sin\theta}{1+\cos\theta} = \frac{\sqrt{1-e^2}\sin E}{(1-e)(1+\cos E)} = \sqrt{\frac{1+e}{1-e}}\tan\frac{E}{2} \tag{7.69}$$

식 (7.69)는 진근점각 θ와 이심 근점각 E와의 관계를 표현하고 있다. 이제, 식 (7.68)을 미분하면 다음과 같은 식을 얻을 수 있다.

$$\cos\theta\, d\theta = \sqrt{1-e^2}\frac{\cos E-e}{(1-e\cos E)^2}dE$$

이를 정리하면,

$$d\theta = \frac{\sqrt{1-e^2}}{1-e\cos E}dE \tag{7.70}$$

식 (7.67)과 (7.70)을 (7.66)에 대입하면,

$$\begin{aligned} t-t_{\mathrm{p}} &= \frac{p^{3/2}}{\sqrt{\mu_e}}\int_0^E \frac{(1-e\cos E)^2}{(1-e^2)^2}\frac{\sqrt{1-e^2}}{1-e\cos E}dE \\ &= \frac{p^{3/2}}{\sqrt{\mu_e}(1-e^2)^{3/2}}\int_0^E (1-e\cos\theta)\, dE \end{aligned} \tag{7.71}$$

적분해서

$$t - t_{\mathrm{p}} = \frac{1}{\sqrt{\mu_e}}\left(\frac{p}{1-e^2}\right)^{3/2}(E - e\sin E)$$

식 (7.47)을 이용해서

$$t - t_{\mathrm{p}} = \frac{a^{\frac{3}{2}}}{\sqrt{\mu_e}}(E - e\sin E) \tag{7.72}$$

여기서

$$M = E - e\sin E \tag{7.73}$$

을 평균 근점각(Mean Anomaly)이라 정의한다. 평균 근점각을 사용하면

$$t - t_{\mathrm{p}} = \frac{a^{\frac{3}{2}}}{\sqrt{\mu_e}}M \tag{7.74}$$

이 된다.

식 (7.72) 혹은 (7.73)은 '케플러 방정식'으로 불린다. 케플러 방정식을 이용하여 진근점각 θ_1에서 θ_2까지 비행하는 데 필요한 시간 $t_2 - t_1$를 구할 수 있다. 먼저, 식 (7.69)를 사용해서 θ_1, θ_2에 대응하는 E_1, E_2를 구한다. 이어서, 식 (7.72)를 이용하면 다음과 같이 $t_2 - t_1$을 구할 수 있다.

$$t_2 - t_1 = \frac{a^{3/2}}{\sqrt{\mu_e}}[E_2 - E_1 - e(\sin E_2 - \sin E_1)] \tag{7.75}$$

비행체가 궤도를 완전하게 한 바퀴 돌 때에는 $E_2 = E_1 + 2\pi$이 되며

$$T = 2\pi\frac{a^{3/2}}{\sqrt{\mu_e}} \tag{7.76}$$

을 얻는다. 이는 타원궤도상의 비행체 주기를 나타내는 식이 된다.

식 (7.76)에 제시되었듯이, 타원궤도를 도는 비행체의 주기는, μ_e와 궤도의 장반경 a로 결정된다. 동일한 중력장 내에서(즉, μ_e가 일정할 때), 다른 장반경 a_1, a_2인 궤도상에 있

는 비행체의 주기 T_1, T_2 사이에는 식 (7.76)에 의해서 다음과 같은 관계가 있다.

$$\frac{T_1^2}{T_2^2} = \frac{a_1^3}{a_2^3} \tag{7.77}$$

이것이 케플러의 제3법칙이다. 시간 t_1, t_2가 주어지고 그 사이에 이동한 각도를 구하는 문제는 이 책에서 다루지 않는다.

문제 7.9

진근점각이 0에서 θ까지 변하는 동안 위치벡터가 지나간 부채꼴의 면적 A를 구하시오.

위에서 구한 면적의 타원궤도 전체가 둘러싼 면적에 대한 비율을 구하고, 이 비율이 타원궤도와 동일한 면적을 갖는 원궤도의 중심각 $M(= E - e\sin E)$의 부채꼴과의 면적비와 동일함을 보이시오.

8장

3차원 케플러 운동의 기술

8.1 궤도의 6요소

지금까지는 궤도면이 xy평면에 놓인 비행체의 궤도를 고려했는데, 이 장에서는 3차원 공간상에 궤도 운동을 나타내는 방법을 생각해보자. 3차원 공간에서 비행체의 위치 벡터는 2차(2nd order) 미분방정식으로 표현되므로 6개의 변수로 그 운동을 기술할 수 있다. 운동을 기술하는 방법에는 위치와 속도 벡터를 직교 좌표계의 3축 성분으로 표기하는 방법과 궤도의 6요소(Six Elements)라는 변수를 사용하는 방법이 있다.

타원궤도를 예로 들어서 궤도의 6요소를 정의하는 방법을 제시한다(그림 8.1 참조). 그림 8.1에 제시된 우주비행체의 궤도는 남반구에서 북반구로 올라가면서 어느 순간 적도면을 통과하고, 북반구에서 남반구로 내려오면서도 적도면을 통과한다. 타원궤도는 이 두 지점에서 적도면과 만나게 되는데, 올라가면서 적도면을 통과하는 지점을 승교점(Ascending Node)이라 하고 내려가면서 통과하는 지점을 강교점(Descending Node)이라 한다.

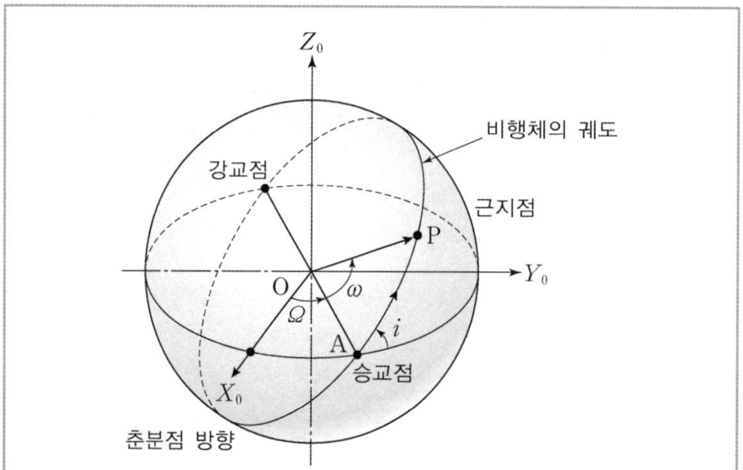

[그림 8.1] 지구중심 적도면 기준 관성좌표계로 비행체의 궤도면을 정의하는 방법
(6요소 가운데 Ω, i, ω가 관련됨)

궤도면과 적도면이 이루는 교선은 적도면 내에 있다. 이 교선이 그림 8.1의 X_0축(지구중심 적도면 기준 관성좌표이며 춘분점 방향과 일치)과 이루는 각도를 승교점적경(Ω: Right Ascension of the Ascending Node)이라 한다. 이는 춘분점을 기준으로 측정된 승교점의 적도면 경도를 의미한다.

우주비행체의 궤도면이 지구 적도면과 이루는 각도를 궤도경사각(i: Inclination Angle) 또는 줄여서 경사각이라고 한다. 우주비행체의 궤도를 적도면에 투영했을 때 비행체가 반시계 방향으로 운동하는 경우에 경사각이 90도보다 작은 값을 갖는 것으로 정의한다.

타원궤도의 장축 방향은 궤도평면상에서 궤도면과 적도면의 교선이 궤도의 근지점과 이루는 각도로 정의된다. 지구중심은 궤도평면에서 정의된 궤도방정식 (7.23)이 기준으로 하는 극좌표계의 원점과 일치한다. 궤도의 근지점은 궤도면과 적도면의 교선에서부터 측정된 근지점 인자(ω: Argument of Perigee)로 정의되며 이 극좌표계의 기준축에 놓이게 된다.

궤도평면 위에서 궤도의 모양은 반직현 p와 이심률 e로 표현하거나 장반경 a과 e로 기술할 수 있다(a, p, e 사이의 관계는 식 (7.48)처럼 표현된다).

위에서 설명한 방식으로 3차원 공간에서 우주비행체의 궤도를 표현할 수 있었다. 이제 이 궤도상에서 우주비행체의 위치를 결정하는 문제에 대해 생각해보자. 궤도상에서 비행체의 위치를 결정하기 위해서 비행체가 근지점을 통과하는 시각을 t_p로 정의한다. 주목할 만한 점으로는 (6요소 가운데) 지금까지 소개된 다섯 가지 요소인 Ω, i, ω, e, a는 케플러 운동이라는 가정하에서 시간에 따라 변하지 않고 일정하다는 것이다.* 시간 요소를 포함하지 않으면 비행체의 위치를 결정할 수 없으므로 근지점을 통과하는 시각인 t_p를 도입하는 것이며, 이 값은 궤도상에서 비행체의 위치를 나타내는 진근지점각 θ를 결정하는 데 사용된다.

6요소 가운데 t_p를 대신해서 진근지점각 θ 또는 평균근지점각 M을 사용하기도 한다. 비행체의 위치를 나타내기 위해서 '궤도면과 적도면의 교선으로부터의 각도'인 위도 인수 $u(=\omega+\theta)$가 사용되기도 한다. 좌표변환을 위한 좌표계의 회전은 적도면과 궤도면이 만나면서 만들어지는 직선을 기준으로 이루어지므로 좌표변환을 위해 u를 사용하는 편이 편리하게 된다(8.2절 참조).

지금까지 소개된 요소들을 이용하여 우주비행체의 궤도 운동을 3차원적으로 기술할 수 있다. Ω, i, ω, e, a, t_p (또는 t_p 대신 θ 또는 M)을 궤도의 6요소라 한다. Ω, i, ω는 다음과 같이 정의할 수도 있다.

우주비행체의 궤도면 벡터 $\boldsymbol{c}$는 지구중심 적도면 기준 관성좌표계의 Z_0축에 대해서 공간상에서 기울어지게 된다. 이 기울어진 정도를 i로 표현하며 이를 궤도경사각이라 부른다.

---

* 역자 주: 이는 직교좌표계상에서 우주비행체의 위치와 속도를 표현할 때에는 모든 성분들이 시간에 따라 변하는 것과 대비된다.

우주비행체의 운동은 지구 중력에 의해서 발생하는 케플러 운동이므로 그 궤도의 초점이 지구중심과 일치하게 된다. 궤도면 벡터를 적도면(X_0Y_0 평면)에 투영했을 때 $-Y_0$축 방향으로부터 반시계방향으로 측정한 각도가 승교점 적경인 Ω가 된다(그림 8.2).

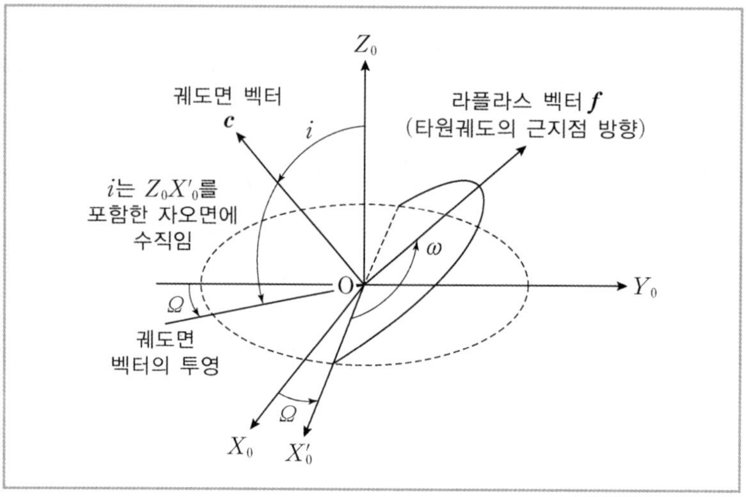

[그림 8.2] 적도면 좌표계 중심의 궤도면 벡터와 라플라스 벡터와 연관한 궤도요소의 정의

다음으로 궤도의 라플라스 벡터 $\boldsymbol{f}$의 방향을 승교점 방향으로부터 반시계방향으로 측정한 값을 근지점 인수 ω라 정의한다.

궤도면 벡터의 크기 c는 반직현과 관련이 있다($c^2 = \mu_e p$). Ω, i, p는 궤도면 벡터와 관련이 있다. 또한, 라플라스 벡터의 크기 f는 e와 관련이 있다($f = e\mu_e$). 즉, 6요소 가운데 ω, e는 라플라스 벡터와 관계가 있다.

6요소를 다시 한 번 정리하면 다음과 같다.

Ω : 승교점 적경 (right ascension of ascending node) $0 \le \Omega \le 2\pi$

i : (궤도) 경사각 (inclination angle) $0 \le i \le \pi$

$0 < i < \frac{\pi}{2}$이면 순방향 궤도(또는 동향 궤도) [1]

$\frac{\pi}{2} < i < \pi$이면 역방향 궤도(또는 서향 궤도)

---

1 동향 궤도는 지구의 북극 방향에서 지구 중심을 볼 때 반시계방향으로 회전하는 궤도이며 서향 궤도는 시계방향으로 회전하는 궤도를 의미한다.

$i = 0, \pi$이면 궤도면은 적도면과 일치

$i = \frac{\pi}{2}$이면 남극과 북극을 통과하는 궤도

ω : 근지점 인수(argument of perigee)　　$0 \leq \omega < 2\pi$

e : 이심률(eccentricity)　　$0 \leq e < 1$

a : 장반경(semi-major axis)

t_p : 우주비행체의 근지점 통과시각(t_p를 대신해서 근지점각 θ, 평균근지점각 M을 사용해도 좋음)

8.2 적도좌표계를 이용한 표기

우주비행체의 위치를 관성 공간 내에서 기술하기 위해서는 적도좌표계(r, α, δ)를 사용하는 편이 유리하다(그림 8.3). r은 지구 중심을 기준으로 하는 비행체의 거리이다. 적위 δ는 $\boldsymbol{r}$벡터와 적도면 사이의 각도이며 적도를 기준으로 북쪽에 위치한 경우를 양의 값으로 남쪽에 위치한 경우를 음의 값으로 취한다.

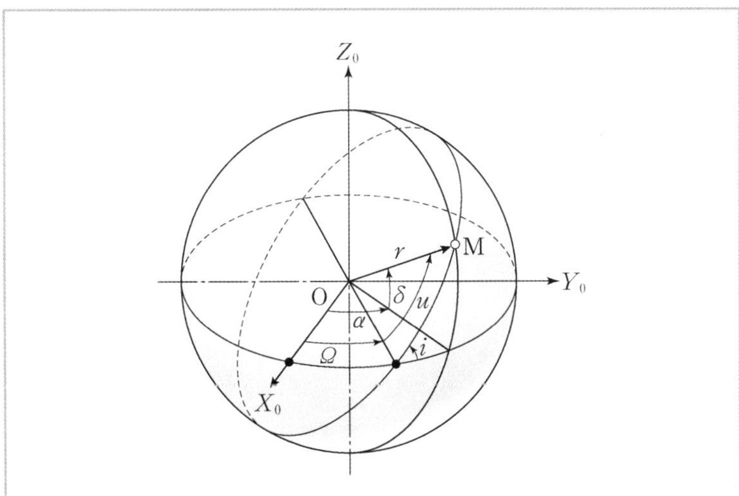

[그림 8.3] 적도좌표계(r, α, δ)와 지구중심궤도면 기준 관성좌표계의 관계

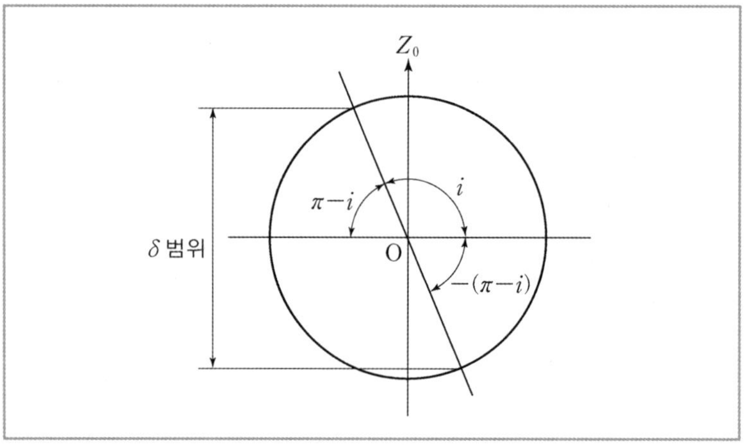

[그림 8.4] 경사각(i)이 $\frac{\pi}{2}$ 이상인 경우 적위(δ)의 범위

위도 인수 u, 적위 δ 그리고 궤도경사각 i 사이에는 구면삼각법 공식에 의하여 다음 관계가 성립한다(구면 삼각법 공식에 대해서는 부록 3을 참조).

$$\sin\delta = \sin i \sin u \tag{8.1}$$

우주비행체의 궤도경사각 i의 범위에 대응해서, δ의 범위는 다음과 같게 된다.

$$-i \le \delta \le i \qquad 0 \le i \le \frac{\pi}{2}$$

$$-(\pi - i) \le \delta \le \pi - i \qquad \frac{\pi}{2} \le i \le \pi$$

$\pi/2 \le i \le \pi$의 경우에 δ의 범위에 대해서는 그림 8.4를 참조하기로 한다.

α는 적경으로 불리며, $\boldsymbol{r}$ 벡터를 적도면 위로 투영시켜 춘분점 방향으로부터 반시계방향으로 측정한 값으로 정의된다. 적경, 궤도경사각, 승교점 적경, 위도 인수의 관계는 직각 구면삼각법 공식으로부터 다음과 같이 표현된다.

$$\tan(\alpha - \Omega) = \cos i \tan u \tag{8.2}$$

α의 범위는

$$0 \le \alpha \le 2\pi$$

α, δ와 지구중심 적도 기준 관성좌표계(X_0, Y_0, Z_0)의 관계는 지구중심에서 비행체까지의 거리를 r이라 할 때,

$$
\begin{aligned}
X_0 &= r\cos\delta\cos\alpha \\
Y_0 &= r\cos\delta\sin\alpha \\
Z_0 &= r\sin\delta
\end{aligned}
\tag{8.3}
$$

로 표현할 수 있다.

9장

발사체의 타원궤도 이론

9.1 타원궤도 방정식

추진기관이 멈춘 상태에서 발사체가 지구 주변 우주공간을 비행할 경우 대기로 인한 저항이 거의 없으므로 지구의 만유인력이 지배적인 외력이고 발사체가 케플러 운동을 한다고 볼 수 있다. 예를 들어 발사체가 추진기관의 연소 종료 후 탄도비행(또는 코스팅(Coasting)이라 함)을 하는 경우, 발사체로부터 분리된 1단이 지상으로 떨어질 경우, 또는 추진기관이 고공에서 알 수 없는 이유로 긴급 정지된 경우 등의 상황에서 이런 운동이 발생한다.

발사체가 지표면에 낙하할 수 있다는 점에서 발사체의 운동은 지구를 선회하고 있는 우주비행체의 운동과는 차이가 있다. 낙하점을 구하기 위해서, 원점을 지구중심에 둔 관성좌표계(지구중심 궤도면 기준 관성좌표계)를 사용해서 궤도면 내에서 2차원 운동을 한다고 가정한다. 이어서 지구의 자전을 고려하기 위해서 지구중심 적도면 기준 회전좌표계를 사용해서 발사체의 궤적을 지표면 위로 투영시킨다. 이때 공기저항의 효과는 작기 때문에 지표면에 낙하하는 경우에도 일차적으로 케플러 운동으로 모델링 할 수 있다. 이 장에서는 이와 같은 운동을 7장의 결과를 사용해서 살펴보기로 한다.

고도 H에 놓인 수평면을 기준으로 속도 v_0와 비행경로각 γ_0로 출발한 물체의 운동은 그림 9.1에 제시한 것처럼 타원궤도로 표현할 수 있다(그림에서 $H = y_0$).

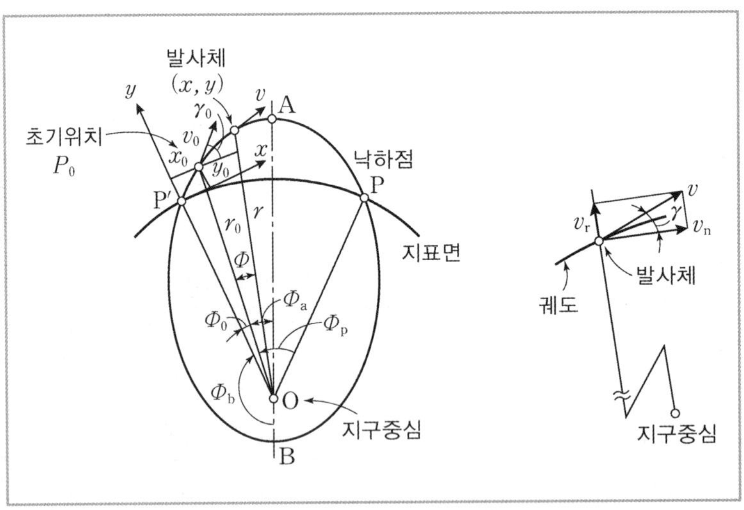

[그림 9.1] 고도 H에서 속도 v_0, 비행경로각 γ_0로 출발한 발사체의 궤적을 타원궤도로 근사화 함 (Охоцимский, 1990)

이를 위해서 지구 중심에 초점을 둔 타원을 고려한다(근지점 B, 원지점 A). 이 타원은 지표면과 두 점에서 (P′ 및 낙하점 P) 만나게 된다. 지구중심 O에서 측정한 발사체의 이동 각도(또는 위상각)를 $\varPhi$로 정의한다.

그림 9.1에 제시된 것처럼 $\overline{\mathrm{OB}}$를 기준으로 OP′까지의 위상각을 $\varPhi_{\mathrm{b}}$, 점 P′으로부터 발사체 초기 위치까지의 위상각을 $\varPhi_0$로 정의한다. 발사체의 위치 이동을 나타내는 위상각 $\varPhi$는 지구중심과 발사체의 초기 위치를 이은 선을 기준으로 측정한다. 초기 위치에서 원지점까지의 위상각을 $\varPhi_{\mathrm{a}}$, 낙하점까지의 위상각을 $\varPhi_{\mathrm{p}}$로 나타낸다.

초기 위치는 xy좌표나 고도와 각도로 기술한다. 지구중심에 원점이 놓인 극좌표계를 사용하면 편리하므로 주어진 초기조건을 극좌표$(r_0, \varPhi_0)$로 나타내기로 한다.

xy 좌표로 주어진 경우:

$$\tan \varPhi_0 = \frac{x_0}{R_e + y_0}$$

$$r_0 = \frac{R_e + y_0}{\cos \varPhi_0} = \frac{x_0}{\sin \varPhi_0}$$

고도 H_0, 각도 $\varPhi_0$으로 주어진 경우:

$$r_0 = R_e + H_0 \ (\varPhi_0\text{는 주어진 그대로 사용})$$

근지점을 기준으로 해서 측정한 위상각을 다음과 같이 θ로 정의할 수 있다.

$$\theta = \varPhi_{\mathrm{b}} + \varPhi_0 + \varPhi = \theta_0 + \varPhi$$
$$\theta_0 = \varPhi_{\mathrm{b}} + \varPhi_0$$

7장에 제시한 결과 가운데, 그림 9.1에 제시된 타원궤도와 관련된 식은 다음과 같다.

식 (7.36)에서 $\beta_0 = \gamma_0$으로 대체하고 식 (7.38)을 사용하면

$$p = \frac{1}{\mu_e} r_0^2 v_0^2 \cos^2 \gamma_0 = r_0 \nu_0 \cos^2 \gamma_0$$

식 (7.37), (7.39)에 의해서

$$e = \sqrt{1 + \frac{1}{\mu_e^2}\left(v_0^2 - \frac{2\mu_e}{r}\right) r_0^2 v_0^2 \cos^2 \gamma_0} = \sqrt{1 + \nu_0(\nu_0 - 2)\cos^2 \gamma_0}$$

추가로

$$\cos\theta_0 = \cos(\Phi_b + \Phi_0) = \frac{1}{e}\left(\frac{p}{r_0} - 1\right)$$

또, 식 (7.23)에 의해서

$$H = r - R_e = \frac{p}{1 + e\cos(\theta_0 + \Phi)} - R_e = \frac{p}{1 + e\cos\theta} - R_e$$

식 (7.42)에 의해서

$$v = \sqrt{\frac{\mu_e}{p}[1 + 2e\cos(\theta_0 + \Phi) + e^2]}$$

식 (7.40), (7.41)에 의해서

$$\gamma = \tan^{-1}\frac{v_r}{v_n} = \tan^{-1}\left[\frac{er}{p}\sin(\theta_0 + \Phi)\right]$$

식 (7.69), (7.72)에 의해서

$$t - t_0 = \frac{a^{3/2}}{\sqrt{\mu_e}}\{E - E_0 - e(\sin E - \sin E_0)\}$$

$$\tan\frac{\theta}{2} = \sqrt{\frac{1+e}{1-e}}\tan\frac{E}{2}$$

위에 제시된 식들을 이용해서 최고점에서의 고도와 속도, 그리고 지표면 위에서 출발하고 $\nu_0 > 1$인 경우의 궤도의 형태를 구해 본다.

(a) 최고점에서의 고도와 속도

최고점은 타원궤도의 원지점이고 그림 9.1의 A점이다.

$\theta = \theta_0 + \Phi = \pi$이므로 위에서 H, v의 식을 이용해서 다음과 같이 구한다.

$$H_A = \frac{p}{1-e} - R_e = \frac{r_0\nu_0\cos^2\gamma_0}{1 - \sqrt{1 - (2-\nu_0)\nu_0\cos^2\gamma_0}} - R_e$$

$$v_{\mathrm{A}} = \sqrt{\frac{\mu_e}{p}}(1-e) = \sqrt{\frac{\mu_e}{r_0\nu_0\cos^2\gamma_0}}\left(1-\sqrt{1-(2-\nu_0)\nu_0\cos^2\gamma_0}\right)$$

여기서

$$\nu_0 = \frac{r_0 v_0^2}{\mu_e}$$

타원의 장반경 a는 다음과 같다.

$$a = \frac{p}{1-e^2} = \frac{r_0}{2-\nu_0}$$

(b) 지표면에서 출발하고 $\nu_0 > 1$인 경우의 궤도

지표면에서 (그림 9.1의 A 점) 출발한 경우에는 $H_0 = 0$, $\gamma_0 = 0$, $\theta_0 = \pi(\Phi_{\mathrm{b}} = \pi$, $\Phi_0 = 0)$이므로 초기 속력을 v_0로 가정하면

$$\nu_0 = \frac{R_{\mathrm{e}} v_0^2}{\mu_e}$$

$$p = \frac{R_{\mathrm{c}}^2 v_0^2}{\mu_e} = \nu_0 R_{\mathrm{e}}$$

$$e = \nu_0 - 1$$

그림 9.2에 ν_0을 변화시켜 가면서 구한 타원 집합을 제시한다.

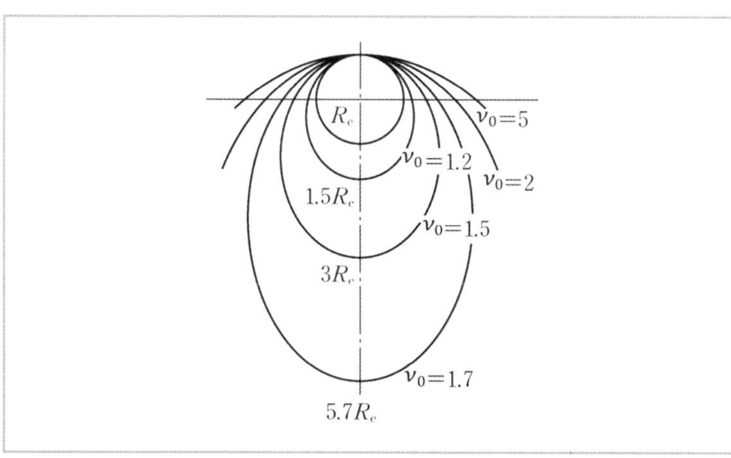

[그림 9.2] 지표면을 떠난 발사체($\nu_0 > 1$)의 궤도 (Аппазов, 1987)

9.2 낙하점까지의 이동 거리

9.1에서 구한 결과를 사용해서 낙하점까지의 이동 거리(또는 위상각 Φ_p)를 구한다.

그림 9.3에 제시된 것처럼 우주비행체의 초기 고도 H_0, 초기 속도 v_0, 비행경로각 γ_0가 주어진 것으로 설정한다. 이들로부터 초기 위치 벡터 $\boldsymbol{r}_0$와 낙하점 위치 벡터 $\boldsymbol{r}_p$ 사이의 각도 Φ_p를 구한다.

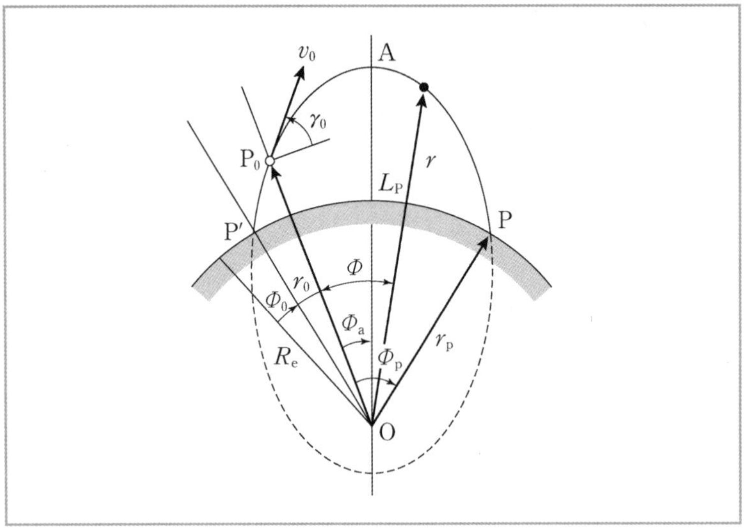

[그림 9.3] 중력장 내에서 발사체의 운동을 해석하기 위한 변수의 정의

속도를 방사 방향 성분 v_r과 이에 수직인 성분 v_n으로 나누면 다음이 성립된다.

$$v^2 = v_r^2 + v_n^2 \tag{9.1}$$

v_r은 식 (7.14)를 이용해서 다음과 같이 표현할 수 있다.

$$v_r = \frac{dr}{dt} = \frac{dr}{d\Phi}\frac{d\Phi}{dt} = \frac{dr}{d\Phi}\frac{c}{r^2} = -c\frac{d\left(\frac{1}{r}\right)}{d\Phi} \tag{9.2}$$

v_n에도 식 (7.14)를 적용하면 다음과 같다.

$$v_n = r\frac{d\Phi}{dt} = \frac{c}{r} \tag{9.3}$$

식 (9.2), (9.3)에서 Φ는 비행체의 초기 위치로부터 측정한 위치 벡터의 위상각을 나타낸다(그림 9.3 참조).

식 (9.2)와 (9.3)을 사용하면 식 (9.1)은 다음과 같다.

$$v^2 = c^2 \left\{ \left(\frac{1}{r}\right)^2 + \left[\frac{d\left(\frac{1}{r}\right)}{d\Phi}\right]^2 \right\} \tag{9.4}$$

이 식을 에너지 적분 식 (7.17)에 적용하면 다음과 같다.

$$c^2 \left\{ \left(\frac{1}{r}\right)^2 + \left[\frac{d\left(\frac{1}{r}\right)}{d\Phi}\right]^2 \right\} - \frac{2\mu_e}{r} = h \tag{9.5}$$

식 (9.5)를 Φ에 대해서 미분하면 다음 식을 얻는다.

$$\left\{ c^2 \left[\frac{1}{r} + \frac{d^2\left(\frac{1}{r}\right)}{d\Phi^2}\right] - \mu_e \right\} \frac{d\left(\frac{1}{r}\right)}{d\Phi} = 0 \tag{9.6}$$

등속직선운동이 아니라면 $d(1/r)/d\Phi \neq 0$이 되므로 식 (9.7)을 얻는다($d(1/r)/d\Phi = 0$의 경우는 식 (9.2)에 의해서, $dr/dt = 0$이 되어서, $r = ct$인 등속직선운동에 해당된다).

$$\frac{d^2\left(\frac{1}{r}\right)}{d\Phi^2} + \frac{1}{r} = \frac{\mu_e}{c^2} \tag{9.7}$$

이 방정식의 해는 다음과 같다.

$$\frac{1}{r} = \frac{\mu_e}{c^2} + A\cos\Phi + B\sin\Phi \tag{9.8}$$

상수 A, B는 다음 식으로부터 결정된다.

$$\left(\frac{1}{r}\right)_{\Phi=0} = \frac{1}{r_0} \tag{9.9}$$

$$\left[\frac{d\left(\frac{1}{r}\right)}{d\Phi}\right]_{\Phi=0} = -\frac{1}{r_0}\tan\gamma_0 \tag{9.10}$$

식 (9.10)은 식 (9.2)를 다음과 같이 변형하고, 식 (9.3) 그리고 $v_r/v_n = \tan\gamma$를 이용한 것이다.

$$\frac{d\left(\frac{1}{r}\right)}{d\Phi} = -\frac{v_r}{c} = -\frac{1}{r}\frac{v_r}{v_n} = -\frac{1}{r}\tan\gamma$$

적분 상수 A, B는 다음과 같다.

$$A = \frac{1}{r_0} - \frac{\mu_e}{c^2}, \qquad B = -\frac{1}{r_0}\tan\gamma_0 \tag{9.11}$$

식 (9.8)에 식 (9.11)을 대입하면,

$$\frac{1}{r} = \frac{\mu_e}{c^2} - \left(\frac{\mu_e}{c^2} - \frac{1}{r_0}\right)\cos\Phi \; - \frac{1}{r_0}\tan\gamma_0 \sin\Phi \tag{9.12}$$

$\sin\Phi, \cos\Phi$에 관한 다음 관계식,

$$\sin\Phi = \frac{2\tan\frac{\Phi}{2}}{1 + \tan^2\frac{\Phi}{2}}$$

$$\cos\Phi = \frac{1 - \tan^2\frac{\Phi}{2}}{1 + \tan^2\frac{\Phi}{2}}$$

을 이용하면 식 (9.12)는,

$$\left(\frac{1}{r_0} - \frac{\mu_e}{c^2}\right)\left(1 - \tan^2\frac{\Phi}{2}\right) \; - \frac{2}{r_0}\tan\gamma_0 \tan\frac{\Phi}{2} - \left(\frac{1}{r} - \frac{\mu_e}{c^2}\right)\left(1 + \tan^2\frac{\Phi}{2}\right) = 0$$

이 되며, 최종적으로는 다음 식을 얻는다.

$$\left(\frac{2\mu_e}{c^2} - \frac{1}{r_0} - \frac{1}{r}\right)\tan^2\frac{\Phi}{2} \; - \frac{2}{r_0}\tan\gamma_0 \tan\frac{\Phi}{2} + \frac{1}{r_0} - \frac{1}{r} = 0 \tag{9.13}$$

식 (7.34)에 의해서,

$$\frac{\mu_e}{c^2} = \frac{\mu_e}{r_0^2 v_0^2 \cos^2\gamma_0} = \frac{1}{r_0 v_0 \cos^2\gamma_0}$$

이것을 이용하면,

$$[2r-(r_0+r)\nu_0\cos^2\gamma_0]\tan^2\frac{\Phi}{2}-2\nu_0 r\sin\gamma_0\cos\gamma_0\tan\frac{\Phi}{2}-(r_0-r)\nu_0\cos^2\gamma_0=0 \tag{9.14}$$

수직 상승의 경우($\gamma_0=\pi/2$)는 고려하지 않으므로, 양변을 $\cos^2\gamma_0$로 나눈다. 그러면, 계수가 r로 표현되는 다음과 같은 $\tan(\frac{\Phi}{2})$에 대한 2차방정식을 얻는다.

$$[2r(1+\tan^2\gamma_0)-(r_0+r)\nu_0]\tan^2\frac{\Phi}{2}-2\nu_0 r\tan\gamma_0\tan\frac{\Phi}{2}-(r_0-r)\nu_0=0 \tag{9.15}$$

여기서,

$$\begin{aligned} a(r)&=2r(1+\tan^2\gamma_0)-(r_0+r)\nu_0 \\ b(r)&=\nu_0 r\tan\gamma_0 \\ c(r)&=(r_0-r)\nu_0 \end{aligned} \tag{9.16}$$

로 놓으면, 방정식 (9.15)는 다음과 같다.

$$a(r)\tan^2\frac{\Phi}{2}-2b(r)\tan\frac{\Phi}{2}-c(r)=0 \tag{9.17}$$

이 방정식의 해는,

$$\tan\frac{\Phi}{2}=\frac{b(r)\pm\sqrt{\{b(r)\}^2+a(r)c(r)}}{a(r)} \tag{9.18}$$

이다. 식 (9.18)의 근의 + 부호는, 궤도가 지표면에 낙하하는 점(그림 9.3의 점 P)에 해당하며, − 부호는 지표에서 출발한 점(그림 9.3의 점 P′)에 해당한다. 여기서는 낙하점을 구하는 것이 목적이므로, $r=r_p$로 놓고 부호가 +인 경우를 고려한다. 그러면 낙하점까지의 위상각도 Φ_{p}는

$$\Phi_{\mathrm{p}}=2\tan^{-1}\frac{b(r_p)+\sqrt{\{b(r_p)\}^2+a(r_p)c(r_p)}}{a(r_p)} \tag{9.19}$$

여기서,

$$a(r_p)=2r_p(1+\tan^2\gamma_0)-(r_0+r_p)\nu_0 \tag{9.20}$$

$$b(r_p) = \nu_0 r_p \tan\gamma_0 \tag{9.21}$$

$$c(r_p) = (r_0 - r_p)\nu_0 \tag{9.22}$$

특별히 $r_0 = r_p$인 경우에는,

$$a(r_0) = 2r_0(1 + \tan^2\gamma_0 - \nu_0) \tag{9.23}$$

$$b(r_0) = \nu_0 r_0 \tan\gamma_0 \tag{9.24}$$

$$c(r_0) = 0 \tag{9.25}$$

이 되며, Φ_p는 다음과 같다.

$$\Phi_p = 2\tan^{-1}\frac{\nu_0 \tan\gamma_0}{1 + \tan^2\gamma_0 - \nu_0} \tag{9.26}$$

또한, 낙하점이 지표 위에 있는 경우, 낙하시까지의 비행거리 L_p(초기 위치에서의 수직 바로 밑의 지상 위 점에서 낙하점까지)는 그림 9.3에 의해서,

$$L_p = R_e \Phi_p \tag{9.27}$$

또한, 식 (9.15)에서 $r = r_p, \Phi = \Phi_{\mathrm{p}}$로 놓은 다음 식도 편리한 경우가 있다.

$$\left[2r_p(1 + \tan^2\gamma_0) - (r_0 + r_p)\nu_0\right]\tan^2\frac{\Phi_p}{2} - 2\nu_0 r_p \tan\gamma_0 \tan\frac{\Phi_p}{2} - (r_0 - r_p)\nu_0 = 0 \tag{9.28}$$

예제 9.1 연소를 종료한 1단 로켓의 분리 지점에서 다음 데이터가 주어졌다.

고도 101.4 km

지표면 거리 319.2 km (발사 지점에서 분리 지점 바로 아래까지의 지표면 이동 거리)

관성속도 3.965 km/s

관성 비행경로각(inertial flight path angle) 10.5도

분리된 1단 로켓이 해수면에 낙하하기까지 비행 위상각 그리고 낙하하기까지

비행하는 거리를 구하시오. 대기로 인한 공기 저항은 무시한다.

해답

$$H_0 = 101.4\ \mathrm{km}$$

$$r_0 = 6,378 + 101.4 = 6,479\ \mathrm{km}$$

$$r_p = 6,378\ \mathrm{km}$$

$$v_0 = 3.965\ \mathrm{km/s}$$

$$\tan\gamma_0 = 0.18534$$

$$\nu_0 = \frac{r_0 v_0^2}{\mu_\mathrm{e}} = 0.256$$

식 (9.20)~(9.22)에 위 값을 대입하면,

$$a(r_\mathrm{p}) = 9,903$$

$$b(r_\mathrm{p}) = 302.6$$

$$c(r_\mathrm{p}) = 26.0$$

이것에 의해서

$$\Phi_\mathrm{p} = 10.31\ \mathrm{deg}$$

$$L_\mathrm{p} = R_\mathrm{e}\Phi_\mathrm{p} = 1,148\ \mathrm{km}$$

이다.

9.3 낙하점의 경도 · 위도를 구하는 방법

초기 경도 · 위도로부터 낙하점의 경도 · 위도를 산출하는 방법을 알아 본다.

그림 9.4에 대해서, 점 P_0에서 비행체의 고도 H_0, 속도 v_0, 비행 경로각 γ_0이 주어졌다고 가정하자. 또한, 경도 λ_0 · 위도 φ_0 그리고 비행 방위각(북쪽에서 측정한 국부 수평 비행 방향) ψ_A도 주어진 것으로 한다.

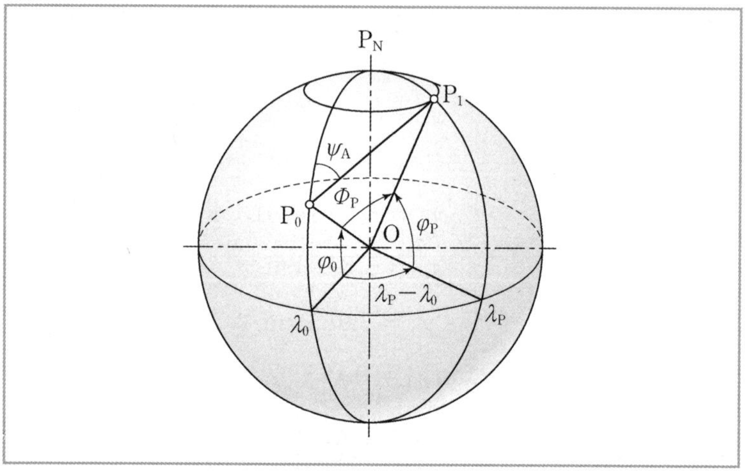

[그림 9.4] 초기 경도와 위도로부터 낙하점 경도와 위도를 구하기 위한 기호

지구의 자전을 고려하지 않는 경우를 먼저 생각한다. 주어진 초기 조건을 식 (9.16), (9.19)에 사용해서, $\Phi_{\rm p}$를 구한다. 그림 9.4의 구면 삼각형 P_0, P_1, P_N에 구면 삼각법 공식을 이용하면 $\varphi_{\rm p}, \lambda_{\rm p}$을 구하는 다음 식을 얻을 수 있다.

$$\sin\varphi_{\rm p} = \cos\Phi_{\rm p}\sin\varphi_0 + \cos\psi_{\rm A}\sin\Phi_{\rm p}\cos\varphi_0 \tag{9.29}$$

$$\sin(\lambda_{\rm p} - \lambda_0) = \frac{\sin\psi_{\rm A}\sin\Phi_{\rm p}}{\cos\varphi_{\rm p}} \tag{9.30}$$

$$\cos(\lambda_{\rm p} - \lambda_0) = \frac{\cos\Phi_{\rm p} - \sin\varphi_0\sin\varphi_{\rm p}}{\cos\varphi_0\cos\varphi_{\rm p}} \tag{9.31}$$

> $\angle P_N$는 $\lambda_{\rm p} - \lambda_0$이다. 또한, $\angle P_0OP_N$는 $\pi/2 - \varphi_0$, $\angle P_1OP_N$는 $\pi/2 - \varphi_{\rm p}$인 것에 주의하며, 부록 3의 구면 삼각법의 사인 법칙 그리고 코사인 법칙을 적용한다.

다음으로, 지구의 자전을 고려한다. P_0에서 P_1까지의 비행시간을 $t_{\rm f}$로 놓으면, 지구는 시간 $t_{\rm f}$ 사이에 $\omega_{\rm e}t_{\rm f}$ 이동하며, 이것은 경도에만 영향을 주므로,

$$\lambda'_{\rm p} = \lambda_{\rm p} - \omega_{\rm e}t_{\rm f} \tag{9.32}$$

$$\varphi'_{\rm p} = \varphi_{\rm p} \tag{9.33}$$

$t_{\rm f}$는 식 (7.75)에 의해서,

$$t_{\mathrm{f}} = \frac{a^{3/2}}{\sqrt{\mu_e}}\left[E_{\mathrm{p}} - E_0 - e\left(\sin E_{\mathrm{p}} - \sin E_0\right)\right]$$

여기서,

$$a = \frac{p}{1-e^2} = \frac{r_0}{2-v_0}$$

E_0, E_{p}는 다음 식 (7.69)에 의해서 구한다.

$$\tan\frac{\theta}{2} = \sqrt{\frac{1+e}{1-e}}\tan\frac{E}{2}$$

여기서 이용한 $\theta_{\mathrm{p}}, \theta_0$는 식 (7.23)에 의해서,

$$\cos\theta_{\mathrm{p}} = \frac{1}{e}\left(\frac{p}{r_{\mathrm{p}}} - 1\right) \quad (\pi < \theta_{\mathrm{p}} < 2\pi) \tag{9.34}$$

$$\cos\theta_0 = \frac{1}{e}\left(\frac{p}{r_0} - 1\right) \quad (0 < \theta_0 < \pi) \tag{9.35}$$

과 같이 구할 수 있다.

예제 9.2 예제 9.1에서,

$$\lambda_0 = 134.28^\circ\mathrm{E}$$
$$\varphi_0 = 30.04^\circ\mathrm{N}$$
$$\psi_{\mathrm{A}} = 94.70^\circ$$

인 경우에 낙하점의 경도, 위도를 구하시오.

해답 (1) 지구의 자전을 고려하지 않은 경우

식 (9.29), (9.30)에 $\Phi_{\mathrm{p}} = 10.31^\circ$, $\varphi_0 = 30.04^\circ$, $\psi_{\mathrm{A}} = 94.70^\circ$을 이용해서,

$$\sin\varphi_{\mathrm{p}} = 0.480$$

에 의해서,

$$\varphi_{\mathrm{p}} = 28.70^\circ$$
$$\sin(\lambda_{\mathrm{p}} - \lambda_0) = 0.204$$

에 의해서,

$$\lambda_p = 146.02^\circ$$

이 된다.

(2) 지구의 자전을 고려한 경우

$$\nu_0 = 0.256, \qquad r_0 = 6,479 \text{ km}$$
$$r_p = 6,378 \text{ km}, \quad \gamma_0 = 10.5^\circ$$

을 이용하면,

$$p = 1,604 \text{ km} \qquad e = 0.749$$
$$\theta_0 = 176.4^\circ \qquad \theta_p = 186.8^\circ$$
$$E_0 = 170.4^\circ \qquad E_p = 198.3^\circ$$
$$a = 3,715 \text{ km}$$

이것에 의해서,

$$t_f = 304 \text{ s}$$
$$\omega_e t_f = 1.27^\circ$$

그러므로,

$$\lambda_p' = 146.0^\circ - 1.3^\circ = 144.7^\circ$$
$$\varphi_p' = \varphi_p = 28.70^\circ$$

이다.

문제 9.1

로켓의 추진기관이 비행 중 갑자기 정지했다. 이때의 위치, 관성 속도, 비행방향 데이터는 다음과 같다.

고도 $H = 124$ km, $v_x = 4,065$ m/s, $v_y = 542$ m/s

경도: $\lambda = 135.6^\circ$, 위도: $\varphi = 30^\circ$, 방위각: $A = 97.5^\circ$,

로켓이 해수면에 낙하하기까지 비행하는 위상각 Φ_p과 비행거리 L_p를 구하시오. 또한, 낙하점의 경도, 위도를 구하시오.

10장

궤도의 섭동

10.1 접촉궤도

지금까지는 우주비행체의 운동을 지구의 만유인력이 지구 중심 방향의 중력장(Central Force Field)으로 작용하는 이른바 케플러 운동으로 다루어 왔다. 그러나 지구의 실제 중력장은 거리의 제곱에 반비례하는 중력장만으로 이루어져 있지 않으며, 우주비행체에는 지구의 만유인력 이외에도 다른 천체(태양, 달, 행성 등)의 만유인력, 고층 대기의 공기 저항, 태양풍 압력, 지구 자기 장에 의한 힘 등이 작용하기 때문에 비행체는 케플러 운동으로부터 벗어나게 된다.

이처럼 중력장 이외의 힘 성분에 의하여 케플러 운동을 벗어나는 것을 섭동(Perturbation)이라고 정의하고, 섭동의 원인이 되는 힘을 섭동력이라고 한다. 이 장에서는 표준 중력장 내에서의 비행체의 섭동, 즉 중력 퍼텐셜의 보정항에 의해서 발생하는 섭동에 대해서 생각해보자.

섭동을 다루기에 앞서서 먼저 접촉궤도라고 하는 사고체계를 이해할 필요가 있다. 지구 중심 방향의 중력장 내에서 우주비행체의 케플러 운동방정식은 다음과 같다. (c는 지구 중심 방향의 중력장 하에서의 운동을 나타내는 하첨자이다.)

$$\frac{d^2\boldsymbol{r}_c}{dt^2} = -\frac{\mu_e}{r^3}\boldsymbol{r}_c \tag{10.1}$$

우변은 지구가 완전히 균일한 구형체일 때 지구의 인력에 해당하며, 실제로는 지구 중력 퍼텐셜 보정항에 의해 우주비행체의 운동이 케플러 운동을 벗어나게 된다. 이 섭동력을 포함한 운동의 위치 벡터를 $\boldsymbol{r}$, 섭동 가속도를 $\boldsymbol{\alpha}$로 표현하면, 운동방정식은 다음과 같다.

$$\frac{d^2\boldsymbol{r}}{dt^2} = -\frac{\mu_e}{r^3}\boldsymbol{r} + \boldsymbol{\alpha} \tag{10.2}$$

섭동력을 받고 있는 물체의 운동이 어느 시각 τ에서의 케플러 운동이라고 가정하면 다음 식이 성립된다.

$$\boldsymbol{r}_c(\tau) = \boldsymbol{r}\,(\tau) \qquad \left(\frac{d\boldsymbol{r}_c}{dt}\right)_{t=\tau} = \left(\frac{d\boldsymbol{r}}{dt}\right)_{t=\tau} \tag{10.3}$$

식 (10.1)~(10.3)을 풀어내면 케플러 운동을 하는 특정 궤도를 결정할 수 있다.

다음으로, 매우 짧은 시간이 흐른 지점에 대해서 동일한 과정을 반복하면 케플러 운동을 하는 또 다른 궤도를 얻게 된다. 즉, 섭동력을 받은 비행체의 운동을 짧은 시간에 대해서는 케플러 운동으로 표현하고, 시간이 경과함에 따라서는 조금씩 다른 케플러 운동으로 변화되어 가는 것으로 가정한다는 뜻이다. 이와 같은 과정을 반복해서 구해낸 한 무리의 케플러 운동은 섭동력을 받은 실제 궤도에 접하는 포락선(Envelope)이 될 것이다. 이러한 한 무리의 케플러 운동들을 접촉궤도(Osculating Orbit)라고 정의하며 접촉궤도의 6요소를 접촉궤도요소(Osculating Orbital Element)라고 부른다. 다시 말해서 접촉궤도의 6요소는 상수가 아닌 시간의 함수이므로 시간에 따라서 변한다.

즉, 식을 정리하기에 앞서

$$\frac{d\boldsymbol{r}}{dt} = \left(\frac{d\boldsymbol{r}}{dt}\right)_{\mathrm{c}} + \left(\frac{d\boldsymbol{r}}{dt}\right)_{\mathrm{p}}$$

로 놓고 $\left(\frac{dr}{dt}\right)_{\mathrm{c}}$ 는 케플러 운동에 대응하는 값이고 $\left(\frac{dr}{dt}\right)_{\mathrm{p}}$ 는 케플러 운동에서 벗어난 부분에 해당한다고 보는 것이다(p는 'perturbation(섭동)'의 머리글자).

섭동을 고려하기 위해서는 그림 10.1에 제시된 것처럼 지구중심 적도면 기준 관성좌표계와 지구중심 궤도면 기준 관성좌표계의 관계를 잇는 방법을 사용하는데, 궤도면 기준 좌표계의 좌표축을 그림에서처럼 (ξ, η, ζ)로 정의한다(3.3.5항 참조).

접촉궤도를 지구중심 궤도면 기준 관성좌표계 내에서 고려하게 된다. 즉, 섭동력을 받아서 운동하고 있는 비행체의 운동에서 케플러 운동에 해당하는 부분(식 (10.2)의 우변 제1항)

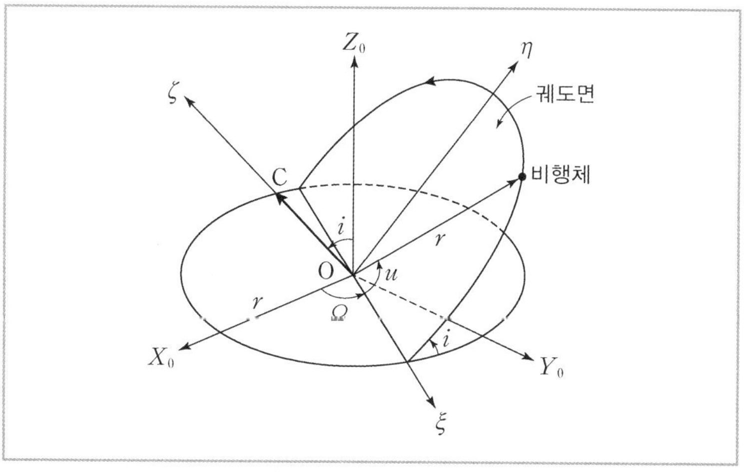

[그림 10.1] 지구중심 궤도면 기준 관성좌표계와 지구중심 적도면 기준 관성좌표계
(두 좌표계의 원점 일치)

은 7장에서 기술한 중력장에 의한 운동방정식을 만족한다.

10.2 궤도요소 섭동의 기본식

비행체 궤도의 기하학적 형상과 공간배치를 결정하는 것은 궤도면벡터 $\boldsymbol{c}$와 라플라스 벡터 $\boldsymbol{f}$이다(7.2절). 궤도면 벡터는 승교점 적경 Ω, 궤도 경사각 i, 반직현 p로 결정된다(8.1절 참조). 또한 라플라스 벡터 $\boldsymbol{f}$는 근지점 인수 ω와 이심률 e로 결정된다(8.1절 참조).

그러므로 Ω, i, p의 섭동은 자연스럽게 궤도면 벡터의 움직임과 관련되고 ω와 e의 섭동은 라플라스 벡터의 움직임과 관련된다고 생각할 수 있다. 실제로도 그러하므로, 지금부터는 Ω, i, p의 섭동과 ω, e의 섭동으로 구분해서 설명한다. 근지점을 통과하는 시각 t_{p}의 섭동은 다루기가 어려우므로 이 책에서는 생략하기로 한다.

10.2.1 $\boldsymbol{\Omega}, \boldsymbol{i}, \boldsymbol{p}$의 섭동

섭동력하에서 운동하는 비행체의 궤도면벡터 $\boldsymbol{c}$는 식 (7.12)에 의해 다음과 같이 정의된다.

$$\boldsymbol{c} = \boldsymbol{r} \times \boldsymbol{v} = \boldsymbol{r} \times \frac{d\boldsymbol{r}}{dt}$$

여기서 $\boldsymbol{r}, \boldsymbol{v}$ 등은 섭동력 영향하에서의 접촉궤도 운동을 나타내며 위치벡터 $\boldsymbol{r}$과 섭동가속도 $\boldsymbol{\alpha}$ 사이에는 식 (10.2)의 관계가 있다. 위 식을 시간에 대해서 미분하면 다음과 같다.

$$\frac{d\boldsymbol{c}}{dt} = \frac{d\boldsymbol{r}}{dt} \times \frac{d\boldsymbol{r}}{dt} + \boldsymbol{r} \times \frac{d^2\boldsymbol{r}}{dt^2} \tag{10.4}$$

식 (10.4)의 우변 첫 번째 항 $(\frac{d\boldsymbol{r}}{dt} \times \frac{d\boldsymbol{r}}{dt})$은 0이다. 식 (10.4) 우변 두 번째 항인 $d^2\boldsymbol{r}/dt^2$에 식 (10.2)를 대입하면 다음과 같은 관계식을 얻는다.

$$\frac{d\boldsymbol{c}}{dt} = \boldsymbol{r} \times \left(-\frac{\mu_{\mathrm{e}}}{r^3}\boldsymbol{r} + \boldsymbol{\alpha}\right) = \boldsymbol{r} \times \boldsymbol{\alpha} \tag{10.5}$$

여기서 앞으로 사용할 좌표계에 대해서 기술한다. 비행체의 운동은 지구중심 궤도면 기준 관성좌표계를 사용해서 기술하는데, 지구중심과 승교점을 연결하는 선분을 기준선으로 놓고 궤도면 내에서 변화각 $u(=\omega+\theta)$와 위도 인수를 취하는 방식으로 비행체의 위치를 정의하는 (ξ,η,ζ) 좌표계를 사용한다(3.3.5 참조). 이 표기법은 근지점을 기준으로 하는 방식에 비해서 섭동을 기술하기에 더 편리하다.

비행체에 작용하는 힘은 원점이 기체중심에 놓인 궤도면 기준 회전좌표계(3.3.7의 (n,r,b) 좌표계)를 사용해서 기술하며 그 성분을 (ξ,η,ζ) 좌표계에서 나타내기로 한다.

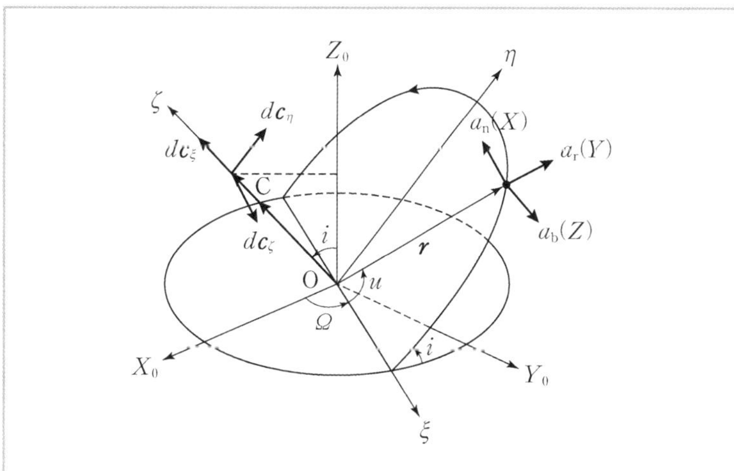

[그림 10.2] 섭동력 성분과 $d\boldsymbol{c}_\xi, d\boldsymbol{c}_\eta, d\boldsymbol{c}_\varsigma$

섭동가속도 $\boldsymbol{\alpha}$의 성분은 그림 10.2에 제시된 것처럼 a_n, a_r, a_b로 표현하고, 이들을 ξ,η,ζ 성분으로 변환하면 다음과 같다.

$$\boldsymbol{\alpha}=(a_\mathrm{r}\cos u-a_\mathrm{n}\sin u,\quad a_\mathrm{r}\sin u+a_\mathrm{n}\cos u,\quad -a_\mathrm{b})^\mathrm{T} \tag{10.6}$$

위치 벡터 $\boldsymbol{r}$을 ξ,η,ζ 성분으로 쓰면 다음과 같다.

$$\boldsymbol{r}=(r\cos u,\quad r\sin u,\quad 0)^\mathrm{T} \tag{10.7}$$

식 (10.6)과 (10.7)을 이용하면 식 (10.5)를 다음과 같이 각각의 성분으로 풀어 쓸 수 있다.

$$\frac{dc_\xi}{dt}=-a_\mathrm{b}r\sin u \qquad \frac{dc_\eta}{dt}=a_\mathrm{b}r\cos u \qquad \frac{dc_\varsigma}{dt}=a_\mathrm{n}r$$

따라서, 벡터 $\boldsymbol{c}$의 변화량은 다음과 같다.

$$dc_{\xi} = -(a_{\mathrm{b}} r \sin u)dt \quad dc_{\eta} = (a_{\mathrm{b}} r \cos u)dt \quad dc_{\varsigma} = a_{\mathrm{n}} r dt \tag{10.8}$$

한편, 그림 10.2로부터

$$dc_{\xi} = c \sin i \, d\Omega \qquad dc_{\eta} = -c di \tag{10.9}$$

또한, 식 (7.21)에 의해서

$$c = \sqrt{\mu_{\mathrm{e}} p} \tag{10.10}$$

이므로

$$dc_{\xi} = dc = \frac{1}{2}\sqrt{\frac{\mu_{\mathrm{e}}}{p}} dp \tag{10.11}$$

식 (10.8), (10.9), (10.11)에 의해서

$$\frac{d\Omega}{dt} = -a_{\mathrm{b}} \frac{r}{\sqrt{\mu_{\mathrm{e}} p}} \frac{\sin u}{\sin i} \tag{10.12}$$

$$\frac{di}{dt} = -a_{\mathrm{b}} \frac{r}{\sqrt{\mu_{\mathrm{e}} p}} \cos u \tag{10.13}$$

$$\frac{dp}{dt} = 2a_{\mathrm{n}} r \sqrt{\frac{p}{\mu_{\mathrm{e}}}} \tag{10.14}$$

이 된다.

10.2.2 $\boldsymbol{e}, \boldsymbol{\omega}$의 섭동

식 (7.15)에 의하면 라플라스 벡터는

$$\boldsymbol{f} = \boldsymbol{v} \times \boldsymbol{c} - \mu_{\mathrm{e}} \frac{\boldsymbol{r}}{r}$$

위 식을 시간에 대해서 미분해서,

$$\frac{d\boldsymbol{f}}{dt}=\frac{d\boldsymbol{v}}{dt}\times\boldsymbol{c}+\boldsymbol{v}\times\frac{d\boldsymbol{c}}{dt}-\frac{\mu_{\mathrm{e}}}{r}\frac{d\boldsymbol{r}}{dt}+\frac{\mu_{\mathrm{e}}}{r^2}\boldsymbol{r}\frac{dr}{dt}$$

$\boldsymbol{v}=d\boldsymbol{r}/dt$와 식 (10.2)를 고려하면

$$\frac{d\boldsymbol{f}}{dt}=-\frac{\mu_{\mathrm{e}}}{r^3}\boldsymbol{r}\times\boldsymbol{c}+\boldsymbol{\alpha}\times\boldsymbol{c}+\boldsymbol{v}\times\frac{d\boldsymbol{c}}{dt}-\frac{\mu_{\mathrm{e}}}{r}\frac{d\boldsymbol{r}}{dt}+\frac{\mu_{\mathrm{e}}}{r^2}\boldsymbol{r}\frac{dr}{dt}\tag{10.15}$$

여기서

$$\frac{d\boldsymbol{f}}{dt}=\left(\frac{d\boldsymbol{f}}{dt}\right)_{\mathrm{c}}+\left(\frac{d\boldsymbol{f}}{dt}\right)_{\mathrm{p}}$$

로 놓고 $(d\boldsymbol{f}/dt)_{\mathrm{c}}$는 케플러 운동에 대응하는 부분으로 생각한다. 그러면, 케플러 운동에 대해서는,

$$\boldsymbol{\alpha}=\boldsymbol{0},\quad \boldsymbol{c}=\mathrm{const},\quad \frac{d\boldsymbol{c}}{dt}=\boldsymbol{0},\quad \boldsymbol{f}=\mathrm{const},\quad \frac{d\boldsymbol{f}}{dt}=\boldsymbol{0}$$

이므로, 식 (10.15)에 이들 조건을 적용하면

$$\boldsymbol{0}=-\frac{\mu_{\mathrm{e}}}{r^3}\boldsymbol{r}\times\boldsymbol{c}-\frac{\mu_{\mathrm{e}}}{r}\frac{d\boldsymbol{r}}{dt}+\frac{\mu_{\mathrm{e}}}{r^2}\boldsymbol{r}\frac{dr}{dt}$$

을 얻는다. 이 관계식을 사용해서 식 (10.15)를 정리하면 다음 식을 얻는다.

$$\frac{d\boldsymbol{f}}{dt}=\left(\frac{d\boldsymbol{f}}{dt}\right)_{\mathrm{p}}=\boldsymbol{\alpha}\times\boldsymbol{c}+\boldsymbol{v}\times\frac{d\boldsymbol{c}}{dt}\tag{10.16}$$

추가로

$$\boldsymbol{c}=\boldsymbol{r}\times\boldsymbol{v},\quad \frac{d\boldsymbol{c}}{dt}=\boldsymbol{r}\times\boldsymbol{\alpha}$$

임을 고려하면

$$\begin{aligned}\frac{d\boldsymbol{f}}{dt}&=\boldsymbol{\alpha}\times(\boldsymbol{r}\times\boldsymbol{v})+\boldsymbol{v}\times(\boldsymbol{r}\times\boldsymbol{\alpha})\\&=\boldsymbol{2r}(\boldsymbol{\alpha}\cdot\boldsymbol{v})-\boldsymbol{v}(\boldsymbol{\alpha}\cdot\boldsymbol{r})-\boldsymbol{\alpha}(\boldsymbol{v}\cdot\boldsymbol{r})\end{aligned}\tag{10.17}$$

여기서 식 (10.6), (10.7) 그리고

$$\boldsymbol{v} = (v_{\mathrm{r}} \cos u - v_{\mathrm{n}} \sin u, \quad v_{\mathrm{r}} \sin u + v_{\mathrm{n}} \cos u, \quad 0)^{\mathrm{T}} \qquad (10.18)^{1}$$

의 관계를 이용하면, 식 (10.17)은 다음과 같이 된다.

$$\frac{d\boldsymbol{f}}{dt} = 2\boldsymbol{r}(a_{\mathrm{r}} v_{\mathrm{r}} + a_{\mathrm{n}} v_{\mathrm{n}}) - \boldsymbol{v} a_{\mathrm{r}} r - \boldsymbol{\alpha} v_{\mathrm{r}} r \qquad (10.19)$$

식 (10.19)의 r축 방향 성분은

$$\left(\frac{d\boldsymbol{f}}{dt}\right)_{\mathrm{r}} = 2r(a_{\mathrm{r}} v_{\mathrm{r}} + a_{\mathrm{n}} v_{\mathrm{n}}) - v_{\mathrm{r}} a_{\mathrm{r}} r - a_{\mathrm{r}} v_{\mathrm{r}} r = 2a_{\mathrm{n}} v_{\mathrm{n}} r$$

여기서

$$v_{\mathrm{n}} r = c = \sqrt{\mu_{\mathrm{e}} p}$$

임을 고려하면

$$\left(\frac{d\boldsymbol{f}}{dt}\right)_{\mathrm{r}} = 2a_{\mathrm{n}} \sqrt{\mu_{\mathrm{e}} p} \qquad (10.20)$$

식 (10.19)의 n축 방향 성분은,

$$\left(\frac{d\boldsymbol{f}}{dt}\right)_{\mathrm{n}} = -v_{\mathrm{n}} a_{\mathrm{r}} r - a_{\mathrm{n}} v_{\mathrm{r}} r = -a_{\mathrm{r}} \sqrt{\mu_{\mathrm{e}} p} - a_{\mathrm{n}} v_{\mathrm{r}} r$$

여기서

$$v_{\mathrm{r}} = \sqrt{\frac{\mu_{\mathrm{e}}}{p}} e \sin\theta \qquad (7.45)$$

임을 고려하면,

$$\left(\frac{d\boldsymbol{f}}{dt}\right)_{\mathrm{n}} = -\sqrt{\mu_{\mathrm{e}} p}\left(a_{\mathrm{r}} + a_{\mathrm{n}} e \frac{r}{p} \sin\theta\right) \qquad (10.21)$$

이다. 여기서 $de/dt, d\omega/dt$를 구하기 위해 그림 10.3에 제시된 좌표계를 도입한다. 그림

---

1 식 (10.18)은 식 (10.7)을 시간에 대해서 미분하고 $v_{\mathrm{n}} = r\,du/dt$의 관계를 이용해서 구한다.

10.3의 좌표계는, 3.3.5에서 기술한 지구중심 궤도면 기준 관성좌표계 (X_c, Y_c, Z_c)이나 편의상 근지점 방향을 X_c축으로 기술했다.

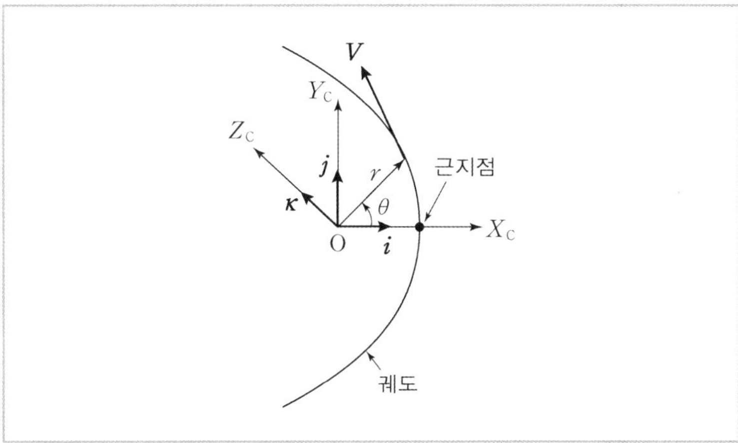

[그림 10.3] 라플라스 벡터 섭동 계산을 위한 좌표계

X_c축, Y_c축, Z_c축의 단위 벡터를 $\boldsymbol{i}, \boldsymbol{j}, \boldsymbol{k}$로 설정하고, $d\boldsymbol{f}/dt$를 다음과 같이 표현한다.

$$\frac{d\boldsymbol{f}}{dt} = \frac{df}{dt}\boldsymbol{i} + f\frac{d\sigma}{dt}\boldsymbol{j} + f\frac{d\gamma}{dt}\boldsymbol{k} \tag{10.22}$$

여기서, $d\sigma/dt$는 라플라스 벡터 $\boldsymbol{f}$의 궤도면 내에서의 회전각속도이고, $d\gamma/dt$는 궤도면에 수직인 방향의 회전각속도이다. 식 (10.22)의 첫 번째 항($\frac{df}{dt}\boldsymbol{i}$)은 라플라스 벡터 $\boldsymbol{f}$ 크기의 변화율, 두 번째 항($f\frac{d\sigma}{dt}\boldsymbol{j}$)은 궤도면 내에서의 회전에 기인한 변화율을, 세 번째 항($f\frac{d\gamma}{dt}\boldsymbol{k}$)은 궤도면에 수직 방향의 회전에 기인한 변화율을 나타낸다.

$\frac{d\boldsymbol{f}}{dt}$은 식 (10.20), (10.21)과 같이 위치 방향 성분과 그에 수직인 방향성분을 갖고 있으므로, $\frac{d\boldsymbol{f}}{dt}$의 X_c축 방향성분은,

$$\left(\frac{d\boldsymbol{f}}{dt}\right)_{\mathrm{r}} \cos\theta - \left(\frac{d\boldsymbol{f}}{dt}\right)_{\mathrm{n}} \sin\theta$$

이 된다. $\frac{df}{dt}$는 식 (10.22)에 의해서 $\frac{d\boldsymbol{f}}{dt} \cdot \boldsymbol{i}$로 표기 가능하며,

$$\frac{df}{dt} = \frac{d\boldsymbol{f}}{dt} \cdot \boldsymbol{i} = \left(\frac{d\boldsymbol{f}}{dt}\right)_{\mathrm{r}} \cos\theta - \left(\frac{d\boldsymbol{f}}{dt}\right)_{\mathrm{n}} \sin\theta$$

$$= \sqrt{\mu_{\mathrm{e}} p}\left(2a_{\mathrm{n}}\cos\theta + a_{\mathrm{r}}\sin\theta + a_{\mathrm{n}} e\frac{r}{p}\sin^2\theta\right)$$

$$= \sqrt{\mu_{\mathrm{e}} p}\left[a_{\mathrm{r}}\sin\theta + a_{\mathrm{n}} e\frac{r}{p} + a_{\mathrm{n}}\left(2 - e\frac{r}{p}\cos\theta\right)\cos\theta\right]$$

궤도방정식 (7.23)에 의해,

$$e\frac{r}{p}\cos\theta = 1 - \frac{r}{p}$$

임을 고려해서,

$$\frac{df}{dt} = \sqrt{\mu_{\mathrm{e}} p}\left[a_{\mathrm{r}}\sin\theta + a_{\mathrm{n}} e\frac{r}{p} + a_{\mathrm{n}}\left(1 + \frac{r}{p}\right)\cos\theta\right] \tag{10.23}$$

또한 식 (7.22)에 의하면

$$e = \frac{f}{\mu_{\mathrm{e}}}$$

이며, 이를 미분하면

$$\frac{de}{dt} = \frac{1}{\mu_{\mathrm{e}}}\frac{df}{dt}$$

식 (10.23)을 이용해서

$$\frac{de}{dt} = \sqrt{\frac{p}{\mu_{\mathrm{e}}}}\left[a_{\mathrm{r}}\sin\theta + a_{\mathrm{n}} e\frac{r}{p} + a_{\mathrm{n}}\left(1 + \frac{r}{p}\right)\cos\theta\right] \tag{10.24}$$

다음으로 근지점 인수의 섭동을 고려한다.

그림 10.3에 의해서 $\frac{df}{dt}$의 Y_{c}축 방향성분은,

$$\left(\frac{d\boldsymbol{f}}{dt}\right)_{\mathrm{r}} \sin\theta + \left(\frac{d\boldsymbol{f}}{dt}\right)_{\mathrm{n}} \cos\theta$$

이 되어서,

$$
\begin{aligned}
\frac{d\boldsymbol{f}}{dt}\cdot \boldsymbol{j} = f\frac{d\sigma}{dt} &= \left(\frac{d\boldsymbol{f}}{dt}\right)_{\mathrm{r}}\sin\theta + \left(\frac{d\boldsymbol{f}}{dt}\right)_{\mathrm{n}}\cos\theta \\
&= \sqrt{\mu_{\mathrm{e}}p}\left[2a_{\mathrm{n}}\sin\theta - \left(a_{\mathrm{r}} + a_{\mathrm{n}}e\frac{r}{p}\sin\theta\right)\cos\theta\right] \\
&= \sqrt{\mu_{\mathrm{e}}p}\left[-a_{\mathrm{r}}\cos\theta + a_{\mathrm{n}}\left(1+\frac{r}{p}\right)\sin\theta\right]
\end{aligned}
$$

여기에, $f = \mu_{\mathrm{e}}e$을 적용하면 다음과 같다.

$$
\frac{d\sigma}{dt} = \frac{1}{e}\sqrt{\frac{p}{\mu_{\mathrm{e}}}}\left[-a_{\mathrm{r}}\cos\theta + a_{\mathrm{n}}\left(1+\frac{r}{p}\right)\sin\theta\right] \tag{10.25}
$$

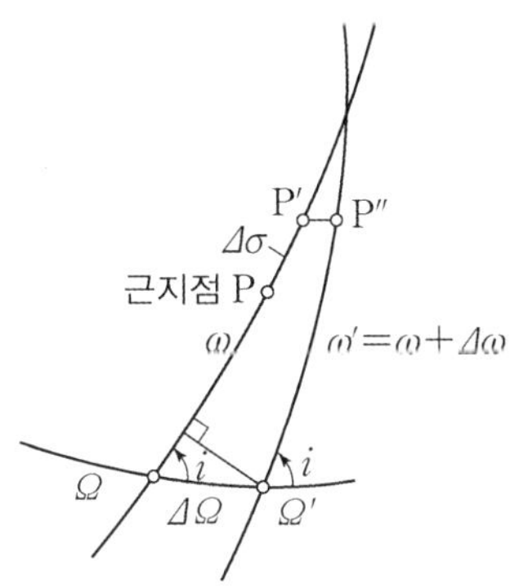

[그림 10.4] 승교점 적경 Ω의 변화에 따른 $\Delta\omega$와 $\Delta\sigma$ 관계의 변화 (Охоцимский, 1990)

근지점 인수의 섭동 $d\omega/dt$은 $d\sigma/dt$로부터 다음과 같이 구한다. 그림 10.4에서, 만약 궤도면이 움직이지 않으면 $\Delta\omega = \Delta\sigma$이나, 승교점 적경 Ω가 $\Delta\Omega$의 미소 변위를 보이면 $\Delta\omega$는 $\Delta\Omega\cos i$만큼 작아지는 다음 관계식을 얻는다.

$$
\Delta\omega = \Delta\sigma - \Delta\Omega\cos i
$$

그래서,

$$
\frac{d\omega}{dt} = \frac{d\sigma}{dt} - \frac{d\Omega}{dt}\cos i \tag{10.26}
$$

식 (10.12), (10.25)를 이용하면, 식 (10.26)은

$$\frac{d\omega}{dt} = \frac{1}{e}\sqrt{\frac{p}{\mu_{\mathrm{e}}}}\left[-a_{\mathrm{r}}\cos\theta + a_{\mathrm{n}}\left(1+\frac{r}{p}\right)\sin\theta + a_{\mathrm{b}}e\frac{r}{p}\cot i\sin u\right] \tag{10.27}$$

이 된다.

10.2.3 장반경 a의 섭동

이미 언급한 대로 궤도의 6요소 가운데, 반직현 p를 대신해서 장반경 a가 이용되는 경우가 많다. 여기서, 장반경 a의 섭동식을 구해 두자.

식 (7.63)에 의해서,

$$v^2 - \frac{2\mu_{\mathrm{e}}}{r} = \boldsymbol{v}\cdot\boldsymbol{v} - \frac{2\mu_{\mathrm{e}}}{r} = -\frac{\mu_{\mathrm{e}}}{a}$$

이것을 시간에 대해서 미분하고

$$2\boldsymbol{v}\cdot\frac{d\boldsymbol{v}}{dt} + \frac{2\mu_{\mathrm{e}}}{r^2}\frac{dr}{dt} = \frac{\mu_{\mathrm{e}}}{a^2}\frac{da}{dt}$$

식 (10.2)를 적용해서,

$$\frac{\mu_{\mathrm{e}}}{a^2}\frac{da}{dt} = 2\boldsymbol{v}\cdot\left(-\frac{\mu_{\mathrm{e}}}{r^3}\boldsymbol{r}\right) + 2\boldsymbol{v}\cdot\boldsymbol{\alpha} + \frac{2\mu_{\mathrm{e}}}{r^2}\frac{dr}{dt}$$

여기서,

$$\frac{da}{dt} = \left(\frac{da}{dt}\right)_{\mathrm{c}} + \left(\frac{da}{dt}\right)_{\mathrm{p}}$$

로 놓고, $(da/dt)_{\mathrm{c}}$는 케플러 운동에 대응하는 부분으로 생각한다. 케플러 운동에 대해서는 $\boldsymbol{\alpha} = \boldsymbol{0}$, 그리고 장반경의 섭동도 없으므로,

$$\frac{da}{dt} = 0$$

이므로, 위 식에 이것을 적용하면,

$$0 = 2\boldsymbol{v}\cdot\left(-\frac{\mu_{\mathrm{e}}}{r^3}\boldsymbol{r}\right) + \frac{2\mu_{\mathrm{e}}}{r^2}\frac{dr}{dt}$$

식 (10.15)로부터 출발해서 식 (10.16)을 거쳐서 식 (10.19)를 구할 때와 동일한 과정으로 다음 식을 얻는다.

$$\frac{da}{dt} = \frac{2a^2}{\mu_\mathrm{e}} \boldsymbol{v} \cdot \boldsymbol{a} = \frac{2a^2}{\mu_\mathrm{e}} (v_\mathrm{r} a_\mathrm{r} + v_\mathrm{n} a_\mathrm{n})$$

식 (10.20), (10.21)을 유도할 때와 동일한 방법을 사용하면 다음 식을 얻을 수 있다.

$$\frac{da}{dt} = \frac{2a^2}{\sqrt{\mu_\mathrm{e} p}} \left(a_\mathrm{r} e \sin\theta + a_\mathrm{n} \frac{p}{r} \right) \tag{10.28}$$

10.3 지구의 편평성에 기반한 섭동

지구를 회전 타원체로 근사화 한 경우에 중력 퍼텐셜(식 (3.10))을 $n = 2$까지 취한 식 (3.11), 즉

$$U = \frac{\mu_e}{r} \left[1 - J_2 \left(\frac{R_e}{r} \right)^2 \frac{3\sin^2\varphi_e - 1}{2} \right]$$

로 충분히 정확하게 근사화할 수 있으며, 식 (3.11)로 표현된 퍼텐셜을 갖는 중력장을 표준 중력장으로 부른다는 것을 3.1절에서 설명했다. 또한, 식 (3.11)의 두 번째 항을 부가 퍼텐셜로 부르며, 부가 퍼텐셜에 의해 단위 질량에 발생하는 힘은, 위치 벡터 방향과 위치 벡터에 수직인 방향으로 각각

$$f_\mathrm{r} = -\frac{3}{2} \mu_e J_2 \frac{R_e^2}{r^4} (1 - 3\sin^2\varphi_e) \tag{3.14}$$

$$f_\mathrm{m} = -3\mu_e J_2 \frac{R_e^2}{r^4} \sin\varphi_e \cos\varphi_e \tag{3.15}$$

와 같이 표현된다는 것을 설명했다(3.1.3항 참조).

식 (3.14), (3.15)는 섭동 가속도이며, 이것에 의해서 비행체의 궤도는 섭동을 일으킨다. 지금까지 전개한 기초식을 바탕으로, 부가 퍼텐셜에 의해서 발생하는 힘에 의해 비행체 궤도의 6요소가 어떤 식으로 변화를 하는지를 살펴보자.

이하의 연산을 단순화 하기 위해서,

$$\delta = \frac{3}{2}\mu_e J_2 R_e^2 \tag{10.29}$$

로 놓으면,

$$f_r = \frac{\delta}{r^4}(3\sin^2\varphi_e - 1) \tag{10.30}$$

$$f_{\mathrm{m}} = -\frac{\delta}{r^4}\sin 2\varphi_e \tag{10.31}$$

f_{r}, f_{m}을 기체중심 궤도면 기준 회전좌표계의 각 축에 나란하게 분해하면(그림 10.2 참조),

$$a_{\mathrm{r}} = f_{\mathrm{r}} = \frac{\delta}{r^4}(3\sin^2\varphi_e - 1) \tag{10.32}$$

$$a_{\mathrm{n}} = f_{\mathrm{m}}\cos\psi_{\mathrm{A}} = -\frac{\delta}{r^4}\sin 2\varphi_e\cos\psi_{\mathrm{A}} \tag{10.33}$$

$$a_{\mathrm{b}} = -f_{\mathrm{m}}\sin\psi_{\mathrm{A}} = \frac{\delta}{r^4}\sin 2\varphi_e\sin\psi_{\mathrm{A}} \tag{10.34}$$

위 식에서 비행체의 비행방위각(북쪽에서 시계방향으로 측정)은 ψ_{A}로 나타내었다. 여기서 f_{r}, f_{m}는 단위 질량에 작용하는 힘인 것에 주의해야 하고, f_{m}의 n축, b축 방향으로의 분해에 대해서는 그림 10.5를 참조한다.

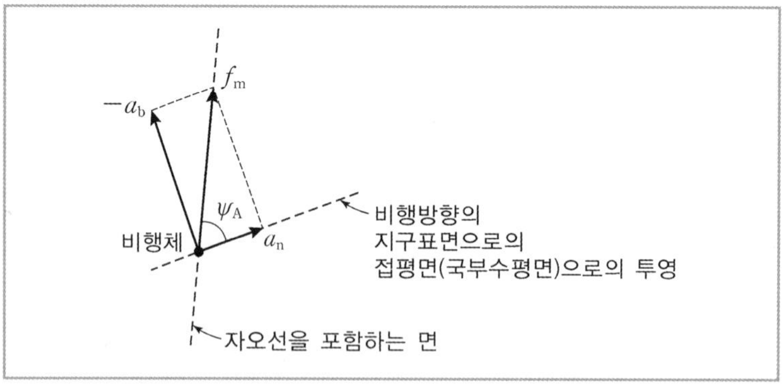

[그림 10.5] 힘 f_{m}의 n축, b축 방향으로의 분해

f_{m}의 부호는 위 방향이 플러스 방향(3장의 각주 3 참조), a_{b}의 부호는 좌표계의 정의로부터 아래 방향이 플러스 방향, 이를 위해서 그림 중의 a_{b}에 마이너스 부호가 붙어 있음.

구면 삼각법 공식(부록 3 참조)으로부터,

$$\sin\varphi_e = \sin i \sin u \tag{10.35}$$

$$\cos i = \cos\varphi_e \sin\psi_{\mathrm{A}} \tag{10.36}$$

$$\cos\varphi_e \cos\psi_{\mathrm{A}} = \sin i \cos u \tag{10.37}$$

이 된다. 식 (10.35)는 식 (8.1)과 동일하고 이 이외의 식도 구면 삼각법 공식으로부터 쉽게 유도할 수 있다.

식 (10.35)~(10.37)을 식 (10.32)~(10.34)에 사용하면,

$$a_{\mathrm{r}} = \frac{\delta}{r^4}(3\sin^2 i \sin^2 u - 1) \tag{10.38}$$

$$a_{\mathrm{n}} = -\frac{\delta}{r^4}\sin^2 i \sin 2u \tag{10.39}$$

$$a_{\mathrm{b}} = \frac{\delta}{r^4}\sin 2i \sin u \tag{10.40}$$

섭동에 관련한 기초식을 10.2절로부터 가져와서 요약해 제시하면,

$$\frac{d\Omega}{dt} = -a_{\mathrm{b}}\frac{r}{\sqrt{\mu_{\mathrm{e}}p}}\frac{\sin u}{\sin i} \tag{10.12}$$

$$\frac{di}{dt} = -a_{\mathrm{b}}\frac{r}{\sqrt{\mu_{\mathrm{e}}p}}\cos u \tag{10.13}$$

$$\frac{dp}{dt} = 2a_{\mathrm{n}}r\sqrt{\frac{p}{\mu_{\mathrm{e}}}} \tag{10.14}$$

$$\frac{de}{dt} = \sqrt{\frac{p}{\mu_{\mathrm{e}}}}\left[a_{\mathrm{r}}\sin\theta + a_{\mathrm{n}}e\frac{r}{p} + a_{\mathrm{n}}\left(1+\frac{r}{p}\right)\cos\theta\right] \tag{10.24}$$

$$\frac{d\omega}{dt} = \frac{1}{e}\sqrt{\frac{p}{\mu_{\mathrm{e}}}}\left[-a_{\mathrm{r}}\cos\theta + a_{\mathrm{n}}\left(1+\frac{r}{p}\right)\sin\theta + a_{\mathrm{b}}e\frac{r}{p}\cot i \sin u\right] \tag{10.27}$$

(10.2절에서도 설명했지만, t_{p}의 섭동은 생략한다.)

여기서, 비행체가 궤도를 한 바퀴 돌았을 때 궤도요소가 어떻게 변하는가를 보기 위해서, 변수를 시간 t로부터 진근점각(True Anomaly) θ로 변환한다. 식 (10.22)로 정의한 $d\sigma/dt$는 근지점의 시간 변동을 각도로 표현한 것이므로, 케플러 운동의 진근점각의 변화의 각속도를 $(d\theta/dt)_{\mathrm{c}}$로 하면, 섭동도 포함한 진근점각의 변화속도는,

$$\frac{d\theta}{dt} = \left(\frac{d\theta}{dt}\right)_{\mathrm{c}} - \frac{d\sigma}{dt} \tag{10.41}$$

통상, $d\sigma/dt$는 $(d\theta/dt)_{\mathrm{c}}$에 비교해서 매우 작기 때문에,

$$\frac{d\theta}{dt} \doteqdot \left(\frac{d\theta}{dt}\right)_{\mathrm{c}} = \frac{\sqrt{\mu_{\mathrm{e}} p}}{r^2} \tag{10.42}$$

로 하며, 이것을 변수의 변환식으로 해서 이용한다. 식 (10.42)를 유도할 때 케플러 운동의 관계식 (7.14), (7.21)을 이용했다.

이제 각 궤도 요소에 대한 섭동을 실제로 계산하여 적용하기 위한 방법을 살펴보자.

(a) 반직현, 이심률, 장반경, 궤도경사각

$\frac{dp}{dt}, \frac{di}{dt}, \frac{de}{dt}$ 그리고 $\frac{d\Omega}{dt}, \frac{d\omega}{dt}$ 등은, 서로 관련되어 있으므로 엄밀해(Exact Solution)를 구하는 것은 어렵다. 여기서는, p 및 i는 비행체가 한 바퀴를 도는 동안의 변동이 매우 적고, 1회전 후에 원래의 값으로 돌아가므로, 한 바퀴 적분을 수행할 때에는 상수로 가정하기로 한다.

먼저, 반직현에 대해서 적분을 수행하고 1주기 후에도 제자리로 돌아오는 것을 확인한다.

식 (10.14)에 식 (10.39), (10.42)를 이용해서,

$$\begin{aligned}
\frac{dp}{d\theta} &= \frac{dp}{dt}\frac{dt}{d\theta} = 2a_{\mathrm{n}} r \sqrt{\frac{p}{\mu_{\mathrm{e}}}} \frac{r^2}{\sqrt{\mu_{\mathrm{e}} p}} \\
&= -\frac{2\delta}{r^4} r \sqrt{\frac{p}{\mu_{\mathrm{e}}}} \frac{r^2}{\sqrt{\mu_{\mathrm{e}} p}} \sin^2 i \sin 2u \\
&= -\frac{2\delta}{\mu_{\mathrm{e}} r} \sin^2 i \sin 2u \\
&= -\frac{2\delta}{\mu_{\mathrm{e}} p}(1 + e\cos\theta) \sin^2 i \sin 2(\theta + \omega)
\end{aligned} \tag{10.43}$$

θ가 0에서 2π까지 변화하는 사이에 p의 변화량을 Δp라고 하면

$$\Delta p \doteqdot \int_0^{2\pi} \frac{dp}{d\theta} d\theta = -\frac{2\delta}{\mu_e p} \sin^2 i \int_0^{2\pi} (1 + e\cos\theta)\sin 2(\theta+\omega)\, d\theta = 0 \tag{10.44}$$

그러므로, 반직현의 크기는 도중에 미소한 움직임이 있더라도 비행체가 1주기 후에 원래의 자리로 돌아온 경우에는 전과 동일한 값이 되고 있어서 변화는 없다.

다음으로 궤도 경사각에 대해서도 동일한 과정을 수행한다.

식 (10.13)에 식 (10.40), (10.42)를 이용해서,

$$\begin{aligned} \frac{di}{d\theta} &= \frac{di}{dt}\frac{dt}{d\theta} = -a_b \frac{r}{\sqrt{\mu_e p}} \cos u \frac{r^2}{\sqrt{\mu_e p}} \\ &= -\frac{\delta}{2\mu_e p^2}(1 + e\cos\theta)\sin 2i \sin 2u \end{aligned} \tag{10.45}$$

1주기에 대해서 적분을 하면

$$\Delta i = \int_0^{2\pi} \frac{di}{d\theta} d\theta = -\frac{\delta \sin 2i}{2\mu_e p^2} \int_0^{2\pi} (1 + e\cos\theta)\sin 2(\theta+\omega)\, d\theta = 0 \tag{10.46}$$

그러므로, p, i는 변동이 매우 작은 것으로 생각하면, 비행체가 궤도를 한 바퀴 돌면 원래 값으로 돌아오다고 생각할 수 있으며, 이후에도 p, i는 상수(변동의 평균값)로 가정하기로 한다.

e에 대해서는 식 (10.24)에 식 (10.38), (10.39), (10.42)를 사용해서,

$$\begin{aligned} \frac{de}{d\theta} &= \frac{de}{dt}\frac{dt}{d\theta} = \sqrt{\frac{p}{\mu_e}}\left[a_r \sin\theta + a_n e\frac{r}{p} + a_n\left(1 + \frac{r}{p}\right)\cos\theta\right] \times \frac{r^2}{\sqrt{\mu_e p}} \\ &= \frac{\delta}{\mu_e r^2}(3\sin^2 i \sin^2 u - 1)\sin\theta - \frac{\delta e}{\mu_e p r}\sin^2 i \ \sin 2u \\ &\quad -\frac{\delta}{\mu_e r^2}\left(1 + \frac{r}{p}\right)\cos\theta \sin^2 i \sin 2u \end{aligned} \tag{10.47}$$

θ가 0에서 2π까지 변화하는 사이에 e의 변화량을 Δe라고 하면

$$\begin{aligned}\Delta e &= \int_0^{2\pi} \frac{de}{d\theta} d\theta \\ &= \frac{\delta}{\mu_e p^2} \int_0^{2\pi} (1 + e\cos\theta)^2 [3\sin^2 i \sin^2(\omega + \theta) - 1] \sin\theta \, d\theta \\ &- \frac{\delta e}{\mu_e p^2} \int_0^{2\pi} (1 + e\cos\theta) \sin^2 i \sin 2(\omega + \theta) \, d\theta \\ &- \frac{\delta}{\mu_e p^2} \int_0^{2\pi} (1 + e\cos\theta)^2 \left(1 + \frac{1}{1 + e\cos\theta}\right) \cos\theta \sin^2 i \\ &\times \sin 2(\theta + \omega) \, d\theta \ = 0 \end{aligned} \tag{10.48}$$

이심률 e도 1주기 동안 적분하면 0이 되므로 변화는 없으며, 장반경 a는 p와 e로 결정되므로 1주기 회전에 의한 값의 변동은 없다. 즉, 비행체가 한 바퀴를 돌았을 때, 중력의 부가 퍼텐셜 섭동력으로부터 발생하는 반직현, 궤도경사각, 이심률, 장반경 값 변화는 0으로 생각할 수 있다.

(b) 승교점 적경

식 (10.12), (10.42)에 의해서,

$$\begin{aligned}\frac{d\Omega}{d\theta} = \frac{d\Omega}{dt}\frac{dt}{d\theta} &= -a_b \frac{r}{\sqrt{\mu_e p}} \frac{\sin u}{\sin i} \frac{r^2}{\sqrt{\mu_e p}} \\ &= -\frac{\delta}{r^4} \frac{r}{\sqrt{\mu_e p}} \frac{r^2}{\sqrt{\mu_e p}} \frac{\sin u}{\sin i} \sin 2i \sin u \\ &= -\frac{2\delta}{\mu_e p r} \cos i \sin^2 u \end{aligned} \tag{10.49}$$

비행체의 한 주기에 대해서 적분을 수행하면,

$$\begin{aligned}\Delta\Omega_N &= -\frac{2\delta}{\mu_e p^2} \cos i \int_0^{2\pi} (1 + e\cos\theta) \sin^2(\omega + \theta) \, d\theta \\ &= -\frac{2\pi\delta}{\mu_e p^2} \cos i \end{aligned} \tag{10.50}$$

그러므로, 비행체가 궤도상을 1주 하면 승교점 적경은 식 (10.50)으로 표현되는 $\Delta\Omega_N$ 만큼 이동한다. 이것을 승교점 적경의 영년 섭동(또는 장년섭동)이라고 부른다(10장, 11장에서는 첨자 N을 1주기의 의미로 사용한다).

궤도 경사각 $0^\circ < i < 90^\circ$에서는 $\Delta\Omega_N < 0$, 즉 승교점 적경은 적경의 값의 감소하는 방향으로, 즉 북쪽에서 볼 때 시계방향으로 움직인다. 궤도 경사각 $90^\circ < i < 180^\circ$에서는 승교점 적경은 북쪽에서 볼 때 반시계방향(적경이 증가하는 방향)으로 움직인다. $i = 90^\circ$에서는 승교점 적경의 이동은 없다. $i = 0^\circ$에서는 궤도가 적도면 내에 있어서 승교점은 정의되지 않는다.[2]

(c) 근지점 인수

마찬가지로, 식 (10.27), (10.42)에 의해서, 비행체가 1주기 돈 시점에,

$$\begin{aligned}\frac{d\omega}{d\theta} &= \frac{d\omega}{dt}\frac{dt}{d\theta} \\ &= \frac{1}{e}\sqrt{\frac{p}{\mu_e}}\frac{r^2}{\sqrt{\mu_e p}}\left[-\frac{\delta}{r^4}(3\sin^2 i\sin^2 u - 1)\cos\theta\right. \\ &\quad -\frac{\delta}{r^4}\left(1+\frac{r}{p}\right)\sin 2i\sin 2u\sin\theta \\ &\quad \left.+\frac{\delta}{r^4}(\sin 2i\sin u)e\frac{r}{p}\cot i\sin u\right]\end{aligned} \tag{10.51}$$

비행체의 한 주기에 대해서 적분을 수행하면,

$$\begin{aligned}\Delta\omega_N &= \int_0^{2\pi}\frac{d\omega_N}{d\theta}d\theta \\ &= \frac{\delta}{e\mu_e}\int_0^{2\pi}\left[-\frac{1}{p^2}(1+e\cos\theta)^2\{3\sin^2 i\sin^2(\omega+\theta)-1\}\cos\theta\right. \\ &\quad -\frac{1}{p^2}(1+e\cos\theta)^2\left(1+\frac{1}{1+e\cos\theta}\right)\sin^2 i\sin 2(\omega+\theta)\sin\theta\end{aligned}$$

---

2 북쪽에서 볼 때 반시계방향으로의 운동을 동쪽으로의 운동, 시계방향의 운동을 서쪽으로의 운동이라고 한다.

$$+2\frac{e}{p^2}(1+e\cos\theta)\cos^2 i\sin^2(\omega+\theta)\Bigg]d\theta$$

$$=\frac{\pi\delta}{\mu_e p^2}(5\cos^2 i-1) \tag{10.52}$$

궤도경사각이 $i_1 = 63°26'$ 또는 $i_2 = 116°34'$일 때 $\Delta\omega_N = 0$이 된다. $0° < i < i_1$ 또는 $180° > i > i_2$ 에서 $\Delta\omega_N > 0$, 즉, 근지점은 비행체와 동일한 방향으로 움직이며, $i_1 < i < i_2$에서 $\Delta\omega_N < 0$, 즉 근지점은 비행체와 반대 방향으로 움직인다. $i = 0$일 때 움직임은 최대가 된다. $\Delta\omega_N$을 근지점의 영년 섭동(또는 장년 섭동)으로 불린다.

위에서 기술한 것으로부터, 부가 퍼텐셜 섭동력에 의한 섭동은 승교점 적경 Ω과 근지점 인수 ω에 대해서만 발생하고, p, e, i 등은 변화하지 않는다는 것을 알 수 있다. Ω가 변화하고 i가 변화하지 않는다는 것은 궤도면 벡터 $\boldsymbol{c}$의 크기가 변하지 않고 방향만 바뀌는 것을 의미하고, ω가 변화하고 p, e가 변화하지 않는다는 것은 궤도의 모양은 변화시키지 않고 라플라스 벡터의 (크기는 변하지 않고) 방향만 바뀌는 것을 의미한다.

승교점 적경 이동으로부터 비행체가 한 주기를 마치고 돌아왔을 때의 적경이 변화하게 되므로, 지구 중심의 궤도 운동을 지구에서 보는 경우에 지구의 자전각속도 ω_e'는 주기 T_0에 대하여

$$\omega_e' = \omega_e - \frac{\Delta\Omega_N}{T_0} \tag{10.53}$$

과 같이 표현된다. 지구는 북쪽에서 볼 때 반시계방향으로 회전하므로, $\Delta\Omega_N$의 부호도 반시계방향이 플러스 값, 시계방향이 마이너스 값이다.

예제 10.1 비행체의 궤도가 원궤도에 가깝고, 고도가 높지 않은 경우에 $\Delta\Omega_N$, $\Delta\omega_N$의 근사식을 구하시오.

해답 $e \fallingdotseq 0,\ R_e \fallingdotseq p$이므로

$$\Delta\Omega_N = -3\pi J_2\cos i \doteqdot -0.58\ \cos i \quad \text{deg/1주기}$$
$$\Delta\omega_N \fallingdotseq 0.29(5\cos^2 i-1) \qquad \text{deg/1주기}$$

11장

궤도상에서의 운동

11.1 궤도의 실제 예시

11.1.1 승교점 적경의 영년 섭동과 태양동기궤도

지구의 편평도 때문에 생기는 중력 부가 퍼텐셜을 고려한 표준 중력장하에서 궤도면의 방향은 일정하지 않고, 승교점 적경은 영년 섭동으로 불리는 운동을 하며, 승교점 적경의 변동 각속도와 방향은 반직현과 궤도 경사각에 관련된다는 것을 전 절에서 기술했다. 식 (10.50)에서 δ를 식 (10.29)로 치환하고 p를 a 및 e로 표현하면 1 회전당 섭동량은,

$$\varDelta\Omega_N = -3\pi J_2 \frac{R_e^2}{a^2(1-e^2)^2}\cos i \tag{11.1}$$

비행체의 주기는 식 (7.76)에 의해서

$$T_\mathrm{p} = 2\pi\frac{a^{3/2}}{\sqrt{\mu_e}}$$

이므로, 하루(23 h 56′ 04″=23.9344 h)당 섭동량 $\varDelta\Omega_\mathrm{T}$는 다음과 같이 표현된다($a$의 단위는 km).

$$\begin{aligned}\varDelta\Omega_\mathrm{T} &= \varDelta\Omega_N \times \frac{23.9344\times 60^2}{T_\mathrm{p}}\\ &= -3\pi J_2\frac{R_e^2}{a^2(1-e^2)^2}\times 23.9344\times 60^2 \times \frac{1}{2\pi}\frac{\sqrt{\mu_\mathrm{e}}}{a^{3/2}}\cos i\ (\mathrm{rad})\\ &= -2.0592\times 10^{14}\times\frac{\cos i}{a^{7/2}(1-e^2)^2}\ (\mathrm{deg})\end{aligned} \tag{11.2}$$

그림 11.1은 원궤도인 경우($e=0$)에 고도(H=800~1,400 km) 및 궤도 경사각 (0~180°)에 따라 매일 발생하는 승교점 적경의 변화값을 식 (11.2)를 이용해 나타내었다. 참고로, 여기서 소개한 승교점 적경의 영년 섭동 분석은 실제 궤도 해석에 사용되는 방법이다.[1]

---

1 원 궤도이므로 $a = R_\mathrm{e} + H$가 된다.

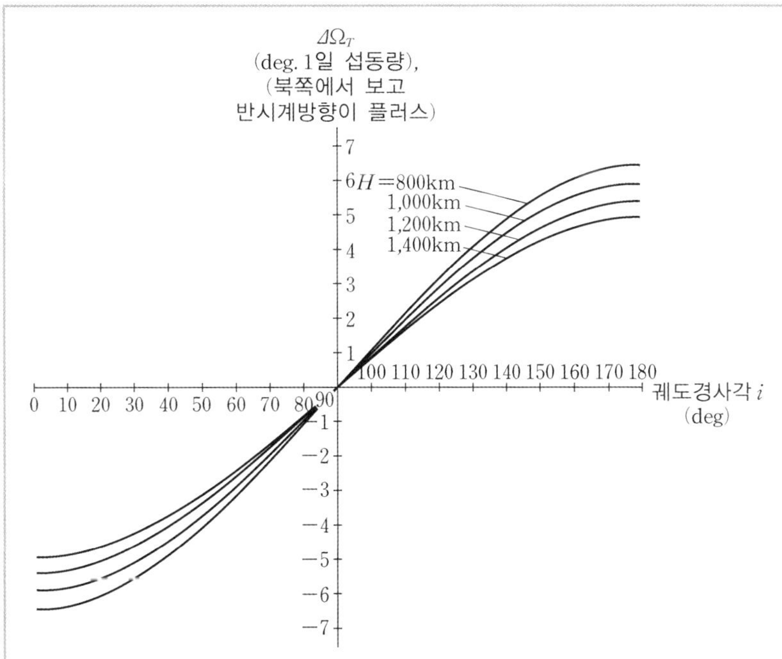

[그림 11.1] 지구 편평도에 의한 섭동으로부터의 승교점 적경 1일 변화량

그림 11.2에 태양의 수변을 지구가 공전하는 모습을 북쪽에서 본 그림이 그려져 있다. 태양의 주변을 지구가 $\Delta\lambda$만큼 공전한 순간에, 지구를 회전하는 비행체의 궤도가 섭동에 의해서 $\Delta\Omega' = \Delta\lambda$만큼 동쪽으로 회전하면 궤도면은 항상 태양에 대해서 일정한 상대 관계를 갖게 된다.

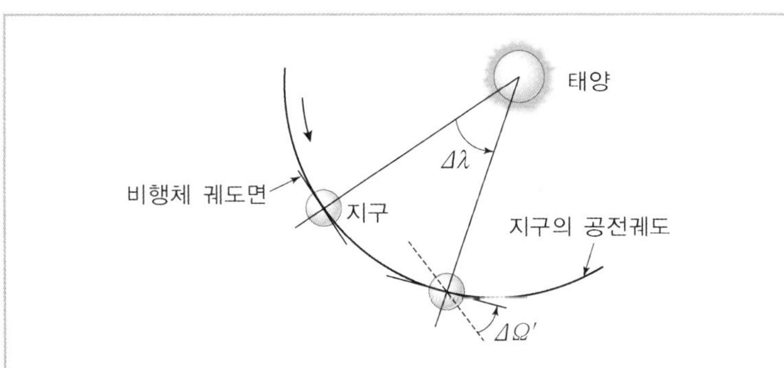

[그림 11.2] 태양동기궤도

승교점 적경의 영년섭동을 이용해서 비행체의 궤도면이 태양과 이루는 각을 일정하게 만들 수 있음.

지구는 태양의 주변을 하루에 평균

$$\Delta\lambda_s = \frac{360}{365.2422} = 0.9856 \text{ (deg)}$$

움직이므로, 그림 11.1에서 $\Delta\Omega_T = \Delta\lambda_s$이 되는 점을 고르면, 이 조건이 실현 가능하다.

일반적으로,

$$-\frac{3}{2}J_2 R_e^2 \sqrt{\mu_e} \times 23.9344 \times 60^2 \times \frac{\cos i}{a^{7/2}(1-e^2)^2} = \frac{360}{365.2422} \times \frac{\pi}{180}$$

즉,

$$-a^{7/2}(1-e^2)^2 = 2.0893 \times 10^{14} \cos i \ \ (a \text{ in km}) \qquad (11.3)$$

을 만족하면서 북쪽에서 볼 때 반시계방향으로 섭동하는 궤도를 태양동기궤도(Sun Synchronous Orbit)라고 한다.

태양동기궤도는 지구를 항상 동일한 방향에서 관측할 수 있어서 화상 데이터를 취할 때에 태양광이 적용되는 각도(지방 태양시)를 항상 일정하게 할 수 있는 이점이 있어서, 기상관측위성, 지구관측위성, 해양관측위성 등의 관측위성에 잘 이용되고 있다. 유명한 태양동기궤도 위성으로 Nimbus (미국), Landsat (미국), MOS-1 (일본), Spot (프랑스) 등이 있다.

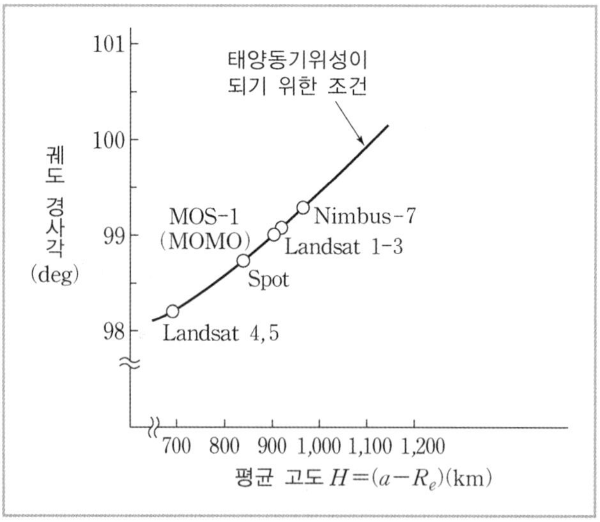

[그림 11.3] 태양동기궤도의 조건과 태양동기위성의 예시(원궤도)

식 (11.3)에서 구해진 태양동기궤도의 경사각과 장반경의 관계를 그림 11.3에 제시하였다. 이 그림은 원궤도에 대해 작성되었으나 거의 원에 가까운 궤도에서도 적용이 가능하다. 대표적인 태양동기 위성의 데이터를 그림 안에 제시했다.

11.1.2 회귀궤도와 준회귀궤도

승교점 적경의 섭동에 의해 섭동량만큼 지구의 자전 각속도가 증가한 것처럼 작용하기 때문에, 관성좌표계로부터 비행체의 궤도를 관측할 때에는 식 (10.53)에 제시한 것처럼 지구의 자전 각속도 ω_e에

$$\delta\omega_e = \frac{\Delta\Omega_N}{T_p} = -\frac{3}{2}J_2\frac{\sqrt{\mu_e}}{a^{3/2}}\frac{R_e^2}{a^2(1-e^2)^2}\cos i \tag{11.4}$$

의 보정이 필요하게 된다. 이 보정량을 사용하여, 관성좌표계에서 관측한 비행체의 1회전당 승교점 변화량은,

$$\begin{aligned}\Delta\Omega &= (\omega_e + \delta\omega_e)T_p \\ &= 2\pi\omega_e\frac{a^{3/2}}{\sqrt{\mu_e}} - 3\pi J_2\frac{R_e^2}{a^2(1-e^2)^2}\cos i\end{aligned} \tag{11.5}$$

이 된다.

식 (11.5)에 의하면 a, i, e(보통 원에 가까운 궤도가 많으며 $e \fallingdotseq 0$)를 적당하게 선정함으로써 비행체가 하루 1회 항상 원 지점의 상공으로 돌아오도록 할 수 있다. 또한, 매일 1회 돌아오는 것은 아니더라도 N일 후에 원 지점의 상공으로 돌아오도록 하는 것은 가능하다. N일 후에 비행체가 n 회전해서 원래 지점의 상공에 돌아오는 조건은, 식 (11.5)를 사용해 $2\pi N = n\Delta\Omega$ 조건을 적용하면

$$\frac{N}{n} = \omega_e\frac{a^{3/2}}{\sqrt{\mu_e}} - \frac{3}{2}J_2\frac{R_e^2}{a^2(1-e^2)^2}\cos i \tag{11.6}$$

이 된다. $N = 1$의 경우, 즉 매일 1회 항상 동일한 지점의 상공을 통과하는 궤도를 회귀궤도라고 부르며, 회귀궤도의 조건은,

$$\frac{1}{n}=\omega_e\frac{a^{3/2}}{\sqrt{\mu_e}}-\frac{3}{2}J_2\frac{R_e^2}{a^2(1-e^2)^2}\cos i \tag{11.7}$$

이다. 동일한 지점의 상공에 돌아오기까지 N일을 요구하는 경우의 궤도를 회귀일수 N일인 준회귀궤도(Orbit with N-day Repeat Cycle), 또는 N 회귀궤도라고 이름을 붙이고 있다.

그림 11.3에 제시한 태양동기위성의 궤도는 표 11.1에 제시한 것처럼 모두 회귀궤도이기도 하며, 회귀일수 N인 태양동기 · 준회귀궤도(Sun-Synchronous Orbit With N-day Repeat Cycle)라고 불린다.

[표 11.1] 태양동기 · 준회귀궤도의 예시

위성	N	n
LandSAT 1~3	18	251
LandSAT 4, 5	16	233
MOS-1(MOMO)	17	237
SPOT	26	369

문제 11.1

고도 1,500 km, 궤도경사각 85°인 원궤도상의 비행체의 1회전당 섭동량과 하루당 섭동량을 구하시오.

11.1.3 근지점 인수의 영년 섭동

지구의 편평성에 의해 발생하는 또 하나의 섭동은 근지점 인수의 영년 섭동이다. 식 (10.52)에서 δ를 식 (10.29)로 치환하고, p 대신 a와 e를 사용하면,

$$\Delta\omega_N=\frac{3}{2}\pi J_2\frac{R_e^2}{a^2(1-e^2)^2}(5\cos^2 i-1) \tag{11.8}$$

식 (11.8)에 의해서,

$$\cos i=\pm\frac{1}{\sqrt{5}}$$

즉, $i = 63^{\circ}26', 116^{\circ}34'$일 때에는 근지점 인수는 섭동되지 않으며, 궤도의 원지점과 근지점은 지구 중심 관성좌표계 안에서는 일정한 위치를 갖는다.

구소련이 수많이 발사한 Molniya 통신위성은, 이 원리를 응용하고 있는데, 궤도 경사각이 63° 부근, 근지점은 400~600 km, 원지점은 약 40,000 km이며, 원지점이 항상 북반구 상공에 있는 긴 타원궤도를 취하고 있다. 주기는 약 720분으로 하루에 2회 원지점에 도달하며, 그때의 시야는 그림 11.4에 제시한 것과 같은데, 같은 간격으로 여러 개 배치해서 고위도 지방의 넓은 구소련 전체 영토를 커버하도록 하였다(그림 11.6에 지상궤적을 제시함).

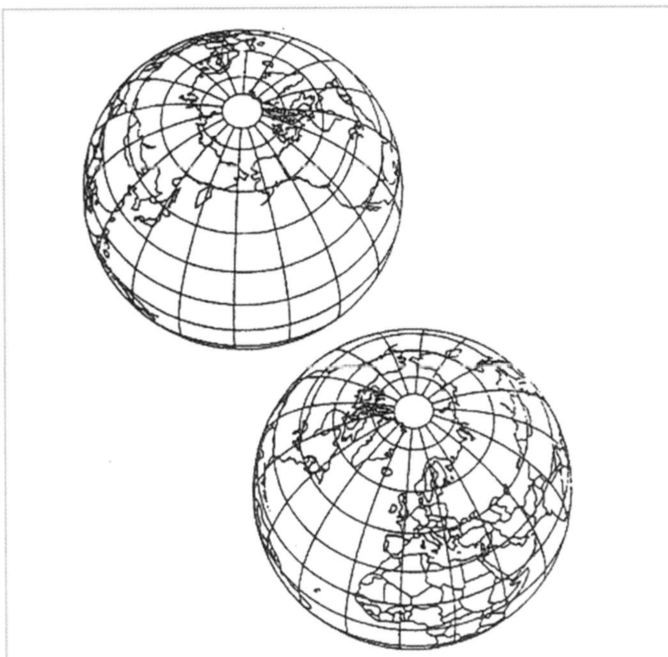

[그림 11.4] Molniya 위성 원지점에서의 시야(Wilson, 1991)

그림 11.6에서 보듯이 Molniya 위성은 하루에 두 차례 원지점을 지나는데, 위의 두 그림은 각각의 경우에 지구를 관찰한 모습이다.

11.1.4 동기궤도와 정지궤도

지구의 자전과 동일한 궤도 회전 주기를 갖는 원궤도를 동기궤도(Synchronous Orbit)라고 한다. 동기궤도는 지구상에서 보면 비행체가 적도상을 통과하는 점을 중심으로 8자를 그리고 있는 것으로 보인다. 정지궤도는 동기궤도의 특별한 경우이며, 적도면 내에 위치하는 ($i = 0$) 고도 35,786 km인 원궤도($e = 0$)이므로, 지구의 자전 주기와 동일한 회전 주기를 갖고 있어서 지구에서 보면 하나의 점에 정지한 것처럼 보이기 때문에 이러한 이름을 가지게 되었다(7.1절 참조). 실제는, 궤도 투입 오차, 지구의 편평성, 다른 천체의 인력 등 영향이 있어서, 정지상태의 유지를 위해서 소형 추진 시스템에 의한 궤도 제어가 필수적이다.

11.1.5 극궤도

지구의 북극 및 남극 부근의 상공을 통과하는 궤도를 총칭해서 극궤도(Polar Orbit)라고 한다. 현재 사용되고 있는 극궤도는 거의 태양동기 준회귀궤도이다.

11.1.6 저궤도

200~500 km인 고도의 궤도를 총칭해서 저궤도(LEO: Low Earth Orbit)라고 한다. 정지궤도로 발사할 경우의 주차궤도(Parking Orbit)로서 고도 200 km 부근의 원궤도가 사용되고, 우주정거장, 스페이스 셔틀 등 유인 우주시스템의 궤도로서 250~500 km의 궤도가 사용된다(200 km 이하에서는 대기의 공기 저항에 의한 고도 저하가 크고, 500 km를 넘어서면 우주방사선의 강도가 커진다).

11.1.7 천이궤도

목표 궤도 투입을 위해 잠시 저궤도(주차궤도)에 넣은 후 미리 정한 궤도로 옮길 때 이용되는 궤도이다. 잘 알려진 것은 정지궤도에 비행체를 투입할 경우에 사용되는 근지점 고도가 200~300 km, 원지점 고도가 정지궤도 고도와 같은 긴 타원의 천이궤도(GTO)이다.

11.1.8 요 약

현재 지구 주변을 돌고 있는 위성에서 사용되는 궤도는 표 11.2와 같이 요약할 수 있다.

[표 11.2] 현재 사용되고 있는 주요 지구 궤도

궤도의 명칭	궤도의 특징
태양동기궤도	궤도경사각과 장반경, 이심률의 사이에 식 (11.3)의 관계가 있는 궤도 궤도면과 태양 방향이 이루는 각이 일정하게 된다.
회귀궤도	회전 주기가 지구의 자전주기의 정수 분의 1인 궤도. 지구 측에서 보고 있으면 매일 반드시 1회는 동일 지점의 상공으로 돌아온다.
준회귀궤도	매일 같은 지점 상공에 돌아오지 않고, 조금 벗어난 곳을 통과하며, N일 후에 원위치로 돌아오는 궤도(회귀일수 N일)
태양동기 회귀궤도	태양동기 궤도이며 매일 동일 지점 상공으로 돌아오는 궤도
태양동기 준회귀궤도	태양동기 궤도이며 회귀일수 N일인 준회귀궤도
동기궤도	회전 주기와 지구의 자전주기가 동일한 원궤도(회전 방향도 일치), 그러나, 궤도 경사각이 반드시 0도는 아니다.
정지궤도	궤도경사각 0도인 동기궤도
극궤도	궤도경사각 90도 또는 그에 근접한 궤도
저궤도	궤도 고도가 200~500 km인 궤도
천이궤도	긴 타원궤도로 주차궤도에서 목적 궤도로 비행체를 투입하기 위하여 사용된다.

11.2 지구 표면 궤적

궤도상에 있는 비행체의 위치 벡터와 지구 표면과 만나는 점을 지구 표면 궤적(Ground Track)이라고 한다. 시각 $t = t_0$에, 궤도 경사각 i, 주기 T_p인 적도 좌표계(8.2절 참조)에서 비행체 위치의 적경 λ_0, 적위 φ_0가 주어졌을 때, 임의의 시각 $t(t > t_0)$에서 비행체 궤적의 지구고정 좌표계(3.3.12)에서 경도 λ'와 위도 φ'를 구하는 문제를 고려한다. 비행체는 원궤도 운동을 하고 있다고 가정하자.

먼저, 지구가 회전하지 않는다고 가정할 때, 시각 t에서의 경도(적경) λ, 위도(적위) φ를 구한다. 그림 11.5에서, P_0는 $t = t_0$에서 비행체의 궤적상의 초기 위치로, 이 위치에서의 적경은 λ_0, 적위는 φ_0라 하자. 또한, P는 시각 t에서 비행체의 궤적상의 위치로 적경은 λ, 적위는 φ라 하자. 점 A는 승교점으로 승교점 적경은 λ_A로 한다. 비행체의 궤도상의 움직임은 위도 인수 u로 측정하는 것으로 해서, 점 P_0의 위도 인수를 u_0, 점 P의 위도 인수를 u로 하고, $u - u_0 = \Delta u$로 한다.

이 기하학적 관계에 구면삼각법을 적용하기 위해 λ_0을 승교점 A로부터 측정한 각도 $\Delta\lambda_0$

를 이용하여 다음과 같이 표현하자.

$$\lambda_0 = \lambda_A + \Delta\lambda_0 \tag{11.9}$$

구면삼각형 P_0AN_0에 대하여 구면삼각법(부록 3)을 적용하면 다음과 같은 $\Delta\lambda_0$, φ_0, i, u_0 사이의 관계식을 도출할 수 있다.

$$\sin u_0 = \frac{\sin\varphi_0}{\sin i} \tag{11.10}$$

$$\sin\Delta\lambda_0 = \frac{\tan\varphi_0}{\tan i} \tag{11.11}$$

이 식을 이용하면 u_0와 $\Delta\lambda_0$가 φ_0와 i로부터 결정된다.

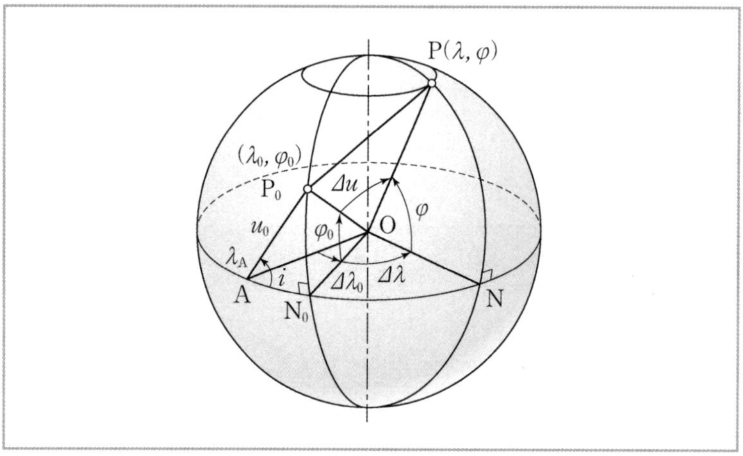

[그림 11.5] 특정 시각(t_0) 원궤도 상의 비행체 위치 P_0가 주어질 때 주어진 시각(t)에서의 위치를 구하기 위한 관계도

궤도상의 비행체의 각속도는,

$$\omega_P = \frac{2\pi}{T_P}$$

시간 $t - t_0$ 사이에 발생하는 위도 인수의 변화는,

$$\Delta u = \omega_P(t - t_0) = \frac{2\pi}{T_P}(t - t_0)$$

점 P_0과 P 사이의 적경 차이를 $\Delta\lambda$라고 하자. 구면삼각형 PAN에 구면삼각법 공식(부록 3)을 적용해서,

$$\cos i = \frac{\tan(\Delta\lambda_0 + \Delta\lambda)}{\tan(u_0 + \Delta u)} \tag{11.12}$$

$$\sin i = \frac{\sin\varphi}{\sin(u_0 + \Delta u)} \tag{11.13}$$

이것에 의해서,

$$\tan(\Delta\lambda_0 + \Delta\lambda) = \cos i \tan(u_0 + \Delta u) \tag{11.14}$$

$$\sin\varphi = \sin i \ \sin(u_0 + \Delta u) \tag{11.15}$$

위도 φ의 최댓값과 최솟값은

$$\begin{aligned} -i \le \varphi \le i \qquad & 0 \le i \le \frac{\pi}{2} \\ -(\pi - i) \le \varphi \le \pi - i \qquad & \frac{\pi}{2} \le i \le \pi \end{aligned} \tag{11.16}$$

회전하지 않는 지구에 대한 경도(적경)는, 식 (11.14)에서 구한 $\Delta\lambda$을 사용해서,

$$\lambda = \lambda_0 + \Delta\lambda \tag{11.17}$$

이 된다.

다음으로 지구의 회전을 고려한다. 시간 $(t - t_0)$의 사이에, 지구는 $\omega_e'(t - t_0)$만큼 북극에서 볼 때 반시계방향으로 회전한다. 여기서,

$$\omega_e' = \omega_e - \frac{3}{2}J_2\left(\frac{R_e}{a}\right)^2 \frac{\sqrt{\mu_e}}{a^{3/2}}\cos i \tag{11.18}$$

이다.[2]

그러므로, 지구의 회전을 고려한 경도, 위도를 λ', φ'로 하면

$$\begin{aligned} \lambda' &= \lambda_0 + \Delta\lambda - \omega_e'(t - t_0) \\ \varphi' &= \varphi \end{aligned} \tag{11.19}$$

---

2 $\frac{3}{2}J_2\left(\frac{R_e}{a}\right)^2 \frac{\sqrt{\mu_e}}{a^{3/2}}\cos i$는 식 (11.4)에서 $e = 0$(원궤도)으로 가정하고 계산된 보정치이다.

이 된다.

또한, 지구좌표계상의 궤적의 초기위치 λ_0'는 $t = t_0$에서 그리니치를 통과하는 자오선의 방향으로부터 측정한 춘분점 방향의 각도(반시계방향이 플러스)를 λ_g로 해서,

$$\lambda_0' = \lambda_g + \Delta\lambda_0 \tag{11.20}$$

이다. 지구 자전의 영향은 경도에만 있으며 위도에는 없다.

비행체 지구표면궤적의 기점은 적도에 놓는 것이 보통이다. 비행체가 지구를 1회전 했을 때 지심경도(Geocentric Longitude)의 이동량 $\Delta\lambda_{\mathrm{A}}$은, 비행체의 궤도 운동의 주기 T_{P}를 이용하여 다음과 같이 표현된다.

$$\Delta\lambda_{\mathrm{A}} = -\omega_{\mathrm{e}}' T_{\mathrm{P}} \tag{11.21}$$

따라서, 각 회전마다 비행체의 지구표면상 궤적을 구하기 위해서는, 지도상에 첫 번째 궤적을 그리고 나서, 그것을 $\Delta\lambda_{\mathrm{A}}$만큼 움직여 그리면 된다.

보통의 경우에 비행체는 지구 자전 주기보다 짧은 회전 주기를 가지고 있어서 하루에 몇 차례씩 지구를 회전한다. 하루 회전수에 제일 가까운 정수를 m으로 놓으면,

$$m \fallingdotseq \frac{2\pi}{\Delta\lambda_{\mathrm{A}}} \tag{11.22}$$

하루 최초의 적도상의 통과 시각으로부터 계산해서, m회 회전해서 적도상에 돌아온 순간의, 초기의 위치(1일 시작 적도통과경도)로부터 벗어난 양을 $\Delta\lambda_{\mathrm{d}}$로 놓으면,

$$\Delta\lambda_{\mathrm{d}} = 2\pi - m\Delta\lambda_{\mathrm{A}} \tag{11.23}$$

을 궤도의 1일 천이량이라고 한다. $\Delta\lambda_{\mathrm{d}} > 0$인 경우에 비행체의 지상궤적은 동쪽 방향으로 이동하고, $\Delta\lambda_{\mathrm{d}} < 0$이면 서쪽 방향으로 이동하게 된다. $m + 1$회 이후의 궤적은 $1{\sim}m$ 회전 시의 궤적을 $\Delta\lambda_{\mathrm{d}}$만큼 움직이면 된다. 또한,

$$\frac{2\pi}{\Delta\lambda_{\mathrm{A}}} = \frac{n}{N} \tag{11.24}$$

에서 n, N이 정수가 될 때, 이 비행체의 궤적은 지구를 n 회전할 때 원래 위치로 돌아오며, 이와 같은 궤도를 준회귀 궤도로 부른다(11.1절 참조). 이 절에서 설명한 내용은 원에 가까

운 궤도를 도는 비행체에 대해 근사적으로 성립한다.

타원궤도의 경우에 대해 살펴보자. $t = t_0$에서 적경과 적위가 각각 λ_0 / φ_0이고, 궤도경사각 i, 이심률 e가 주어졌다고 하자. 식 (7.69), (7.72)에 의해서,

$$t - t_0 = \frac{a^{3/2}}{\sqrt{\mu_e}}(E - e\sin E)$$

$$\tan\frac{\theta}{2} = \sqrt{\frac{1+e}{1-e}}\tan\frac{E}{2}$$

그림 11.5에서 Δu를 θ로 치환하면 식 (11.12), (11.13)은,

$$\cos i = \frac{\tan(\Delta\lambda_0 + \Delta\lambda)}{\tan(u_0 + \theta)} \tag{11.25}$$

$$\sin i = \frac{\sin\varphi}{\sin(u_0 + \theta)} \tag{11.26}$$

이 되며, 이에 의해서,

$$\tan(\Delta\lambda_0 + \Delta\lambda) = \cos i \tan(u_0 + \theta) \tag{11.27}$$

$$\sin\varphi = \sin i \ \sin(u_0 + \theta) \tag{11.28}$$

여기서 $u_0 + \theta = u$는 위도인수이다.

지구가 회전하지 않을 때의 경도는,

$$\lambda = \lambda_0 + \Delta\lambda$$

회전하는 지구에 대한 경도는,

$$\lambda' = \lambda_0 + \Delta\lambda - \omega_e'(t - t_0)$$

이 되는 것은 원 궤도의 경우와 동일하다. 위도는 지구 회전의 영향을 받지 않아서 $\varphi' = \varphi$이다.

긴 타원의 경우에 대한 예시로서, 11.1절에서 기술한 Monliya 위성의 지구표면궤적을 그림 11.6에 제시한다. 실제로는 그림처럼 궤적이 지표상을 그물처럼 나누어 커버하고 있지는 않으며, 관측 목적으로는 사용되는 경우는 적다.

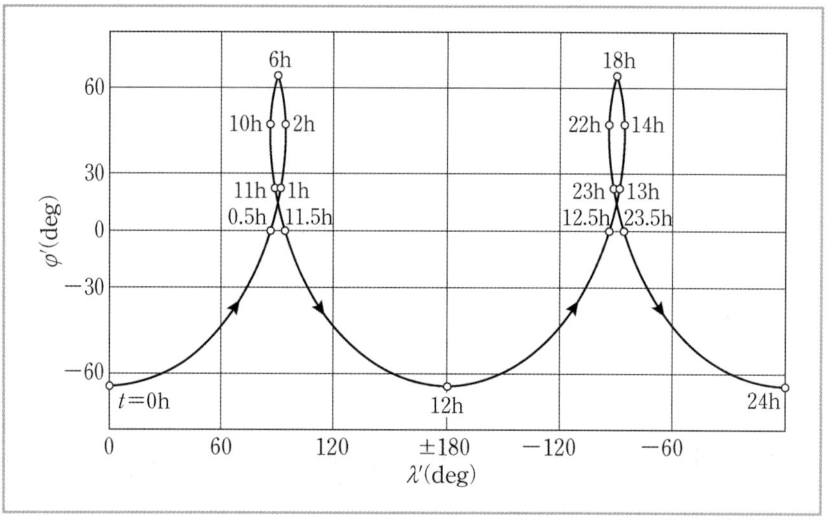

[그림 11.6] Molniya 위성의 지표상궤적(6h와 18h의 위치가 그림 11.4의 시점에 해당함.)
(Охоцимский, 1990)

긴 타원 궤도의 다른 예로서 통신위성 CS-2B(사쿠라 2b) 발사 시 로켓과 위성의 천이궤도에 대한 지구표면궤적을 그림 11.7에 나타내었다. CS-2b는 천이궤도의 네 번째 회전 시의 원지점(4AP: 4th Apogee)에서 원지점 킥모터에 점화하고, 최종적으로 동경 136°에 정지시키고 있다. 원지점에서 정지 위치까지 움직이는 궤도를 드리프트 궤도라고 한다.

예제 11.1 고도 500 km, 궤도 경사각 27°인 원 궤도상의 비행체가 적도상 동경 180°인 지점을 북쪽에서 남쪽으로 향해서 통과했다. 이후 지표상 궤적을 15 회전까지 구하시오.

사쿠라 2b(CS-2b)는 1983년 8월 5일 타네가 섬에서 발사되었다. 천이 궤도의 데이터는 다음과 같다.

궤도경사각	$i = 28.77$ deg
주기	$T_P = 644.78$ min
근지점 고도	$h_P = 198$ km
원지점 고도	$h_a = 36,512$ km
근지점 인수	$\omega = 186$ deg

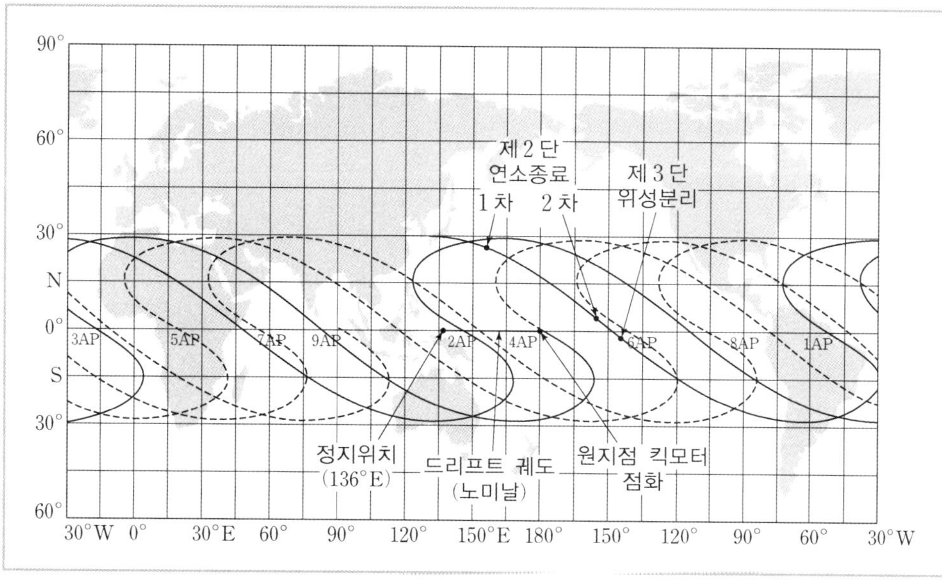

[그림 11.7] 통신위성 사쿠라 2b 발사시의 천이궤도의 지상에서의 궤적 (우주개발사업단, 1983)

이 데이터로부터 계산하면,

$$\Delta\lambda_{\mathrm{A}} = -162 \ \mathrm{deg}$$
$$m = 2$$
$$\Delta\lambda_{\mathrm{d}} = 36.85 \ \mathrm{deg}$$

이 된다.

$\Delta\lambda_{\mathrm{A}}$, $\Delta\lambda_{\mathrm{d}}$는 얼마인가?

해답 $a = 6{,}878$ km, $i = 27$ deg을 식 (11.18)에 사용해서,

$$\frac{3}{2}J_2\left(\frac{R_{\mathrm{e}}}{a}\right)^2\frac{\sqrt{\mu_{\mathrm{e}}}}{a^{3/2}}\cos i = 1.3772 \times 10^{-6}\ (\mathrm{rad/s})$$
$$\omega_{\mathrm{e}}' = 0.7292 \times 10^{-4} - 1.3772 \times 10^{-6} = 0.7154 \times 10^{-4}\ (\mathrm{rad/s})$$
$$T_{\mathrm{P}} = 2\pi\frac{a^{3/2}}{\sqrt{\mu_{\mathrm{e}}}} = 5{,}676\ (\mathrm{s})\ (= 94.60\ \mathrm{min})$$
$$\Delta\lambda_{\mathrm{A}} = -\omega_{\mathrm{e}}'T_{\mathrm{P}} = 0.406\ (\mathrm{rad}) = 23.3\ \mathrm{deg}$$
$$\frac{2\pi}{\Delta\lambda_{\mathrm{A}}} = 15.27 \ \longrightarrow m = 15$$
$$\Delta\lambda_{\mathrm{d}} = 2\pi - m\Delta\lambda_{\mathrm{A}} = 0.192\ (\mathrm{rad}) = 11\ (\mathrm{deg})$$

식 (11.14), (11.15)에서 $\Delta\lambda_A = u_0 = 0$로 놓고 $\Delta\lambda, \varphi$를 구하고, 식 (11.19)를 사용해서 λ', φ'를 구한다. 첫 번째 회전 이후로는 $\Delta\lambda_A = 23.3$ deg씩, 이동(Shifting)하면 된다. 결과는 다음과 같다. 또한, 작도 시의 φ과 λ의 관계는 식 (11.13), (11.14)로부터 구한다.

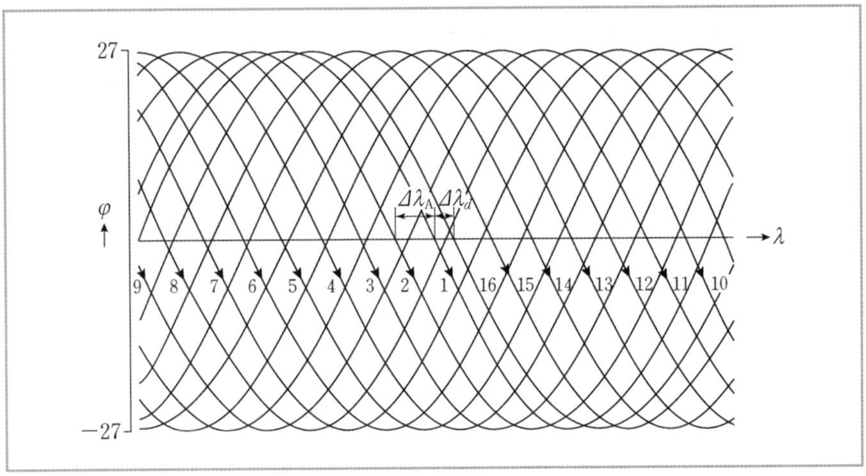

11.3 일조조건, 가시범위, 발사 시간대역

11.3.1 일조조건

태양전지 발전능력, 우주비행체 열환경 설계조건 등의 요구조건을 고려할 때 궤도상 비행체에 태양이 비추지 않는 기간을 최소화하고, 일조 기간을 관리해야 하는 경우가 있다. 일조 조건은 태양, 지구 그리고 비행체 세 물체의 상대 위치로부터 결정되는데, 여기서는 다음의 가정하에서 일조 조건을 구해보자.

- 태양 방향은 비행체가 궤도를 한 바퀴 도는 사이에 변하지 않는다.
- 비행체 의 궤도는 원궤도이다.

그림 11.8과 같이 좌표계와 기호를 정의한다. XYZ는 지구중심 궤도면 기준 관성좌표계

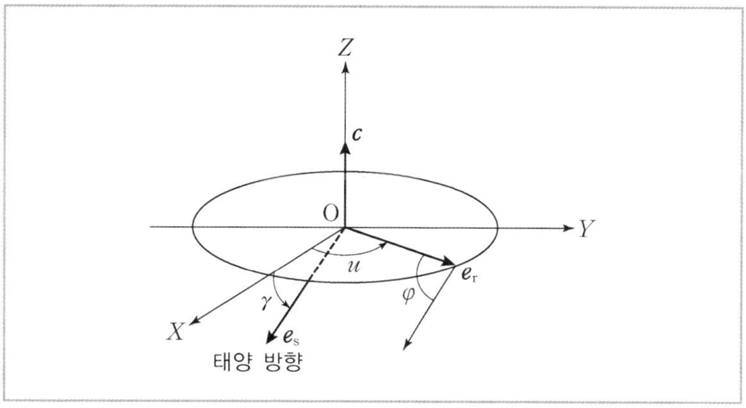

[그림 11.8] 일조조건 분석을 위한 좌표계, 기호, 태양방위 벡터, 동경 벡터

로 XY평면은 궤도면, X축은 태양 방위 벡터의 궤도면으로의 투영 방향으로 놓는다. 또한, Z축은 궤도면 벡터에 일치한다. 태양 방위 벡터(좌표 원점에서부터 태양광선 입사 방향으로의 벡터)의 단위 벡터를 $\boldsymbol{e}_{\mathrm{s}}$로 하고, 태양 방위 벡터와 X축이 이루는 각을 γ로 한다.

$\boldsymbol{e}_{\mathrm{r}}$을 비행체 위치벡터의 단위 벡터로 하고, u를 위치 벡터 방향을 X축으로부터 측정한 각이라 정의한다. 이때, $\boldsymbol{e}_{\mathrm{r}}, \boldsymbol{e}_{\mathrm{s}}$의 성분은 다음과 같이 표현할 수 있다.

$$\boldsymbol{e}_{\mathrm{r}} = (\cos u\,, \sin u\,, 0)^{\mathrm{T}} \tag{11.29}$$

$$\boldsymbol{e}_{\mathrm{s}} = (\cos \gamma\,, 0, -\sin \gamma)^{\mathrm{T}} \tag{11.30}$$

다음으로, 비행체에 들어오는 태양광의 입사각을 위치 벡터를 이용하여 표현해 보자(그림 11.8의 각 φ: 지구중심 방향을 기준으로 해서 측정된 값임). 그림 11.8에서 φ는 위치 벡터와 태양 방위 벡터가 이루는 각의 보각으로 다음과 같이 표현된다.

$$\begin{aligned}\varphi &= \pi - \cos^{-1}(\boldsymbol{e}_{\mathrm{r}} \cdot \boldsymbol{e}_{\mathrm{s}}) \\ &= \pi - \cos^{-1}(\cos u\ \cos \gamma)\end{aligned} \tag{11.31}$$

여기서 $\varphi_{\max} = \pi - \gamma(u = 0$인 경우)이고, $\varphi_{\min} - \gamma(u = \pi$인 경우)이다(그림 11.9 참조).

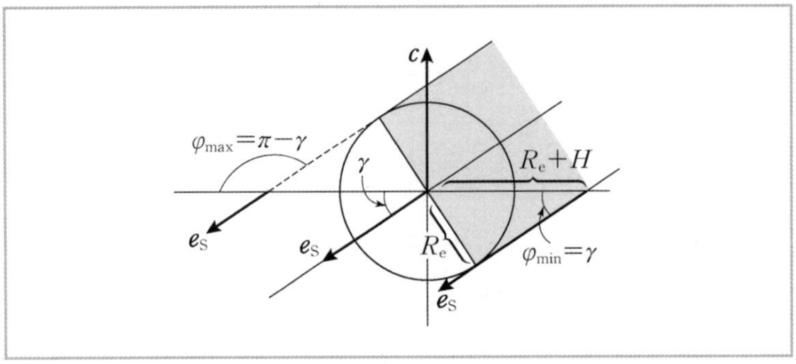

[그림 11.9] 태양광 입사각 최대/최소 조건

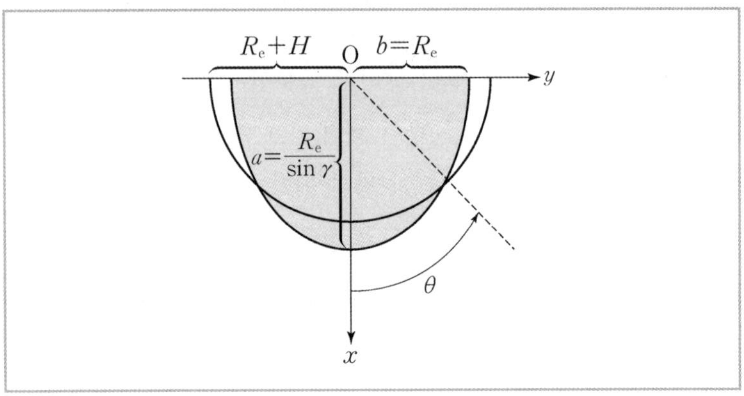

[그림 11.10] 지구 그림자의 절단면과 비행체 궤도와의 관계

이어서 비행체가 지구의 음지로 들어가는 조건을 분석해 보자. 이 분석을 위하여 다음과 같은 가정을 하기로 한다.

(1) 지구는 구형이다.

(2) 지구의 그림자는 원통 형상이다.

(3) 비행체의 궤도는 원 궤도이다.

그림 11.9에서 비행고도를 H로 놓으면 γ가 다음 범위에 있을 때 비행체는 지구의 그림자에 들어간다.

$$\gamma < \sin^{-1}\frac{R_e}{R_e+H} \tag{11.32}$$

그림자의 영역과 그중에 비행체가 있는 기간은 그림자가 만드는 원통을 궤도면으로 끊어낸 절단면으로부터 파악할 수 있다(그림 11.10). 그림 11.10에서 궤도면은 반경 $R_e + H$인 원으로 표현되고, 그림자의 원형 실린더의 절단면은 빗금으로 표시된 타원으로 그려져 있다. 타원의 장반경 a는 $R_e/\sin\gamma$, 단반경 b는 R_e이며, 궤도를 표현하는 원과 그림자의 단면을 표시하는 타원은 각각 다음 식으로 표현된다.

$$x^2 + y^2 = (R_e + H)^2 \tag{11.33}$$

$$\frac{x^2 \sin^2\gamma}{R_e^2} + \frac{y^2}{R_e^2} = 1 \tag{11.34}$$

식 (11.33), (11.34)를 연립해서 풀면 그림 11.10의 그림자에 비행체가 들어가는 임계각도 θ_c가 다음과 같이 구해진다.

$$\theta_c = \cos^{-1}\frac{\sqrt{2R_eH + H^2}}{(R_e + H)\cos\gamma} \tag{11.35}$$

그림에서 $-\theta_c < \theta < \theta_c$의 범위에서 비행체는 지구의 음지에 들어간다. 또한, 그림 11.10에서도 알 수 있듯이,

$$R_e + H > \frac{R_e}{\sin\gamma} \tag{11.36}$$

이 되면 비행체의 궤도가 지구의 음지에 들어가는 기간은 없게 된다.

어떤 인공위성에는 특정한 방향으로부터 태양이 위성을 직접 비추지 않도록 하거나, 특정 방위로부터 태양광이 비추도록 해야 한다는 등의 요구조건이 있다. 궤도 투입 시의 요구 위성 자세는 발사체의 궤도 투입 조건에 영향을 주는데, 이에 대해서는 11.3.3에서 설명한다.

예제 11.2 지구정지위성의 식(빛의 상실)의 시작과 끝이 되는 날을 구하시오. 지구의 그림자는 원통형이고 태양광은 평행한 것으로 한다(태양, 지구의 크기의 차는 생각하지 않는다).

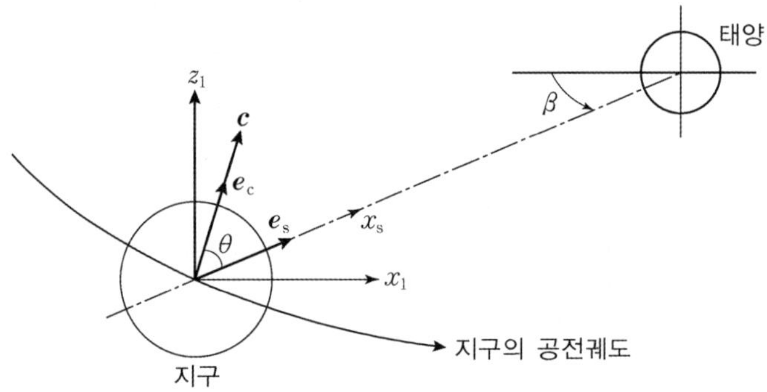

c: 궤도면 벡터, e_c: 궤도면 벡터의 단위 벡터, e_s: 태양방위 벡터의 단위 벡터
ε: 공전면에 대한 적도면의 경사각, θ: e_c와 e_s 사이의 각도
β: 하지 방향에서부터 현재 위치까지의 지구의 공전각

해답 다음의 좌표계를 정의한다.

I계(관성좌표계)

원점: 지구중심

XY면: 지구공전면

X축: 동지방향

S계(지구의 공전과 함께 회전)

원점: 지구중심

XY면: 지구공전면

X축: 태양방향

$\boldsymbol{e}_{\mathrm{c}}$를 **I**계에서 표현하면,

$$\boldsymbol{e}_{\mathrm{cI}} = (\sin\varepsilon, 0, \cos\varepsilon)^{\mathrm{T}}$$

$\boldsymbol{e}_{\mathrm{cI}}$를 **S**계에서 표현하면 다음과 같다.

$$\boldsymbol{e}_{\mathrm{cS}} = (\cos\beta\sin\varepsilon, -\sin\beta\sin\varepsilon, \cos\varepsilon)^{\mathrm{T}}$$

$\boldsymbol{e}_{\mathrm{s}}$를 **S**계에서 표현하면,

$$\boldsymbol{e}_{\mathrm{s}} = (1, 0, 0)^{\mathrm{T}}$$

따라서, $\boldsymbol{e}_{\mathrm{c}}$와 $\boldsymbol{e}_{\mathrm{s}}$ 사이의 각도 θ는,

$$\cos\theta = \boldsymbol{e}_{\mathrm{cs}} \cdot \boldsymbol{e}_{\mathrm{s}} = \cos\beta \sin\varepsilon$$

식에 들어가는 조건은,

$$\cos\theta \leqq \frac{R_{\mathrm{e}}}{R_{\mathrm{e}} + H} \longrightarrow \cos\beta \sin\varepsilon \leqq \frac{R_{\mathrm{e}}}{R_{\mathrm{e}} + H}$$

(답) 2월 26일~ 4월 11일, 9월 1일~10월 15일.

문제 11.2

근지점 고도 h_{P}, 원지점 고도 h_{A}, 근지점 인수 ω, 궤도 경사각 90°인 타원궤도를 우주비행체가 비행하고 있다. 지구의 음지를 비행하는 시간을 구하시오. 우주비행체가 지구의 음지에 들어간 순간의 태양의 각도를 δ로 놓고, 태양과 지구중심을 연결하는 직선은 타원궤도에 포함되는 것으로 한다. 또한, 비행체가 음지에 들어가 있는 동안의 태양과 지구의 상대 운동은 무시한다.

문제 11.3

비행체가 지구를 중심으로 회전하는 고도 H의 원궤도상에 있다. 지구는 구형체, 지구의 그림자는 원통형이라면 비행체가 지구의 그림자 중에 있는 시간을 구하시오(태양 방위 벡터는 비행체 궤도면 내에 있는 것으로 한다). 또한 이 시간이 극소가 되는 비행고도를 구하시오.

11.3.2 가시범위

이 절에서는 지상에서 비행체를 관측할 수 있는(또는 전파 링크가 유지되는) 기간을 구해 본다. 전파 링크는 보통 지상과 비행체 사이의 전파 통신을 의미하며(비행체 사이 통신의 경우도 있음), 지상에서 비행체로의 송신을 업링크(up-link), 그 반대를 다운링크(down-link)라고 한다.

관측점이 궤도면 내에 있는 경우, 관측점(지구중심 기준의 위치 벡터 $\boldsymbol{R}_{DR}$)에서 비행체(위치 벡터 $\boldsymbol{r}$)를 보는 고각(수 평면 기준 위쪽 방향이 플러스)을 α_{T}로 하면, 그림 11.11에 의해서,

$$\alpha_{\mathrm{T}} = \frac{\pi}{2} - \cos^{-1}\frac{(\boldsymbol{r} - \boldsymbol{R}_{DR}) \cdot \boldsymbol{R}_{DR}}{|\boldsymbol{r} - \boldsymbol{R}_{DR}| \cdot |\boldsymbol{R}_{DR}|} \tag{11.37}$$ [3]

가시 한계 σ_1는,

$$\sigma_1 = \cos^{-1}\frac{R_{DR}}{R_{DR} + H} \tag{11.38}$$

관측점 벡터 $\boldsymbol{R}_{DR}$이 궤도면 내에 없을 때의 기하학적 관계를 그림 11.12에 제시하였다. 궤도면 벡터 $\boldsymbol{c}$와 관측점 벡터 $\boldsymbol{R}_{DR}$을 포함한 평면과 궤도면 사이의 교선상에 벡터 $\boldsymbol{R}'_{DR}$을 정의하고, 벡터 $\boldsymbol{R}_{DR}$과 벡터 $\boldsymbol{R}'_{DR}$의 사이 각도 σ_2를 구하면,

$$\sigma_2 = \left|\cos^{-1}\frac{(\boldsymbol{c} \cdot \boldsymbol{R}_{DR})}{|\boldsymbol{c}||\boldsymbol{R}_{DR}|} - \frac{\pi}{2}\right| \tag{11.39}$$

이며, 다음 조건을 만족하는 동안 관측이 가능하다.

$$\sigma_2 < \sigma_1 \tag{11.40}$$

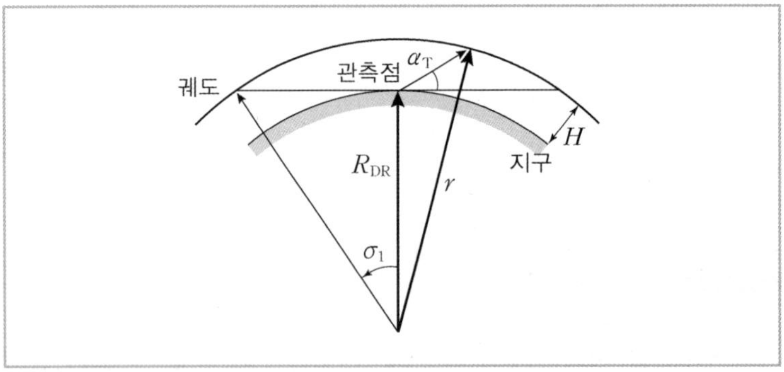

[그림 11.11] 관측점이 궤도면 내에 있는 경우의 가시 한계

3 첨자 DR은 지상 관측점(Down Range)의 이니셜

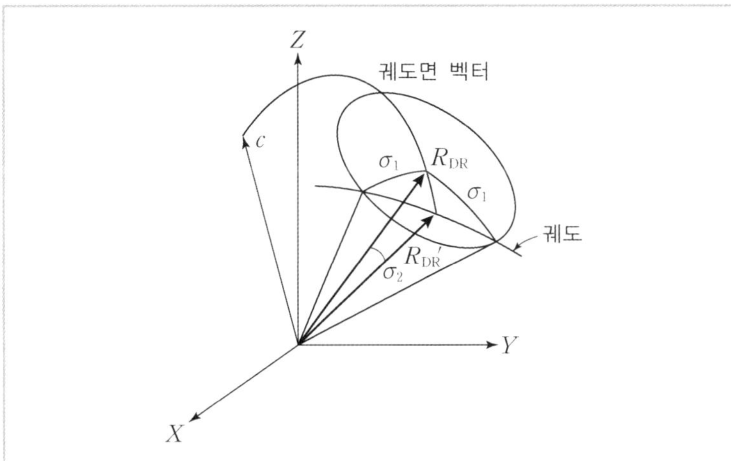

[그림 11.12] 관측점, 궤도면, 궤도면벡터의 상대관계

실제 통신 가능 범위는 안테나 패턴, 안테나 이득(Gain)의 제약으로 결정되지만, 여기서는 다루지 않기로 한다.

문제 11.4

(1) 경도 λ_c에 있는 정지인공위성을 지구면 위 경도 λ_p, 위도 φ_p의 지점에서 볼 때의 방위각과 고각을 구하시오.

(2) 동경 110°에 정지하고 있는 방송위성 유리 3호 b를 아이치 현 도요아케 시(동경 137°, 북위 35°)에서 볼 때의 방위각과 고각을 구하시오.

11.3.3 발사 시간대역

발사체를 이용하여 비행체를 발사할 때, 다음과 같은 경우는 발사 시각 결정이 중요한 문제가 되며, 제약조건을 만족하는 발사가 가능한 시간 대역을 발사 가능 시간대역(Launch Window)이라고 한다.

(1) 궤도 투입 시점의 태양광 입사 각도에 제약이 있는 경우

(2) 이미 궤도상에 있는 비행체와 충돌을 할 가능성이 있는 경우

전자에서는 궤도면과 태양방위 벡터 사이의 관계가, 후자에서는 두 비행체의 궤도면의 상대관계가 문제가 되는데, 여기서는 전자의 문제에 대해서 생각한다.

로켓이 비행체를 분리한 순간의 로켓 위치와 자세는 지구 고정 좌표계 내에서 보면 발사 시각과 무관하게 결정된다. 그러나, 관성좌표계에서는 분리 지점에서 태양과 비행체의 상대적 관계는 발사 시점에 의해서 변하게 된다.

정지궤도위성 임무에서 비행체의 천이궤도 투입은 적도상에서 이루어지는데, 로켓으로부터 페이로드가 분리되는 지점, 즉 비행체가 궤도상에 투입되는 지점은 적도면상(승교점 또는 강교점)에 있는 경우를 고려한다(이후로 이 지점을 궤도투입점이라 부른다). 지구중심 적도면 기준 관성좌표계 중 비행체의 위치 벡터 $\boldsymbol{r}$과 태양의 방위 벡터 $\boldsymbol{S}$를 그림 11.13과 같이 정의한다.

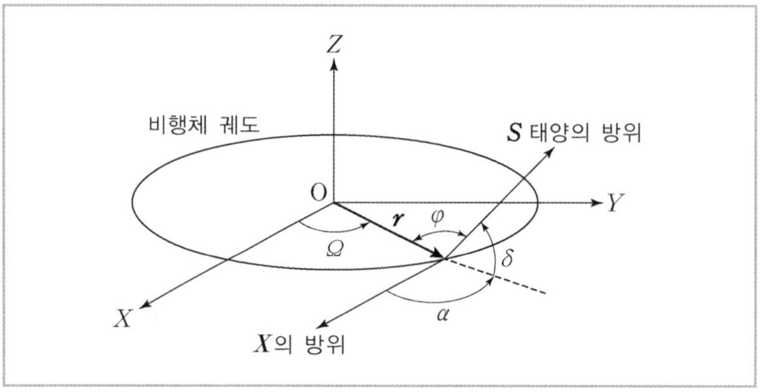

[그림 11.13] 비행체의 위치 벡터 $\boldsymbol{r}$과 태양 방위 벡터 $\boldsymbol{S}$

벡터 $\boldsymbol{S}$의 단위 벡터를 $\boldsymbol{e}_{\mathrm{s}}$ 지구에서 태양을 볼 때의 방위각을 α(춘분점 기준), 고각을 δ, 벡터 $\boldsymbol{r}$의 단위 벡터를 $\boldsymbol{e}_{\mathrm{r}}$, 춘분점의 방향에서 측정한 벡터 $\boldsymbol{r}$의 위상각을 Ω로 하면,

$$\boldsymbol{e}_{\mathrm{s}} = (\cos\delta\cos\alpha\,, \cos\delta\sin\alpha\,, \sin\delta)^{\mathrm{T}} \tag{11.41}$$

$$\boldsymbol{e}_{\mathrm{r}} = (\cos\Omega\,, \sin\Omega\,, 0)^{\mathrm{T}} \tag{11.42}$$

태양-비행체-지구의 각도 φ는

$$\cos\varphi = (-\boldsymbol{e}_{\mathrm{r}}\cdot\boldsymbol{e}_{\mathrm{s}}) = -\cos\delta\cos(\alpha-\Omega) \tag{11.43}$$

비행체의 기축에 대한 입사각 조건과 관련하여, 기축 방향과 태양 벡터 사이의 각도를 구한

다. 비행체의 기축은 위치 벡터에 직각이며, 로켓에서 분리된 후에는 적도면에 대해서 경사각 θ를 갖고 있는 것으로 한다. 비행체 고정 좌표계를 얻기 위하여 적도면 기준 관성좌표계를 Z축 중심으로 Ω만큼 회전(X축은 X'축으로, Y축은 Y'축으로), X'축 중심으로 θ만큼 회전(Y'축은 Y''축으로, Z축은 Z'축으로) 변환을 수행한다(그림 11.14). (여기서는 Y'축이 기축 방향이 되고 있는 것에 주의하라.)

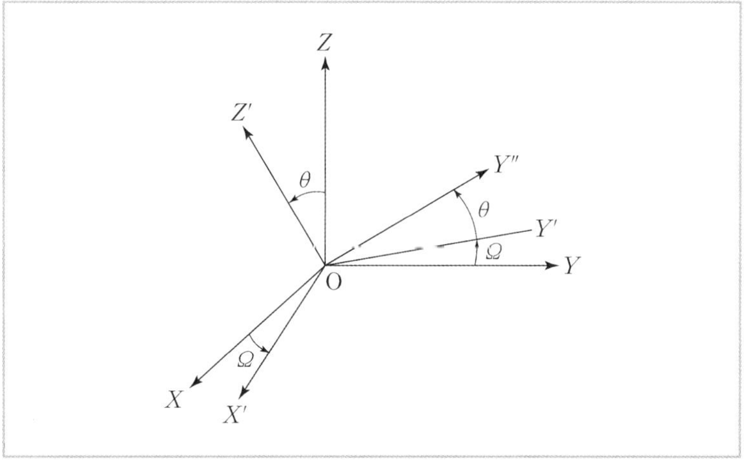

[그림 11.14] 적도면 기준 관성좌표계와 기체 고정 좌표계의 관계

이러한 회전을 나타내는 좌표 변환식은 다음과 같다.

$$\begin{bmatrix} X' \\ Y' \\ Z \end{bmatrix} = \begin{bmatrix} \cos\Omega & \sin\Omega & 0 \\ -\sin\Omega & \cos\Omega & 0 \\ 0 & 0 & 1 \end{bmatrix} \begin{bmatrix} X \\ Y \\ Z \end{bmatrix}$$

$$\begin{bmatrix} X' \\ Y'' \\ Z' \end{bmatrix} = \begin{bmatrix} 1 & 0 & 0 \\ 0 & \cos\theta & \sin\theta \\ 0 & -\sin\theta & \cos\theta \end{bmatrix} \begin{bmatrix} X' \\ Y' \\ Z \end{bmatrix}$$

$$= \begin{bmatrix} \cos\Omega & \sin\Omega & 0 \\ -\sin\Omega\cos\theta & \cos\Omega\cos\theta & \sin\theta \\ \sin\Omega\sin\theta & -\cos\Omega\sin\theta & \cos\theta \end{bmatrix} \begin{bmatrix} X \\ Y \\ Z \end{bmatrix} \quad (11.44)$$

그러므로 기축 방향의 단위 벡터는 다음과 같이 표현할 수 있다.

$$\boldsymbol{e}_{y''} = (-\sin\Omega\cos\theta, \cos\Omega\cos\theta, \sin\theta)^{\mathrm{T}} \quad (11.45)$$

태양 방위 벡터와 기축 벡터와의 사이 각도를 θ_s로 하면,

$$\cos\theta_s = \left(\boldsymbol{e}_{y''} \cdot \boldsymbol{e}_s\right) = \cos\delta\cos\theta\sin(\alpha - \Omega) + \sin\delta\ \sin\theta \tag{11.46}$$

로켓 발사 시각(년/월/일)으로부터 α 와 δ 가 결정된다(시적경과 시적위: 예를 들면 'chronological scientific table'에 있다). θ는 주어진 것이므로 θ_s에 대한 제약조건으로부터 Ω가 결정된다. 궤도투입 점 Ω로 비행체를 가져 오기 위한 조건은 지상에서 로켓을 발사하는 시각과 관계가 있으며, 그 관계식은 다음과 같다.

로켓을 발사하고 나서 궤도투입점 도달까지의 시간을 $t(h)$로 하고, 발사 시각(그리니치 표준 시간)을 $T_l(h)$, 궤도 투입점의 지심 경도를 $\lambda_l(°)$로 할 때 다음 식이 성립한다.

$$\Omega - \frac{360}{24}t - \lambda_l = \alpha - 180 + \frac{360}{24}T_l \tag{11.47}$$

식 (11.47)에서 좌변은 비행체의 궤도 투입점의 적경을 기준으로 역산한 발사 시점의 관성 좌표계에서의 그리니치의 순간 위치, 우변은 춘분점의 방향을 기준으로 한 발사 시각(그리니치 표준 시간)에서 그리니치의 순간 위치(α는 그리니치를 지나는 자오선의 적경)가 된다. 180°을 빼는 것은 오전 0시를 기준으로 하기 때문에 보정한 것이다. 그러므로,

$$\Omega = \alpha + \frac{360}{24}(T_l + t) - 180 + \lambda_l \tag{11.48}$$

정지위성과 같이 궤도투입점(근지점)에서 $180^\circ + 360^\circ n$(n은 회전 횟수) 진행한 점에서 원지점 킥(원지점 킥에 대해서는 11.5.1항을 참조할 것)을 하면 다음과 같다.

$$\Omega' = \alpha + \frac{360}{24}(T_l + t) + \lambda_l \tag{11.49}$$

문제 11.5

타네가 섬 발사장에서 발사되어서, 정지궤도에 투입된 페이로드에, 원지점에서의 태양 입사각이 $60^\circ < \theta_s < 120^\circ$라는 제약조건이 있다. 발사 가능 기간이 1992년 2월 1일~3월 31일이라 할 때, 첫 날과 마지막 날의 발사 가능 시간대역을 구하시오. 로켓 발사 후 궤도투입까지의 시간은 $60,000\ \mathrm{s}$, 궤도투입점의 경도는 140°E로 한다.

11.4 호만 천이

궤도시스템의 운동 중에 중요한 것으로는 궤도 천이가 있으며, 여기서는 동일 평면 내에 있는 두 개의 원궤도 사이에 한쪽 궤도로부터 다른 쪽 궤도로 이행할 때에 사용되는 호만 천이(Hohmann Transfer: 호만은 이 방식을 고안한 사람의 이름)에 대해서 기술하기로 한다.

궤도 천이를 하는 방법은 2 Impulse 법, 3 Impulse 법 등의 종류가 있으나, 여기서 기술한 것은 원궤도의 2 Impulse 호만 천이로 불리는 특별한 경우이다.

그림 11.15에서, 궤도 반경 r_1인 원궤도 C_1으로부터 동일한 평면 내부에 있는 궤도 반경 $r_2(r_1 < r_2)$인 원궤도 C_2로 비행체를 이동시키려 한다. 천이 궤도는 점 P_1에서 Δv_1의 속도 증분을 가해서 원궤도 C_1에 외접하고 점 P_2에서 원궤도 C_2에 내접한 천이궤도 C_T로 옮겨 가고, 점 P_2에서 추기로 Δv_2의 속도증분을 가해서 원궤도 C_2로 옮겨간다.

원궤도 C_1, C_2의 원궤도 속도를 각각 v_{c1}, v_{c2}로 설정하면,

$$v_{c1} = \sqrt{\frac{\mu_e}{r_1}} \qquad v_{c2} = \sqrt{\frac{\mu_e}{r_2}} \tag{11.50}$$

천이 궤도상에서는 에너지와 각운동량이 보존되므로, 점 P_1, P_2에서 천이궤도상의 속도를 각각 v_1, v_2로 놓으면

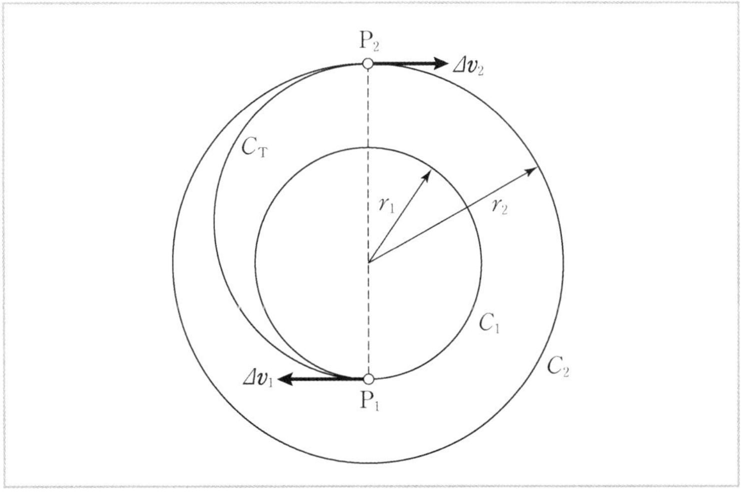

[그림 11.15] 호만천이 관계도

$$\frac{v_1^2}{2} - \frac{\mu_e}{r_1} = \frac{v_2^2}{2} - \frac{\mu_e}{r_2} \tag{11.51}$$

$$r_1 v_1 = r_2 v_2 \tag{11.52}$$

식 (11.51), (11.52)에 의해서

$$v_1 = \sqrt{\frac{2\mu_e r_2}{r_1(r_1 + r_2)}} \tag{11.53}$$

$$v_2 = \sqrt{\frac{2\mu_e r_1}{r_2(r_1 + r_2)}} \tag{11.54}$$

그러므로, 식 (11.50)을 사용해서, 점 P_1, P_2에서의 속도 증분 $\Delta v_1, \Delta v_2$는 각각 다음과 같게 된다.

$$\Delta v_1 = \sqrt{\frac{2\mu_e r_2}{r_1(r_1 + r_2)}} - \sqrt{\frac{\mu_e}{r_1}} \tag{11.55}$$

$$\Delta v_2 = \sqrt{\frac{\mu_e}{r_2}} - \sqrt{\frac{2\mu_e r_1}{r_2(r_1 + r_2)}} \tag{11.56}$$

호만 천이에 대해서, 총 속도 증분을 Δv_T로 놓으면,

$$\Delta v_T = \Delta v_1 + \Delta v_2 \tag{11.57}$$

식 (11.55), (11.56)을 사용해서 $D = r_2/r_1$로 놓으면,

$$\frac{\Delta v_T}{v_{c1}} = \left(1 - \frac{1}{D}\right)\sqrt{\frac{2D}{1 + D}} + \sqrt{\frac{1}{D}} - 1 \tag{11.58}$$

식 (11.58)를 그래프로 나타내면 다음과 같고, D가 무한히 커질 때 속도 증분량의 극한은 탈출 속도와 원 궤도속도의 차가 된다.

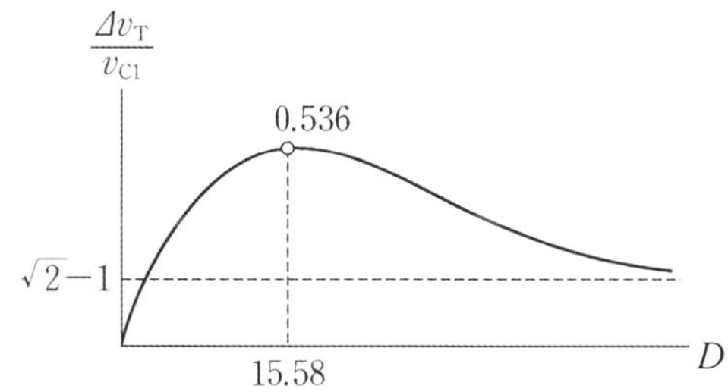

11.5 궤도투입

11.5.1 궤도투입 방식

페이로드를 궤도에 투입하기 위한 추진기관의 주요 작동방식에는 다음 3가지가 있다.

(1) 직접 투입 방식(Direct Burn)

(2) 직접 고도투입 후 가속 방식(Direct Ascent)

(3) 주차궤도 이용 방식(Parking Orbit)

(1)의 직접 투입 방식은 다단 발사체의 추진기관을 연속해서 차례로 작동시켜서 마지막 단의 연소종료시점에 페이로드를 목표궤도에 투입시키는 방식이다. (2)의 고도투입 후 가속하는 방식은 마지막 단의 추진기관을 작동시키기 전에 관성비행(Coasting)을 통해서 잠시 추력이 없는 상태로 기체를 비행시키다가 목표로 하는 고도에 접근하면 궤도투입을 위해서 가속을 수행하는 방식이다. (3)의 주차궤도 이용 방식은 일단 지구 중심 원궤도인 주차궤도에 진입시킨 후 궤도 천이를 통하여 더 높은 궤도로 투입시키는 방식이다. 상위 궤도로의 천이에는 주로 11.4절에서 기술한 호만 천이가 사용된다.

주차궤도로의 진입에는 (1) 또는 (2)의 방식이 이용되는데, 일반적으로 (2)의 방식을 이용하면 동일한 고도에 더 큰 페이로드를 올릴 수 있다. 전파 링크를 취하기 위한 다운 레인지 기지의 배치, 비행 안전, 추진제 이용의 유효성 등을 종합적으로 판단해서 (1)과 (2) 중 하나를 선택하게 된다(비행 안전에 대해서는 뒤에서 기술함).

정지궤도 인공위성의 발사는 주차궤도를 이용하는 전형적인 예에 해당한다. 즉 정지궤도 위성은 일단 고도 200 km~300 km에 위치한 주차궤도에 도달한 후 정지궤도로 가는 긴 타원 형태의 천이궤도(GTO)로 진입하고 천이궤도의 원지점에서 다시 가속해서 정지 궤도로 들어가게 된다. 이 이외에도 상단에서 사용되는 다음 방법들이 있다.

(4) 재점화

(5) 원지점 킥(Apogee Kick)

일부 액체로켓 엔진은 (2)의 변종의 하나로 재점화 방식을 사용하거나 (3)에서 궤도투입 시점의 가속 수단으로 재점화를 사용해왔다. 단의 개수를 늘리지 않아도 되므로 중량 효율이 매우 높아지나, 관성비행 중에 발사체가 무중력 상태에 들어가므로 액체 추진제가 부유하게 되고 기체와 액체가 혼합되면서 다음 작동시점에 추진제의 공급이 어려워지는 문제점이 발생한다. 이러한 문제의 대책으로 추진제 중량에 어느 정도 여유가 있는 경우 무추력 비행 중 작은 가속도를 제공해서 추진제를 탱크의 하단부로 모으기도(Ullage Settling) 한다. (5)는 정지궤도 인공위성을 천이궤도의 원지점에서 정지 원궤도로 투입시키는 시점에 추진기관을 작동해서 가속조건을 제공하는 것을 가리킨다. 크게 구분하면 (3)에 포함된 것으로 볼 수도 있지만, 호만 천이궤도에서 원궤도로 투입하기 위한 최종 가속이라는 특별한 경우를 나타내는 것으로 볼 수도 있다. 보통 위성 자체에 원지점 킥모터(AKM: Apogee Kick Motor)라고 불리는 추진기관을 갖추고 있다. 이 경우에 발사체의 임무는 GTO로 위성을 투입하는 순간까지이며 정지궤도로의 투입을 위한 최종 가속은 인공위성이 수행한다.

정지궤도에 투입할 때, 먼저 동기궤도인 천이궤도로 들어가고 동기 궤도로의 최종 가속을 수행할 때에 맞춰서 궤도면 변경을 수행해서 드리프드 궤도로 진입한 후 정지궤도로 옮겨간다. 정지궤도의 드리프트 궤도[4]에 투입하기 위한 마지막 가속(킥이라고 불리는 부분)을 할 시에는, 가속에 의해 발생한 속도 벡터와 본래의 속도 벡터를 벡터적으로 합성하면, 정지궤도에서의 속도 벡터가 적도면 내에 있도록 하는 방향으로 모터를 분사한다. 원지점 킥[5]

4 드리프트(drift) 궤도는 정지궤도가 아니지만 정지궤도에 매우 근접한 궤도를 의미한다. 위성을 그냥 두면 작은 속도지만 위성이 정지궤도에서 벗어나게 되므로(즉 드리프트 하므로) 이런 이름이 붙게 되었다.

5 원지점 킥모터는 인공위성이 페이로드인 경우는, 통상 페이로드 쪽이 갖고 있다. 로켓은 정지궤도

은 원지점에서 수행하는 원궤도로의 투입을 위한 가속의 일반적인 명칭이나 좁은 의미에서는 이처럼 궤도면을 변경하는 것을 동반하는 정지궤도로의 투입을 위한 가속을 말한다. 이러한 가속을 AMF(Apogee Motor Firing)라고 부르기도 한다.

천이궤도(궤도 경사각 i) 위의 원지점 속도를 v_a, 정지궤도 속도를 v_s로 하면, 정지궤도로 들어가는 데 필요한 속도 증분을 Δv_s, 궤도 변경을 위한 추진기관(원지점 모터)을 작동시키는 방향 β는 다음과 같다(그림 11.16 참조).

$$\Delta v_s = \sqrt{v_a^2 + v_s^2 - 2v_a v_s \cos i} \tag{11.59}$$

$$\beta = \pi - \alpha - i \tag{11.60}$$

$$\alpha = \sin^{-1}\left(\frac{v_a}{\Delta v_s}\sin i\right) \tag{11.61}$$

원지점에서 궤도를 변경하면 (11.59)의 Δv_s가 작아진다는 이점이 있다.

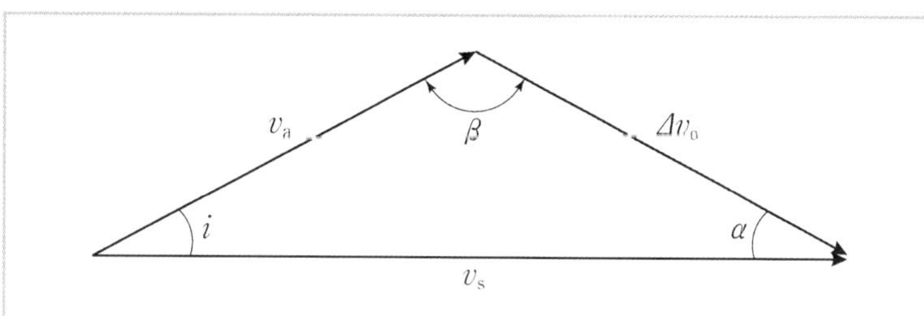

[그림 11.16] 원지점 킥의 관계도

중간에 주차궤도를 사용하는 경우와 직접 고도투입 후 가속하는 방식으로 궤도 투입한 경우의 투입 성능을 비교해 본다. 직접 고도투입 후 가속하는 방식으로 질량 m_1의 페이로드를 고도 h의 원궤도에 넣은 것으로 한다. 이 페이로드를 추가로 고도 H의 원궤도까지 호만 천이 비행을 사용해서 올린다. 고도 h의 주차궤도로부터 고도 H의 원궤도로의 천이 궤도로 넣을 때의 속도 증분은 11.4절에 의해서,

---

로의 천이궤도까지 투입하면 되므로, 이것이 발사체의 성능 평가의 지표의 하나가 되고 있다. 또한, 주차궤도에서 천이궤도로 투입하기 위한 가속 수단으로서 미국에서 표준 사양으로 제품화된 것이 있다. PAM(Payload Assist Module), Transtage, IUS(Inertial Upper Stage; IUS는 원지점 킥도 포함해서 수행함) 등이 대표적이다(모두 제품명임). 다른 발사체에도 적용이 가능하다.

$$\Delta v_1 = \sqrt{\frac{2\mu_e(R_e + H)}{(R_e + h)(2R_e + H + h)}} - \sqrt{\frac{\mu_e}{R_e + h}} \tag{11.62}$$

천이 궤도에서 고도 H의 원궤도로 넣을 경우의 속도 증분은,

$$\Delta v_2 = \sqrt{\frac{\mu_e}{R_e + H}} - \sqrt{\frac{2\mu_e(R_e + h)}{(R_e + H)(2R_e + H + h)}} \tag{11.63}$$

이들 속도를 내기 위해서 필요한 추진제량을 각각 Δm_1, Δm_2라고 하면, 식 (5.19)에서 $u \to u'$으로 놓고(u': 사용하는 추진기관의 유효배기속도),

$$\Delta m_1 = m_1 \left[1 - \exp\left(-\frac{\Delta v_1}{u'}\right)\right] \tag{11.64}$$

$$\Delta m_2 = (m_1 - \Delta m_1)\left[1 - \exp\left(-\frac{\Delta v_2}{u'}\right)\right] \tag{11.65}$$

그러므로, 고도 H인 원궤도에 투입되는 페이로드의 질량은,

$$m_2 = m_1 - (\Delta m_1 + \Delta m_2) \tag{11.66}$$

이다.

직접 고도투입 후 가속하는 방식으로 직접 고도 H의 원궤도에 투입하는 방법과, 주차궤도를 사용해서 투입하는 방법의 선호도는, 호만 천이 비행 시의 속도 증분을 위한 추진기관 질량 증가에 대한 트레이드오프 관계를 갖는다. 단의 개수를 증가시키지 않고 상단 엔진을 재점화 하게 되면 주차궤도를 이용하는 쪽이 유리하다는 것은 다음 예제를 통하여 알 수 있다.

예제 11.3 2단형 아틀라스 1을 사용해서 페이로드를 고도 400 km의 원궤도에 투입하려고 한다.

(1) 직접 고도투입 후 가속하는 방식으로 고도 200 km, 400 km인 원궤도로 투입할 수 있는 페이로드 질량은 얼마인지 구하시오(아래 그림을 이용하라.).

(2) 직접 고도투입 후 가속하는 방식으로 고도 200 km의 원궤도로 먼저 투입

하고, 보조 추진력을 이용해서 호만 천이 비행으로 고도 400 km의 원궤도로 투입할 때에 필요한 추진제 질량은 얼마인지 구하시오(아틀라스의 상단 비추력은 444.4 s를 이용하라.).

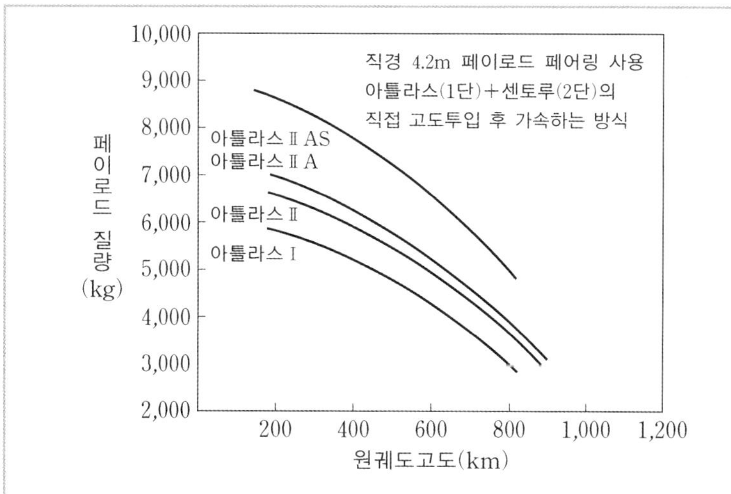

아틀라스의 발사능력(direct ascent) (Isakowitz, 1991)

해답 (1) 위 그림에서

200 km 궤도로의 발사능력: 5,800 kg

400 km 궤도로의 발사능력: 5,300 kg

(2) 고도 200 km의 주차궤도에서 천이 궤도로 들어갈 때의 속도 증분 Δv_1, 그리고 천이궤도에서 고도 400 km인 궤도로 들어가기 위한 속도 증분 Δv_2를 계산하면,

$$\Delta v_1 = 58.1\ m/s$$
$$\Delta v_2 = 57.6\ m/s$$

아틀라스 1의 상단 비추력 444.4 s를 이용하면,

$$\Delta m_1 = 76.9 \text{ kg}$$
$$\Delta m_2 = 75.2 \text{ kg}$$

에 의해서

$$\Delta m_1 + \Delta m_2 = 152.1 \text{ kg}$$

이다. 주차궤도를 사용한 발사능력은 5,800−152=5,648 kg이 되며, 직접 고도 투입 후 가속하는 방식의 발사능력 5,300 kg에 비해 크다.

11.5.2 발사체의 발사 비행계획

발사체의 궤도 투입은 각종 관련된 요소가 얽힌 복잡한 작업이다. 미션이 결정되고, 페이로드와 로켓이 주어지면,

(1) 추진기관의 작동(연소 개시 시기, 연소 정지 시기, 기체 분리 시기)
(2) 비행 중 자세변화
(3) 비행 중 위치와 속도

에 관한 구체적인 계획을 세워야 한다. 이것을 비행계획 또는 궤도계획이라고 한다. 비행계획을 세우기 위해서는 표 11.3과 같은 데이터가 필요하다. 표 11.3에 나오는 새로운 용어에 대해서 약간의 설명을 더한다. 비행 안전(Flight Safety)이란, 로켓의 비행 중에 정상적인 기능을 유지하지 않게 된 경우에, 승무원(유인의 경우) 그리고 지상에 줄 위험을 방지하기 위한 활동을 총칭한 것이며, 발사체의 상승 궤도에 관련해서는 계획에서 벗어난 궤도를 비행할 때 도중에 명령에 의해서 긴급 파괴되어서 그 파편이 지상에 낙하하는 경우, 지상에 줄 위험을 방지하는 것을 말한다. 실제로는, 여러 가지 고장의 경우와 데이터의 분산을 고려한

[표 11.3] 비행계획을 세우기 위해 필요한 데이터

페이로드로부터의 요구
· 질량
· 궤도요소(오차를 포함)
· 궤도투입 시점의 자세
· 궤도투입 시점의 일조 조건
궤도설계상의 제약조건
· 발사체로부터의 제약(하중, 열, 소프트웨어 등)
· 비행안전으로부터의 제약
· 추적(전파 링크)으로부터의 제약
· 발사장으로부터의 제약(발사가 가능한 기간 등)
발사체의 특성 데이터
· 질량
· 추진계 성능
· 공기역학적 데이터(공기 저항 계수 등)
지구 모델
· 형상 및 중력 모델
· 대기 모델
발사장, 지상국의 위치 데이터(경도, 위도, 고도)

매우 많은 계산을 수행해서 확률적으로 평가한다.

전파 링크(RF Link)란 11.3절에서 잠시 언급했으나, 로켓과 궤도 추적, 데이터 송수신, 명령 송신을 위해서 지상국(또는 다운레인지 국: Down Range Station)과의 전파 통신 회선을 말한다. 전파 링크를 설정하기 위해서는 기하학적인 관계에 기반해서 가시성, 안테나 패턴, 안테나 송신전계강도 등의 요소를 고려할 필요가 있다.

비행계획에서는 표 11.3의 데이터를 사용하며, 다음과 같은 종합적인 평가를 수행한다.

- 발사능력
- 페이로드, 로켓으로부터의 제약조건
- 비행안전
- 전파링크
- 로켓 기체의 적응성

구체적으로는 표준비행경로해석, 데이터 분산을 고려한 비행경로해석, 궤도투입오차해석, 태양방위각해석, 발사가능시간대역해석, 지상낙하확률해석, RF링크해석, 유도계해석, 제어계해석, 하중해석(페이로드와 로켓의 결합체 응답해석을 포함), 공력가열해석, 추진계성능해석, 분리해석을 실행하고 있다.

해석의 정확성을 담보할 필요가 있으므로 정밀한 방정식을 세워서 최신 그리고 가장 신뢰성이 높은 데이터를 사용해서 계산된다.

11.5.3 발사능력의 약식 계산법

발사체의 발사능력은 위에서 기술한 것처럼 정밀한 식을 컴퓨터 시뮬레이션으로 계산하는 것이 보통이나, 약식 계산을 이용한 방법도 있으므로 이것을 소개한다.

이 방법은,

(1) 미션(궤도)에 기반해서 필요한 최종속도의 계산

(2) 속도증분 제공 능력의 계산(5.3절)

으로 구성된다.

발사체의 속도증분 능력을 계산한다는 것은 선정된 로켓으로 필요한 속도증분량이 얻어지는가를 확인하는 것이며, 우리가 수행하려는 간이 계산을 목적으로는 5.3절에서 기술한 방법을 사용하면 되므로 여기서 반복하지 않고, 필요 최종 속도의 계산에 대해서만 기술한다.

필요 최종 속도란 페이로드를 최종적으로 목표궤도에 넣는 데에 필요한 속도증분의 합계이며, 다른 말로 하면, 로켓이 가속해주기를 바라는 요구속도 값이다. 필요 최종 속도를 간이로 계산할 때는, 편의상 지표면에서 호만 천이 비행 궤도로의 주차궤도[6]로 넣고, 추가로 한 번 더 호만 천이로 목표의 궤도에 넣는 방법을 취한다.

6장에서 얻은 운동방정식 (6.85), (6.86)의 시간 t를 질량비 μ로 치환하고, γ를 μ의 함수로 하는 형태를 가정해서 근사적으로 적분하는 방법이 있으나, 여기서는 경험적이며 가장 간단한 방법을 기술한다.

지구에 관련된 첨자를 $_{\mathrm{e}}$로 하고, 주차궤도에 관련된 첨자를 $_{\mathrm{p}}$로 하고, 목표 원궤도에 관련된 첨자를 $_{\mathrm{T}}$로 한다. 그러면, 지구 원궤도 속도 v_{ce}, 목표 원궤도 속도까지의 각각의 속도증분, $\Delta v_{1\mathrm{e}}, \Delta v_{2\mathrm{p}}, \Delta v_{3\mathrm{p}}, \Delta v_{4\mathrm{T}}$는 11.4절의 결과를 사용하면 다음과 같다(그림 11.17).

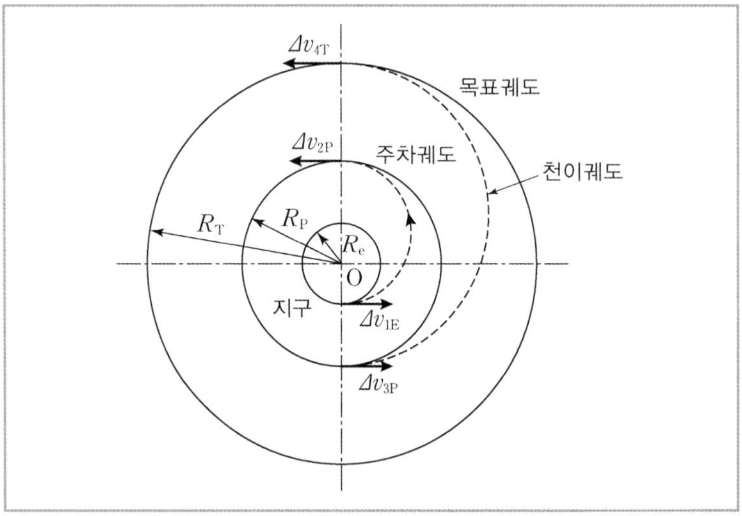

[그림 11.17] 호만 천이 방법을 이용한 필요 속도증분 계산

6 보통 주차궤도를 출발점으로 해서 식 (11.67)의 v_{ce}를 대신해서 $v_{\mathrm{cp}} = \sqrt{\mu_{\mathrm{e}}/R_{\mathrm{p}}}$를 이용하며, 식 (11.72)를 $\Delta \mathrm{v} = v_{\mathrm{cp}} + \Delta v_{3\mathrm{p}} + \Delta v_{4\mathrm{T}}$로 하고 있다(丸善, 1974). 이 책에서는 직관적으로 알기 쉬운 식 (11.72)를 사용한다.

$$v_{\mathrm{ce}} = \sqrt{\frac{\mu_{\mathrm{e}}}{R_{\mathrm{e}}}} \tag{11.67}$$

$$\Delta v_{1\mathrm{e}} = \sqrt{\frac{\mu_{\mathrm{e}}}{R_{\mathrm{e}}}}\left(\sqrt{\frac{2R_{\mathrm{p}}}{R_{\mathrm{e}}+R_{\mathrm{p}}}}-1\right) \tag{11.68}$$

$$\Delta v_{2\mathrm{p}} = \sqrt{\frac{\mu_{\mathrm{e}}}{R_{\mathrm{p}}}}\left(1-\sqrt{\frac{2R_{\mathrm{e}}}{R_{\mathrm{e}}+R_{\mathrm{p}}}}\right) \tag{11.69}$$

$$\Delta v_{3\mathrm{p}} = \sqrt{\frac{\mu_{\mathrm{e}}}{R_{\mathrm{p}}}}\left(\sqrt{\frac{2R_{\mathrm{T}}}{R_{\mathrm{p}}+R_{\mathrm{T}}}}-1\right) \tag{11.70}$$

$$\Delta v_{4\mathrm{T}} = \sqrt{\frac{\mu_{\mathrm{e}}}{R_{\mathrm{T}}}}\left(1-\sqrt{\frac{2R_{\mathrm{p}}}{R_{\mathrm{p}}+R_{\mathrm{T}}}}\right) \tag{11.71}$$

합계인 속도 증분량 Δv_{N}는

$$\Delta v_{\mathrm{N}} = v_{\mathrm{ce}} + \Delta v_{1\mathrm{e}} + \Delta v_{2\mathrm{p}} + \Delta v_{3\mathrm{p}} + \Delta v_{4\mathrm{T}} \tag{11.72}$$

이다.

보정량을 다음과 같이 고려한다. 식 (6.85)에 의해서,

$$v = -\int_0^t g\ \sin\gamma\, dt + \int_0^t \frac{P}{m}\cos\alpha_{\mathrm{t}}\, dt - \int_0^t \frac{1}{m} qSC_{\mathrm{D}}\, dt \tag{11.73}$$

우변 제1항과 제3항은 감속 요인이다.

제2항이 추진기관에 의한 속도 증분이며 식 (11.72)에 해당한다. 즉,

$$\Delta v_{\mathrm{N}} = \int_0^t \frac{P}{m}\cos\alpha_{\mathrm{t}}\, dt$$

우변 제1항,

$$\Delta v_{\mathrm{g}} = \int_0^t g\sin\gamma\ dt \tag{11.74}$$

을 중력 손실(Gravity Loss)이라고 부른다.

우변 제3항,

$$\Delta v_{\mathrm{d}} = \int_{0}^{t} \frac{1}{m} q S C_{\mathrm{D}}\, dt \tag{11.75}$$

은, 공기저항에 의한 손실 부분이며, 이것을 항력손실(Drag Loss)이라고 한다.

속도 손실에는 이 밖에 메뉴버링 마진(또는 제어손실) $\Delta v_{\mathrm{m}} = \int_0^t \frac{P}{m}(1 - \cos\alpha_{\mathrm{t}})\, dt$ 이 있다. 식 (6.85)에서는 제어에 대해서 고려하지 않으므로 식 (11.73)에 이 항은 들어 있지 않다. 매뉴버링 마진은 중력손실, 항력손실에 비교하면 그 값이 작다.

동쪽으로 향해서 로켓의 비행 방위를 취하면 지구의 자전에 동반한 지표의 접선 속도

$$v_{\varphi} = R_{\mathrm{e}} \omega_{\mathrm{e}} \cos\varphi_{\mathrm{e}} \tag{11.76}$$

는 플러스 요인으로 작용한다(이 때문에, 극궤도로 발사하는 경우를 제외하고는 거의 모든 로켓이 동쪽을 향해서 비행하는 방위를 취한다). 여기서,

[표 11.4] 세계 주요 발사장의 경도와 위도

이름	국가	경도(E)	위도(N)	비고
Kagoshima Space Center	일본	131°04'	31°15'	
Tanegashima Space Center	일본	130°58'	30°24'	
Jiuquan	중국	99.8°	40.6°	LM-1, LM-2 사용
Xichang	중국	102.3°	28.1°	LM-3, LM-2E 사용
Taiyuan/Wuzhai	중국	111.5°	37.8°	LM-4 사용
CSG (Central Spatial Guyanais)	프랑스	-52°46'	5°14'	French Guiana (남미)의 Kourou에 위치함
SHAR Center	인도	80.4°	13.9°	인도양 스리하리코타(Sriharikota) 섬에 위치
ESMC(Eastern Space & Missile Center)	미국	-80°41'	28°37'	Titan, Atlas, Delta의 발사설비가 있음
WSMC(Western Space & Missile Center)	미국	-120°45'	34°40'	위와 동일. 캘리포니아주 반덴버그에 있음
Kapustin Yar	구-소련	45°48'	48°24'	
Plesetsk	구-소련	40°24'	62°48'	
Tyuratam	구-소련	63°18'	45°54'	Baikonur로 불리기도 함

ω_e: 지구의 자전 각속도

φ_e: 발사장의 위도(세계의 주요한 발사장의 위도를 표 11.4에 제시함)

이다.

중력 손실, 항력 손실은 발사체 관점에서 보면 잃어버린 부분이므로 필요 최종 속도를 설정할 때에는 가산할 필요가 있다. 이들 값은 경험적으로 정해져 있는데, 예를 들어서 H-I 규모의 발사체의 경우 Δv_g, Δv_d를 합쳐서 1,850 m/s로 알려져 있다. 기존 발사체에서는 각각의 값이 고정되어 있으므로, 그것을 사용하거나 또는 비슷한 규모의 대표 값을 사용해도 좋다.

식 (11.76)의 접선 속도는 북반구에서 동쪽을 향해서 발사하는 경우에 로켓 측에서 보면 소위 추풍(Tailwind)인데, 이 부분은 로켓이 가속하지 않아도 자연스럽게 지구가 가속되어 오는 것이므로 필요 최종 속도에서는 빼줄 수 있다. 필요 최종 속도는 다음과 같다.

$$v_N = \Delta v_N + \Delta v_g + \Delta v_d - v_\varphi \tag{11.77}$$

페이로드가 갖고 있는 원지점 킥모터를 사용하는 경우, 로켓측에서는 동기 궤도로의 천이 궤도까지만 투입하면 되므로, 필요 최종 속도 v'_N은 다음과 같다.

$$v'_N = v_N - \Delta v_{4T} \tag{11.78}$$

로켓에 의한 속도증분량이 필요 최종 속도를 상회하면, 그 로켓으로 인한 페이로드의 궤도투입은 가능하게 된다. 이 방법은 발사능력의 트레이드오프 스터디를 수행할 때 등에 사용되는 효과가 있어서, 이 방법으로 대체적인 근사값을 작성하고 정밀한 해석을 하는 방식이 많이 사용되고 있다. 또한, 속도증분을 계산하는 경우에는, 추진기관의 데이터가 모두 진공에서의 값을 사용하는 경우가 많다. 이 방법으로 하는 해석에서는 그다지 높은 정밀도를 요구하지 않으며, 중력손실, 항력손실 등으로 대략의 경험값을 사용하고 있으므로, 추진기관 특성만을 헤수면, 진공 중으로 상세하게 나누어서 사용할 필요가 없기 때문이다.

문제 11.6

표 11.4의 각 발사장에서 지구 자전에 의한 필요 최종 속도의 보정량을 구하시오.

문제 11.7

타네가 섬 발사장에서, 고도 200 km인 주차궤도를 사용해서 궤도 경사각 31°인 동기궤도(고도 35,786 km)로의 천이궤도로 페이로드를 투입하기 위한 필요 최종 속도를 구하시오.

부록

1. 상수와 단위
2. 해답
3. 구면삼각법 공식
4. 전세계 주요 발사체의 임무목표

부록 1. 상수와 단위

(1) 자주 언급되는 상수

적도에서의 지구반지름(R_e)	6,378.142 km
지구의 자전 각속도(ω_e)	$0.729211586 \times 10^{-4}$ rad/s
지구의 중력상수(μ_e)	$3.986 \times 10^5\ km^3/s^2$
태양년	365.2422 평균태양일
항성일	23시간 56분 04초 평균태양시

(2) 단위에 대한 보충 설명

압력에는 여러 단위가 사용되므로, 이들을 파스칼(Pa)로 변환하면 다음과 같다.

$$1\ \text{mmHg}(1\ \text{torr}) = 1.33322 \times 10^2\ \text{Pa}$$
$$1\ \text{bar} = 10^5\ \text{Pa}$$
$$1\ \text{atm} = 1.01325 \times 10^5\ \text{Pa}$$
$$1\ \text{psi} = 6.895 \times 10^3\ \text{Pa}$$

부록 2. 해답

| 문제 5.1 |

$m = m_0 \exp(-\alpha t)$이므로 $\mu(t) = f(t) = \exp(-\alpha t)$이 되며 식 (5.27), (5.30)에 의해서

$v = v_0 + \alpha u' t, l = l_0 + v_0 t + \frac{1}{2}\alpha u' t^2$.

| 문제 5.2 |

(1) 식 (5.20)에 의해서. $v_{\mathrm{I}} = u_1' \ln[M_{\mathrm{I}}/(M_{\mathrm{I}} - m_{\mathrm{p,1}})]$

여기서 $M_{\mathrm{I}} = M_{\mathrm{II}} + m_{\mathrm{d,1}} + m_{\mathrm{p,1}} = M_{\mathrm{I}}' + m_{\mathrm{p,1}}$로 놓으면 $v_{\mathrm{f1}} = u_1' \ln[1 + m_{\mathrm{p,1}}/M_{\mathrm{I}}']$이다.

$\partial v_{\mathrm{fI}}/\partial m_{\mathrm{p,1}} = u_1'/(M_{\mathrm{I}}' + m_{\mathrm{p,1}}) = u_1'/M_{\mathrm{I}}$.

따라서 $\Delta v_{\mathrm{f}} = \Delta m_{\mathrm{p,1}} u'/M_{\mathrm{I}}. \Delta m_{\mathrm{p,1}} = 0.01 k m_{\mathrm{p,I}}$로 놓으면, $\Delta v_{\mathrm{f}} \fallingdotseq 0.01ku'$, $m_{\mathrm{p,1}}/M_{\mathrm{I}}$. 1단 질량이 전체 기체에 대해서 차지하는 비율이 큰 경우에는 $\Delta v_{\mathrm{f}} \fallingdotseq 0.01ku_1'(1-\varepsilon_1)$로 근사화 할 수 있다.

(2) $v_{\mathrm{f1}} = 4,353$ m/s. $\Delta v_{\mathrm{f1}} = 26.5$ m/s

| 문제 5.3 |

이전 문제와 동일한 기호를 사용해서, 1단 연소종료 시점의 최종속도를 v_{f1}'로 놓으면, $v_{\mathrm{f1}}' = u_1' \ln[1 + m_{\mathrm{p,1}}/M_{\mathrm{I}}']$, $\partial v_{\mathrm{f1}}/\partial M_{\mathrm{I}}' = -u_1' m_{\mathrm{p,1}}/M_{\mathrm{I}} M_{\mathrm{I}}'$. 그래서 $\Delta v_{\mathrm{f1}}' = -0.01ku_1' m_{\mathrm{p,1}}/(1+0.01k)M_{\mathrm{I}}$, $\Delta v_{\mathrm{f1}}/\Delta v_{\mathrm{f1}} = -1/(1+0.01k)$이 되며, 예제 5.2의 경우와 비교하면 속도의 증감은 크기가 $(1+0.01k)$분의 1, 방향은 반대가 된다.

| 문제 5.4 |

$\mu = 0.2$에 의해서 $m_{\mathrm{p}} = 0.8M, m_{\mathrm{d}} = 0.2M, m_{\mathrm{u}} = 0.04M$.

문제 5.2 (1)의 결과에 의해서, 추진제질량이 1% 증가할 경우, 속도 증가는 $\Delta v_{\mathrm{f}} = 32$ m/s, 페이로드 질량이 5% 증가한 경우의 속도증가는 $\Delta v_{\mathrm{f}}' = -32$ m/s,

| 문제 7.1 |

원궤도의 속도 v_c(km/s), 주기 $T_c(h)$는 다음 표와 같다.

고도 (km)	지구		월		화성		금성		목성	
	v_c	T_c	v_c	T_c	v_c	T_c	v_c	T_c	v_c	T_c
100	7.84	1.44	1.58	2.10	3.54	1.72	7.18	1.52	42.1	2.97
200	7.78	1.47	1.54	2.27	3.49	1.80	7.12	1.56	42.1	2.97
500	7.61	1.58	1.44	2.79	3.36	2.02	6.96	1.67	42.0	2.99
1,500	7.35	1.75	1.30	3.75	3.16	2.43	6.72	1.86	41.2	3.02
5,000	5.92	3.36	0.84	14.2	2.26	6.14	5.38	3.62	40.7	3.28
10,000	4.93	5.79	0.64	32.4	1.81	12.9	4.47	6.31	39.5	3.60

|문제 7.2|

(1) $c_x = y\dot{z} - \dot{y}z, c_y = \dot{x}z - x\dot{z}, c_z = x\dot{y} - \dot{x}y$

(2) $f_x = \dot{y}c_z - \dot{z}c_y - \mu_e \frac{x}{r}, f_y = \dot{z}c_x - \dot{x}c_z - \mu_e \frac{y}{r}, f_z = \dot{x}c_y - \dot{y}c_x - \mu_e \frac{z}{r}$

(3) 위 결과를 이용하면, $c_x f_x + c_y f_y + c_z f_z = -\frac{\mu_e}{r}(xc_x + yc_y + zc_z) = 0$

|문제 7.3|

해왕성은 $r_a = 30.5$ 천문단위, $r_p = 29.93$ 천문단위, 명왕성은 $r_a = 50$ 천문단위, $r_p = 29.85$ 천문단위, 그러므로 명왕성이 태양에 가까운 위치에 온다.

|문제 7.4| $r_a = 1.521 \times 10^8$ km, $r_p = 1.471 \times 10^8$ km

|문제 7.5|

케플러의 제2법칙에 의해서, 비행체는 같은 시간에 동일한 면적을 지나간다. 비행궤도를 지구 중심을 통과하는 직선을 사용해서 이등분 하면, 근지점이 있는 쪽의 면적은 항상 작다(근지점과 원지점을 통과하는 경우에는 동일함). 즉, 근지점이 있는 쪽에 머무는 시간이 짧은 것이다. 따라서 남반구에 머무는 시간이 더 길다.

|문제 7.6| $a = 25{,}076$ km, $b = 16{,}930$ km, $e = 0.738$.

|문제 7.7|

지표면에서 관측한 속도(투영점의 지표면 속도)의 최댓값과 최솟값은 각각 근지점과 원지점의 바로 아래에서 나온다. 근지점에서의 궤도속도를 w_p, 원지점에서의 궤도속도를 w_a로 쓰면,

$$w_p = \frac{R_e}{R_e + h_p}\sqrt{\frac{2\mu_e(R_e + h_a)}{(R_e + h_p)(2R_e + h_a + h_p)}}$$

$$w_a = \frac{R_e}{R_e + h_a}\sqrt{\frac{2\mu_e(R_e + h_p)}{(R_e + h_a)(2R_e + h_a + h_p)}}$$

| 문제 7.8 |

보이지 않게 될 때까지 진행한 각도의 차이는,

$$\cos^{-1}\frac{R_e}{R_e + h_1} + \cos^{-1}\frac{R_e}{R_e + h_2} - \lambda_0$$

이것을 두 비행체의 각속도 차이로 나누면 보이지 않게 되기까지의 시간 T를 구할 수 있다.

$$T = \frac{\cos^{-1}\frac{R_e}{R_e + h_1} + \cos^{-1}\frac{R_e}{R_e + h_2} - \lambda_0}{\sqrt{\frac{\mu_e}{(R_e + h_2)^3}} - \sqrt{\frac{\mu_e}{(R_e + h_1)^3}}}$$

| 문제 7.9 |

(1) $\Delta S = \frac{1}{2}\int_0^\theta r^2\, d\theta = \frac{a^2}{2}\sqrt{1 - e^2}(E - e\sin E)$

(2) 타원면적 $S = \pi ab = \pi a^2\sqrt{1 - e^2}$

$$\frac{\Delta S}{S} = \frac{1}{2\pi}(E - e\sin E) = \frac{M}{2\pi}$$

| 문제 9.1 |

$r_0 = 6{,}502$ km, $\gamma_0 = 7.6$ deg, $r_p = 6{,}378$ km, $v_0 = 4.1$ km/s, $\nu_0 = 0.274$, $p = 1{,}750$ km, $e = 0.732$, $a = 3{,}770$ km를 사용해서, $\Phi_p = 10.2$deg, L_p=1,139 km, λ_p=11.5deg, λ'_p=146.1 deg, φ_p=28.2deg.

| 문제 11.1 | $\Delta\Omega_N = -0.0334$ deg, $\Delta\Omega_T = -0.4135$ deg

| 문제 11.2 |

음지로 들어가는 순간의 궤도 파라미터를 r_1, θ_1, E_1, t_1로 표기하고, 음지에서 나온 순간의 궤도 파라미터를 r_2, θ_2, E_2, t_2로 표기하면

$$\theta_1 = \pi - (\omega - \delta) - \sin^{-1}\frac{R_e}{r_1}$$

$$\theta_2 = \pi - (\omega - \delta) - \sin^{-1}\frac{R_e}{r_2}$$

$$\tan\frac{E_1}{2} = \sqrt{\frac{1-e}{1+e}}\tan\frac{\theta_1}{2} \qquad \tan\frac{E_2}{2} = \sqrt{\frac{1-e}{1+e}}\tan\frac{\theta_2}{2}$$

이므로, 음지를 비행하는 시간 $t = t_2 - t_1$. 여기서,

$$t_2 = \frac{E_2 - e\sin E_2}{\lambda} \qquad t_1 = \frac{E_1 - \lambda\sin E_1}{\lambda}$$

이다.

|문제 11.3|

음지 안으로 들어간 시간 t는,

$$t = 2\sqrt{\frac{(R_e + H)^3}{\mu_e}}\sin^{-1}\frac{R_e}{R_e + H}$$

$\frac{\partial t}{\partial H} = 0$로 놓으면

$$\sqrt{(2R_eH + H^2)}\sin^{-1}\frac{R_e}{R_e + H} = \frac{2}{3}R_e$$

이 방정식은 해석적으로 풀 수 없는 비선형 방정식이다. 그래프를 그려서 해를 구하면 $H = 1{,}450$ km가 된다.

|문제 11.4|

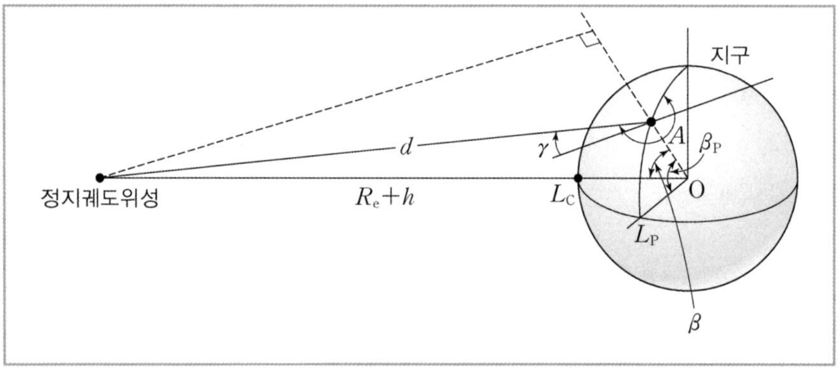

(1) 위 그림의 기호를 정의하면,

$$\beta = \cos^{-1}\{\cos(L_p - L_c)\cos\beta_p\}$$
$$d = \sqrt{(R_e + h)^2 + R_e^2 - 2(R_e + h)R_e\cos\beta}$$
$$\sin\beta = -\frac{\sin(L_p - L_c)}{\sin(A - 180^\circ)}$$
$$(R_e + h)\sin\beta = d\cos\gamma$$

에 의해서,

$$A = \sin^{-1}\left[-\frac{\sin(L_p - L_c)}{\sin\beta}\right] + 180^\circ$$

$$\gamma = \cos^{-1}\frac{R_e + h}{d}\sin\beta$$

(2) 방위각 $A = 221.62^\circ$(북쪽에서 시계방향으로 측정).

받음각 $\gamma = 40.25^\circ$

|문제 11.5|

1992년 2월 1일의 적경 $313^\circ 49' 45''$ 적위 $-17^\circ 22' 9''$ (GST = 0)

1992년 3월 31일의 적경 $334^\circ 9' 30''$ 적위 $-6^\circ 5' 52''$ (GST = 0)

$\theta = 0$으로 놓으면 식 (11.46)은 $\cos\theta_s = \cos\delta\sin(\alpha - \Omega)$이 된다. $90^\circ \geqq \theta_s \geqq 60^\circ, 120^\circ \geqq \theta_s \geqq 90^\circ$의 경우로 나눠서, 추가로 JST=GST+9를 고려하면 발사가능 시간대역은 다음과 같다(JST).

1992년 2월 1일

4시 54분 0초 ≦ T_l ≦ 9시 06분 36초

16시 54분 0초 ≦ T_l ≦ 21시 06분 36초

1992년 3월 31일

5시 0분 0초 ≦ T_l ≦ 9시 0분 0초

17시 0분 0초 ≦ T_l ≦ 21시 0분 0초

|문제 11.6|

v_g는 다음에 제시된 값과 유사함(단위 m/s)

Kagoshima	397.6	Tanegashima	401.1	Jiunquan	353.1
Xichang	410.3	Taiyuan	367.5	CSG	463.2
SHAR	451.5	ESMC	408.3	WSMC	382.5
Kapustin Yar	308.8	Plesetsk	212.6	Tyuratam	323.7

|문제 11.7| $\Delta v_g + \Delta v_d$에 1.85 km/s를 사용해서 $v_N' = 11.93$ km/s

부록 3. 구면삼각법 공식

여기서는 이 책의 내용을 이해하는 데 필요한 최소한의 공식을 제시한다.

이 공식의 출처는 《고등수학공식》 (藤沢義男, 1944)이며, 지금도 구할 수 있는 자료로는 《수학공식》 (森ロ 外, 1957)이 있다.

1. 구면삼각형

구면상에서 원의 일부인 세 개의 호선(Arc)으로 둘러싸인 부분을 구면삼각형으로 정의한다. 두 개의 호선이 만나는 점은 정점이라고 하며, 한 정점에서 두 호선의 접선이 이루는 각(호선의 한 변을 향해서 두 호선의 접선이 이루는 각도)은 정점각이라고 부른다.

그림 a.1에 제시된 것처럼 A, B, C는 각각 구면삼각형의 정점이며, a, b, c는 각 정점에 대응하는 변(호선)을 가리킨다. 예를 들어서, 정점 A에서 변 b, c의 접선이 이루는 두 각 중에서, 변 a에 대응하는 각을 ∠A로 정의하는 것이다. 그림의 구는 반지름이 1인 단위 구이다. 그러므로 그림에 제시된 구면 위의 '삼각형' ABC의 각 변의 길이 a, b, c는 각각 그 변을 포함하는 원에서 중심각이 BOC, COA, AOB인 호선의 각도와 동일하다.

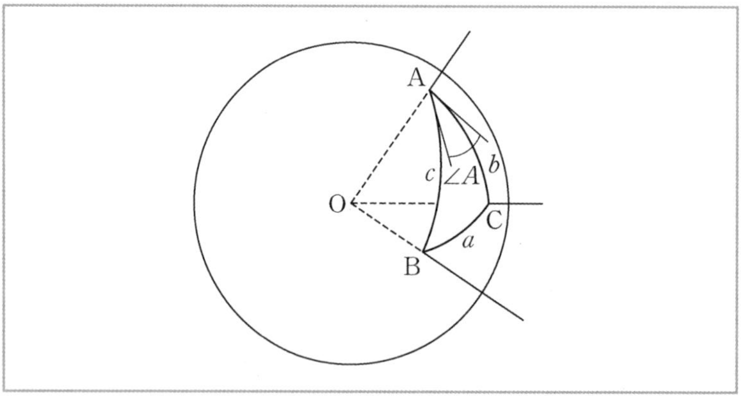

[그림 a.1] 구면삼각형의 정의

2. 발췌한 구면삼각법 공식

(1) 구면 직각삼각형(각 $\angle C = 90^\circ$로 설정)

$$\sin A = \frac{\sin a}{\sin c} = \frac{\cos B}{\cos b} \quad \sin B = \frac{\sin b}{\sin c} = \frac{\cos A}{\cos a}$$

$$\cos A = \frac{\tan b}{\tan c} \qquad \cos B = \frac{\tan a}{\tan c}$$

$$\tan A = \frac{\tan a}{\sin b} \qquad \tan B = \frac{\tan b}{\sin a}$$

$$\cos c = \cos a \cos b = \cot A \cot B$$

(2) 사인 법칙(일반 삼각형)

$$\frac{\sin a}{\sin A} = \frac{\sin b}{\sin B} = \frac{\sin c}{\sin C}$$

(3) 코사인 법칙(일반 삼각형)

$$\cos a = \cos b \cos c + \sin b \sin c \cos A$$

(4) 그 외 기타(일반 삼각형)

$$\cos A = -\cos B \cos C + \sin B \sin C \cos a$$

부록 4. 전세계 주요 발사체의 임무목표

국가	발사체	발사체 구성	이륙 중량	발사성능(톤)	
				LEO	GTO
일본	H-IIA 202	2단(액체)+SRB(고체) ×2	289	10	4
	H-IIB	2단(액체)+SRB(고체) ×4	531	16.5	8
	Epsilon	3단(고체)	91	1.2	NA
미국	Atlas V 401	3단(액체)	335	9.8	4.75
	Falcon 9 v.1.1	2단(액체)	506	13.2	4.9
	Falcon Heavy	2단(액체)+액체부스터×2	1,463	53	21
	Delta IV M	2단	NA	9.2	4.2
	Delta IV M+ (4,2)	2단(액체)+SRM(고체) ×2	NA	12.9	6.2
	Delta IV Heavy*	2단(액체)+액체부스터×2	732	23	10.8
러시아	Soyuz-U	3단(액체)	310	7	1.7
	Soyuz-2	3단(액체)	305	8	NA
	Soyuz-FG	4단(액체)	NA	9	NA
	Proton M*	3단(액체)	705	23	6.2
중국	CZ-3B*	2단+LRB×2	426	11.2	5.1
인도	GSLV	3단(고체, 액체, 액체) +액체부스터×4	415	5	2.5

* Delta IV Heavy, Proton-M, CZ-3B의 데이터는 A. Железняков Тяжелая ракета-носитель “ПРОТОН (Proton)”에 의함.

참고문헌

A. 책의 내용과 직접적으로 관련된 문헌

• 우주시스템의 궤도 운동을 기술한 문헌

虎尾正久, 1970 : 宇宙航行の数学, 森北出版.

Bate, Roger R., Donald Mueller and Jerry E. White, 1971 : *Fundamentals of Astrodynamics,* Dover.

Chobotov, Vladimir A., ed.1991 : *Orbital Mechanics,* AIAA.

Bond, V. R., Allman, M. C., 1996: *Modern Astrodynamics — Fundamentals and Perturbation Method*, Princeton University Press.

• 우주시스템의 궤도를 주로 다룬 것은 아니나 부분적으로 궤도 운동을 기술한 문헌

佐貫亦男, 1970 : ロケット工学, コロナ社.

更田博昭 · 近藤 健, 1987: 実践静止衛星設計入門, ジャテック出版.

永井 裕, 1991: 人工衛星ーロケットから放送衛星まで, 電気書院.

西村敏充, 1986: 宇宙工学入門, オーム社.

堀源一郎, 1988: 天体力学講義, 東京大学出版会.

狼嘉彰, 冨田信之, 中須賀真一, 松永三郎, 2014: 宇宙ステーション入門 第2版補訂版, 東京大学出版会.

Agrawal, Brij N., 1986 : Design of Geosynchronous Spacecraft, Prentice- Hall.

Griffin, Michael D. and James R. French, 1991 : Space Vehicle Design, AIAA.

Thomson, William Terrell, 1961: Introduction to Space Dynamics, Dover.

• 1장과 2장의 작성을 위해 참고한 문헌

Hallmann, Willi and Wilfried Ley, 1988 : Handbuch der Raumfahrttechnik, Carl Hanser Verlag.

• 3장~11장의 작성을 위해 참고한 문헌

Аппазов, Р. Ф., О. Г. Сытин, 1987 : Методы Проектирования Траекторий Носителей и Спутников Земли, Наука. (アパゾフ · スイチン著『打上げロケットおよび人工衛星の軌道

設計法』)

Охоцимский, Д. Е" ю. Г. Сихарулидзе, 1990 : Основы Механики Космического Полёта, Наука(アハッィムスキー・シハルリッエ著『宇宙航行力学の基礎』)

Полёт Космических Аппаратов, Примеры и Задачи, 1990, Машиностроение(『宇宙機の運動例題および問題集』)

• 데이터 정보를 발췌한 문헌

岡本俊夫・梶川 実・加藤誠一・横田豊八・宮本真次・中島 淳・小泉吉

功・池辺憲一・西莊一郎・間瀬一郎・梅里真弘, 1992 : 放送衛星3号の開発, NEC 技術, Vol. 45, No. 6.

科学技術庁研究開発局監修: 宇宙開発ハンドブック, 経団連宇宙開発推進会議.

河田 健・宮沢政文・鈴木章夫・山崎 敷, 1990 : H-II ロケットの技術課題と開発試験, 三菱重工技報, Vol. 27, No. 6.

久保園晃, 1991: ステップ・バイ・ステップ・ツゥjem, 宇宙環境利用・有人宇宙活動計画の現状と展望, 第15回宇宙開発成果報告会.

栗木恭一・若杉登・石井豊彦・二宮敬虔・木村 弘・津屋真紀・長友信人・伊智地幸一, 1991: 宇宙実験・観測フリーフライヤ 一(SFU), 三菱電機技報, Vol. 65, No. 10.

国立天文台編, 1991: 理科年表(平成4年版), 丸善.

昭和63年度宇宙産業の将来展望に関する調査報告書(平成元年5月), 1991: 日本航空宇宙工業会.

日本航空宇宙学会編, 1974 : 航空宇宙工学便覧, 丸善.

藤沢義男, 1944: 高等数学公式, 東京図書.

藤田康毅, 1991: 宇宙開発の現状と展望, 三菱電機技報, Vol.65, No. 10.

森ロ繁一・宇田川娃久・一松 信, 1957: 数学公式II, 岩波全書.

Bing, Zhao, 1992: A System Analysis of the Launch Vehicle Technology in China, IAF-92-0824

Dunbar, Denuis R., Robert C. White and R. C. Waterman, 1992 : Atlas Vehicle and Mission Design Enhancements, IAF-92-0827.

Elfer, N. and G. Kovacevic, 1985 : Design for Space Debris Protection, AIAA A86-32910.

GAO Report, 1990 : Space Debris — A Potential Threat to Space Station and Shuttle, GAO.

Isakowitz, Steven J.1991: International Reference Guide to Space Launch Systems, AIAA.

Junkms, John L. and James D. Turner, 1986 : Optimal Spacecraft Rotational Maneuver, Elsevier, Amsterdam.

Kessler, Donold J., 1989 : Orbital Debris Environment and Data Requirement, NASA CP 3035.

King-Hele, D. G., D. M. C. Walker, A. N. Winterbottom, J. A. Pilkington, H. Hiller and G. E.

Perry, 1990 : The R. A. E. Table of Earth Satellites 1957~1989, Royal Aerospace Establishment.

Meyers, J. F., 1992 : Delta for the 1990s, IAF-92-0826, .

Newkirk, Dennis, 1990 : Almanac of Soviet Manned Flight, Gulf Publishing Company.

Sims, A. J., P. R. Truscott, G. L. Wrenn and C. S. Dyer, 1987 : Environmental Constraints for Polar Platform Design, IAF-87-09.

Wilson, Andrew, ed., Interavia Space Directory 1990-91, Jane's Information Group.

Woodcock, Gordon R., 1986: Space Stations and Platforms, Orbit Book Company.

Скребушевский, Б. С., 1990: Формирование Орбит Космическив Аппаратов, Машиностр-оение.

Космодемьянский, А. А., 1987: Константин Элуардовцц Циолковский.

본문에서는 참고한 문헌을 매번 언급했다.

B. 읽을거리(Reading material) 및 참고자료

秋葉鏡ニ郎, 1986: 宇宙開発近未来, 岩波書店.

小倉義光, 1984: 一般気象学, 東京大学出版会.

加藤寛一郎, 1988: 工学的最適制御, 東京大学出版会.

グレーグ, R. A著, 畠山久尚訳, 1969: 現代の科学26『宇宙空間の科学』, 河出書房新社.

五代富文, 1991: ロケット-21世紀の宇宙開発(読売科学選書), 読売新聞社.

ゴールドスタイン, H著, 瀬川富士・矢野 忠・江沢康生訳, 1983 : 新版古典力学, 吉岡書店.

長友信人, 1987: 宇宙飛行機, 丸善.

西田篤弘, 1978: 宇宙空間への招待(岩波新書), 岩波書店.

林忠四郎・早川幸男編, 1978 : 現代物理学の基礎『宇宙物理学』第二版, 岩 波書店.

平井正一, 1985: 人工衛星<新>時代, 岩波書店.

藤原邦男, 1984: 物理学序論としての力学, 東京大学出版会・

堀源一郎, 1976: 太陽系一その力学的秩序(岩波新書), 岩波書店.

Эльясберг, П. Е., 1965: Введение в Теорию Полёта Искусственных Спутников Земли, Наука(エリヤスブルダ『人工衛星運動理論入門』.

찾아보기

ㅈ

ㅊ

ㅋ

ㅌ

ㅍ

ㅎ

기타

우주시스템 입문

-로켓과 인공위성의 운동-

지은이 도미타 노부유키
옮긴이 안재명 · 이기주
펴낸이 조경희
펴낸곳 경문사
펴낸날 2018년 12월 1일 1판 1쇄
2024년 7월 2일 1판 2쇄
등 록 1979년 11월 9일 제313-1979-23호
주 소 04057, 서울특별시 마포구 와우산로 174
전 화 (02)332-2004 팩스 (02)336-5193
이메일 kyungmoon@kyungmoon.com

값 22,000원

ISBN 979-11-6073-166-8